KB015464

인공지능을 위한
텐서플로우
애플리케이션 프로그래밍

이종서 · 이치욱 · 황현서 · 김유두 · 박현주 공저

光文閣
www.kwangmoonkag.co.kr

기존의 산업은 농업, 수산업 등 자연환경을 이용하여 인간의 삶을 위한 기본에 충실한 상품을 생산하는 1차 산업시대를 지나, 생산된 물품을 가공하고 에너지를 생산하는 2차 산업시대로 발전하였습니다. 그 후에는 생산된 제품을 소비자에게 전달하고 편리한 서비스를 제공하는 3차 산업시대가 도래하였으며, 이를 구현하기 위한 다양한 컴퓨팅 시스템이 발전하게 되었습니다. 이러한 컴퓨팅 시스템은 논리적인 조건에 의해 단순 반복 업무를 빠르게 수행하는 데에 초점이 이루어져 있습니다. 하지만 4차 산업혁명 시대에서는 컴퓨터가 스스로 학습하고 판단하여 새로운 작업을 수행할 수 있는 인공지능 기반의 시대로 발전하고 있습니다.

이러한 4차 산업혁명 시대를 대비하기 위하여, 이 책에서는 인공지능의 기본 개념을 익히고, 인공지능으로 무엇을 어떻게 만들어 낼 수 있는지 실전 예제를 통해 학습할 수 있도록 구성하였습니다.

우선, 1장에서는 인공지능이란 무엇인지 전혀 모르더라도 쉽게 개념을 이해할 수 있도록 인공지능의 개요뿐 아니라 생활 속에서 활용하는 사례와 기술에 대해서 설명하여 인공지능의 기본 개념을 익힐 수 있도록 구성하였습니다.

2장에서는 텐서플로우란 무엇인지 이해하고 실제 개발 환경을 구성하는 것을 따라하며 수행할 수 있도록 구성하였습니다. 또한, 클라우드 기반의 텐서플로우 활용에 대한 내용도 다루고 있습니다.

3장에서는 실제 텐서플로우를 활용할 수 있도록 인공지능과 머신러닝에 대한 개념과 텐서 자료형, 변수 등 다양한 문법을 학습하고 머신러닝 알고리즘에 대한 학습을 할 수 있도록 구성하였습니다.

마지막으로 4장에서는 데이터 수집과 전처리, 신경망 구현 등을 통해 텐서플로우를 활용할 수 있도록 하였고, 실전 애플리케이션 개발 코드를 포함하여 실제로 텐서플로우 프로젝트를 수행할 수 있도록 구성하였습니다.

이 책을 통해 4차 산업혁명 시대의 가장 중요한 키워드가 되고 있는 인공지능에 대한 기본 개념을 학습하고 실전 프로젝트를 통해 텐서플로우를 활용하기 위한 기본기를 익힐 수 있을 것입니다.

이 책이 잘 출판될 수 있도록 도와주신 광문각출판사 박정태 회장님과 내용을 검토해 주신 임직원들께 깊은 감사의 말씀을 드립니다.

저자 일동

CONTENTS

인공지능 개요

인공지능 개요

SECTION 1 인공지능과 머신러닝

1. 인공지능 발전과 활용

4차 산업혁명 시대를 대표하는 기술로 인공지능이 화두가 되고 있습니다. 그렇다면 이렇게 많이 이야기되고 있는 인공지능은 과연 어떠한 기술이고 어떻게 발전해 왔는지 알아보고 우리가 실생활에서 어떻게 적용하고 미래를 대비해야 할지 생각해 보도록 하겠습니다.

우선 우리가 살아온 산업혁명 시대를 살펴보면, 농업, 임업, 축산업, 수산업 등 자연환경을 이용하여 인간의 삶을 위한 기본에 충실한 상품을 생산하는 것을 목표로 하는 1차 산업 시대를 지나서 생산된 물품을 가공하고 천연자원을 활용한 에너지를 생산하는 2차 산업 시대를 거치게 되었습니다.

그 후에는 생산된 제품을 소비자에게 판매하거나 생활에 편리한 다양한 서비스를 제공하는 3차 산업 시대까지 발전하면서 다양한 직업과 기술 분야가 생겨나게 되었습니다.

3차 산업 시대까지의 발전이 이루어지면서 대량 생산을 위한 다양한 기술이 발전하였고, 특히 대량 생산을 위한 공장에서의 설비 기술이 빠른 속도로 발전하였으며 대부분의 기술은 단순 작업을 인간보다 빠르게 반복적으로 수행할 수 있는 기기의 발전이 주를 이루게 되었습니다.

이러한 대량 생산 위주의 산업에서는 빠르고 효율적으로 상품을 생산하고 제공할 수 있는 것에 주목적을 두었기 때문에 이를 위한 하드웨어 중심의 장비 산업이 급속도로 발전하게 되었습니다.

하지만 4차 산업혁명이 시작되고 있는 현재의 시대에서는 단순 작업만이 아니라 다양한 분야에서 다양한 서비스를 자동화하고자 하는 요구가 늘어나고 있습니다. 그 예로 자율 주행 자동차와 같이 자동차 스스로 판단하여 최적 경로를 가장 안전하게 운전하여 주는 것과 같은 서비스에 대한 요구가 산업 전반에서 급증하고 있습니다.

이러한 요구에 맞는 다양한 서비스를 제공하기 위해서는 그에 맞는 하드웨어도 중요하지만, 그 하드웨어를 다양한 환경에서 동작할 수 있도록 하는 소프트웨어 기술이 핵심이 되어 가고 있으며, 소프트웨어 기술 중에서도 인공지능 기술이 가장 중요한 기술로 여겨지고 있습니다. 그렇다면 이러한 인공지능 기술이 어떻게 발전하고 있는지 전산화 시스템과의 사례를 들어 알아보도록 하겠습니다.

비디오나 DVD, 만화책 등을 대여하는 대여점의 시스템을 예로 발전 과정을 알아보면, 초기에는 고객이 방문하여 대여를 원하는 것을 가져와서 카운터에 가면 주인이 직접 장부에 손으로 대여 일시와 고객 정보 등을 기록하는 형태로 대여 관리가 이루어졌습니다.

[그림 1-1] 초기의 비디오 대여 단계

초기의 비디오 대여 방법은 전산 시스템을 전혀 사용하지 않고 사람이 직접 필기하고 매일 연체자를 파악하는 방식으로 주인의 업무 스타일에 따라 누락이 발생하는 경우가 많고, 장부가 분실되거나 손실되면 모든 정보가 없어지게 되는 단점이 있었습니다.

그 후 컴퓨터가 저렴하게 보급되지 시작하면서 전산화가 이루어지게 되었습니다.

[그림 1-2] 전산화 시스템 도입 후, 비디오 대여 단계

전산화가 도입되면서 가장 큰 변화는 바코드를 활용하여 책의 바코드만 인식하면 대여 정보가 자동으로 컴퓨터에 저장되고 관리되었으며, 매일 연체자를 정리하여 컴퓨터에서 알려주었기에 누락이 되지 않도록 개선이 되었습니다.

이와 같이 전산화의 도입으로 다양한 분야에서 사람이 하던 일 중, 단순 반복이나 정보 저장 위주의 일은 빠르고 효율적으로 처리될 수 있도록 발전하였습니다. 하지만 전산화는 단순한 계산과 반복 업무와 데이터 저장에 한정하여 발전되어 왔기 때문에 사람을 쉽게 대체하거나 사람보다 더 뛰어난 일을 스스로 처리하는 업무까지 자동화로 발전하지는 못하였습니다.

하지만 인공지능을 기반으로 한 미래의 기술은 단순 논리적 판단을 넘어 인간과 같이 상황에 따라 스스로 판단하는 인공지능 처리가 가능한 형태로 발전하고 있습니다. 앞서 확인한 비디오 대여 시스템이 인공지능까지 추가된다면 어떠한 모습이 될지 다음과 같이 예측할 수 있습니다.

[그림 1-3] 인공지능을 적용한 대여 시스템

앞서 살펴보았던 비디오 대여점 관리 시스템은 대여 내용과 고객 정보를 관리하는 것과 연체 등을 파악하여 고객에게 알림을 수행하는 전산화에 초점을 두고 있었습니다. 하지만 미래의 인공지능 기술이 도입된다면 고객의 패턴을 직접 파악하여 연체가 예상되는 고객의 경우는 반납일이 지나지 않았어도 미리 한 번 더 확인 문자를 보내고, 연체를 거의 하지 않는 고객은 조금 늦어지더라도 귀찮게 알림을 수행하지 않는 등의 스마트한 고객 관리가 가능하게 됩니다. 이러한 부분은 원래 주인이 스스로 판단하여 고객에 따라 대응하던 것을 컴퓨터가 스스로 판단하여 스마트하게 관리를 해줄 수 있게 되는 것입니다.

기본적인 인공지능이 탑재되어 고객에게 연체를 알리는 방법을 개선한 것에 추가하여 더욱 고도화된 방법을 적용한다면, 새롭게 입고되는 신간 서적이나 비디오 등에 대해 모든 고객에게 스팸성 문자를 보내는 것이 아닌, 고객의 성향을 파악하여 관심 있을 만한 고객에게만 안내를 함으로써 타겟 마케팅이 가능해지게 됩니다. 또한, 이러한 고객에게는 우선 예약 등의 혜택이나 할인을 해줌으로써 단골 고객을 확보하는 다양한 노하우를 주인의 머리에서 나온 방법이 아닌, 컴퓨터 스스로 판단하여 수행하게 됩니다. 그렇다면 이러한 시스템이 단순히 미래에 가능할 것이라 예측하는 것인지, 현재 기술 수준을 확인해 보면 다음과 같습니다.

현재 인공지능 기술은 단순히 전망에 머무르지 않고 다양한 분야에서 베타 서비스가 이루어지고 있습니다.

대표적으로, 인간을 절대 이길 수 없을 것이라던 바둑 대결에서 인공지능 시스템인 알파고가 이세돌 9단을 이기는 사건이 발생하였습니다. 이는 인간의 영역이던 자기 학습과 창의적인 해결 방법을 컴퓨터에서도 수행이 가능하다는 것을 알리는 계기가 되었으며, 현재는 인공지능 시스템이 인간에게 바둑을 겨우 이기는 수준이 아닌 압도적인 수준으로 발전하고 있습니다. 이를 통해 인공지능 시스템은 인간보다 더 빠른 속도로 학습을 하면서 스스로 발전해 가는 분야에서도 무리 없이 적용이 가능한 시대가 다가오고 있음을 보여 주고 있습니다.

현재 인공지능을 적용하기 위해 가장 활발히 추진되고 있는 분야는 자율 주행차 부분입니다. 정해진 트랙을 움직이는 기차, 전차, 비행기 등은 이미 어느 정도 자동화가 이루어져 운전이 되고 있지만, 여기에서 사용된 기술은 정해진 구간을 정해진 시스템에 의해 논리적으로 판단하여 운행되므로 기존의 전산화 기술로 충분히 구현되어 이루어질 수 있었습니다. 하지만 자동차의 경우, 모든 도로에 센서 등을 설치할 수 없고 결국 사람과 같이 눈으로 상황을 판단하며 다양한 경우를 모두 확인하며 운행이 되어야 합니다. 인간이 자동차를 운전하면서 어느 상황 판단을 하는지 살펴보면 다음과 같습니다.

① 차선 인식

② 주변 물체, 사람, 동물 등 인식

③ 신호등 인식

④ 법규를 지키지 않는 차량 인식

⑤ 같이 운행되는 주변 차량 인식 등

위 조건 외에도 수많은 조건들이 있고, 인간의 경우도 오래된 운전 경력에 따라 습득하며 다양한 기술로 운전을 수행하고 있습니다. 이것을 기존의 소프트웨어 기술로 정해진 상황만을 입력하여 자율 주행한다면, 예상되지 못한 수많은 상황으로 인해 사고가 끊임없이 나타나게 될 것입니다. 하지만 인공지능 기술을 활용하여 자동차가 스스로 상황을 학습하고 끊임없이 학습하면서 인간과 같이 새로운 노하우를 습득하며 운영하는 자율 주행 기술이 빠르게 발전하고 있습니다. 현재에는 자율 주행 자동차가 실제로 수십만 km를 무사고로 운영한 사례가 나타나듯이 인공지능 기술이 이제는 미래의 꿈이 아닌 현실로 받아들여지고 있습니다.

이러한 인공지능 기술이 발전한다면 인간의 영역이라고 생각했던 부분도 점차 대체되고 더 나은 솔루션을 제공할 수 있게 될 것으로 전망되고 있고, 이를 위해서는 우리는 더욱 정확한 시스템으로 동작하기 위한 인공지능 기술을 습득하여 적용해야 합니다.

인공지능을 구성하는 핵심은 그것을 동작시키는 기술이나 인프라도 있지만 인공지능의 기반이 되는 데이터가 충분히 확보되어야 합니다.

인공지능은 정확한 수식이나 조건 등에 의해 계산이 되는 방식이 아니라 다양한 데이터의 분석을 통해 그 패턴을 파악하여 다양한 분석과 예측을 수행하는 것으로 사람의 노하우 습득과 비슷한 점이 많습니다.

사람의 노하우도 많은 세월을 살면서 습득하고 체험한 다양한 경험에 따라 만들어지는 것이기 때문에, 인공지능이 더욱 우리가 원하는 방향으로 정확하게 동작하려면 다양한 데이터가 충분히 공급되어야 합니다. 따라서 현재의 많은 기업은 데이터를 모으기 위한 플랫폼에 많은 투자를 이루고 있습니다.

그럼 이제부터 실제 인공지능을 통해 실현되고 있는 서비스를 알아보도록 하겠습니다. 아마존에서는 Amazone Go 라는 무인 상점을 운영하고 있습니다.

2017년 시애틀에 시범 매장을 베타 테스트로 운영을 시작하여 2018년 1월에 일반인들에게 공개를 하였고, 실제 운영을 하고 있으며 향후 3년 이내로 3,000여 개의 매장을 오픈시키려는 전략을 세우고 있습니다.

이 전략은 단순히 테스트 수준이 아닌, 이미 인공지능 기술이 실제 상용 서비스로 발전할 수 있는 기반이 모두 완료가 된 것이라고 해석할 수 있습니다. 그렇다면 Amazon Go가 무엇이고 어떻게 서비스되고 있는지 확인해 보도록 하겠습니다.

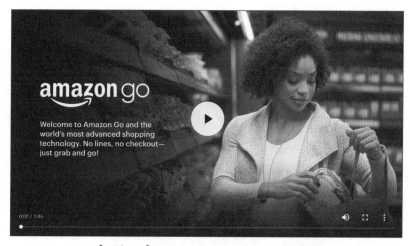

[그림 1-4] Amazon Go YouTube 소개 영상

Amazon Go의 YouTube 소개 영상을 보면 계산원 없이 물건을 가져 나가면 자동으로 결제되는 것을 보여 주고 있습니다. 이는 기존에 다양한 분야에서도 시도되었던 서비스의 한 방법입니다. 하지만 기존의 무인 상점은 각 제품에 어떠한 칩을 장착시켜서 센서를 인식하여 자동으로 계산하는 방식이 주를 이루었습니다.

이러한 센서 방식은 정확도는 높지만, 모든 제품에 센서를 장착해야 하는 비용과 번거로움이 있기 때문에 실제 다양한 제품을 파는 편의점과 같은 매장에서 적용하기에는 무리가 있었습니다.

하지만 Amazon Go는 센서 부착 방식이 아닌, 기존 제품을 매장의 카메라가 자동으로 인식하여 고객이 제품을 가져가는 순간 자동으로 인식하여 해당 제품을 고객이 구매한 것으로 처리하므로 기존의 제품에 별도의 센서 부착 없이 바로 적용 가능하다는 것이 가장 큰 특징이라고 할 수 있습니다.

동영상에서 보여 주는 프로세스를 보면 다음과 같이 쇼핑이 이루어지고 있습니다.

- 고객이 매장에 들어오며 본인 ID로 로그인된 앱을 실행한다.
- 매장의 카메라는 고객의 동선을 파악하며 고객이 선택하는 제품을 체크한다.
- 고객이 매장을 빠져나가면 카메라에 의해 인식된 제품들이 고객의 카드에서 바로 결제 처리가 된다.

이와 같이 고객이 매장에 방문하여 제품을 선택하고 나가는 동안 모든 것이 카메라에 의해 인공지능으로 인식하여 처리하므로 고객은 계산대에서 대기 없이 쉽고 편리하게 쇼핑이 되며, 상점 입장에서는 별도의 계산원이나 관리하는 인력이 필요 없는 무인 편의점 운영이 가능하게 되는 것입니다.

물론 현재는 기술적 한계로 매장에 들어올 수 있는 사람의 수가 한정되어 있는 등의 제약이 있지만, 심야 시간대의 편의점 운영과 같이 제한된 상황에서는 충분히 바로 적용이 가능한 장점이 있습니다. 이와 같이 현재의 인공지능 기술은 미래를 상상하는 수준이 아닌 현실에 바로 적용이 가능한 수준으로 다가왔으며 가까운 미래에 많은 일이 인공지능 기술에 의해 이루어질 것으로 예측되고 있습니다.

Amazon Go 외에도 인공지능을 통해 대체될 수 있거나 인공지능이 도움을 줄 수 있는 다양한 일들이 다음과 같이 예측되고 있습니다.

- 다양한 판례를 분석하는 인공지능 판사
- 다양한 처방 정보를 분석하여 학습하고 진단하는 인공지능 의사
- 최적의 입지를 선정하는 인공지능 상권 분석

인공지능 판사가 결정하는 것을 그대로 따르는 것은 인류가 바로 적용하지는 않겠지만, 기존에 판사가 수많은 판례를 모두 수동으로 찾아보며 분석하는 업무를 일

부 인공지능 판사가 도와준다면 더욱 효율적이고 정확한 판결을 낼 수 있게 될 겁니다.

마찬가지로 우수한 의사는 해당 분야의 오랜 경험에 의해서 진단을 하는 것이기 때문에 인공지능 의사에게 다양한 진료 기록을 학습시킨다면 전 세계의 우수한 진료 기록을 모두 학습하여 어디서나 조금 더 정확한 진료를 수행할 수 있는 보조 자료로 제공될 수 있을 것입니다. 또한, 단순한 상권 분석이 아닌 다양한 정보를 기반으로 하여 상권을 분석하여 정보를 제공하는 프렌차이즈 본부가 있다면 더 많은 성공을 누릴 수 있게 될 것입니다.

이와 같이 다가올 가까운 미래에는 모든 분야가 전부 인공지능으로 대체되기보다는 일부에서나 또는 보조 정보로서의 가치가 있을 것으로 판단되며, 이를 통해 인공지능 기술은 더욱 빠른 속도로 발전될 것으로 전망됩니다.

2. 머신러닝 기술

1) 머신러닝의 역사와 개요

컴퓨터를 활용한 기존의 다양한 분야는 정해진 수식에 의해 빠른 연산을 수행하는 부분에 한정되어 있기 때문에 단순한 특정 패턴의 활동을 반복적으로 수행하는 것에 컴퓨터가 활용되어 빠른 연산을 통한 효과를 원하거나 단순 반복 작업을 피로도 없이 해결하기 위하여 컴퓨터를 활용하는 논리적 판단 방법에 적용하였습니다. 하지만 머신러닝이 활용되면서 컴퓨터가 사람과 유사하게 학습을 하고, 그에 따라 판단을 하여 스스로 동작하는 방식을 활용할 수 있게 되었습니다.

머신러닝은 1959년 Arthur Samuel이 쓴 논문에서 "명시적으로 프로그램을 작성하지 않고 컴퓨터에 학습할 수 있는 능력을 부여하기 위한 연구 분야"라는 내용으로 정의하여 부르게 되었습니다.

이와 같이 머신러닝은 단어 그대로 한국어로 해석하면 기계학습이며, 이는 기계가 스스로 학습하여 무엇인가 연산을 수행한다는 것을 의미합니다. 이는 기존의 명확한 조건에 의해 결과가 나타나는 논리적인 연산 외에도, 컴퓨터가 스스로 학습을 통해 그 경험으로 판단할 수 있는 분야에 적용할 수 있는 인공지능 분야에 활용할 수 있다는 것을 의미합니다. 하지만 초기의 머신러닝은 정확도가 높지 않기 때문에 이론적인 의미 외에는 실제 활용을 할 수 있는 상태는 아니었지만 관련 연구가 지속적으로 수행되면서 이제는 실제 다양한 분야에서 활용이 시작되고 있습니다.

머신러닝은 개념적이거나 실험적인 단계에서 수행하는 데에 그치면서 실제 활용이 되기보다는 기존 기능의 개선된 일부 기능으로 활용하는 것과 같이 완벽히 실무에 활용되는 데에는 한계가 있었지만, 현재에는 많은 기술의 발전으로 머신러닝이 실제 환경에서 다양하게 적용이 시작되고 있습니다.

머신러닝은 인공지능의 겨울이라 불리는 인공지능 연구의 긴 침체기를 지나 2006년 토론토대학의 제프리 힌튼 교수가 딥러닝의 정확도를 개선하는 논문을 발표하면서 시작되게 되었습니다.

2012년에는 개선된 기법을 사용하여 이미지 인식 오류율을 10% 이상 줄이면서 다시 한번 많은 주목을 받게 됩니다. 그 이후 우리가 많이 알고 있는 알파고라는 바둑을 두는 인공지능 기술을 소개하고, 실제 이세돌을 알파고가 이기면서 본격적으로 발전을 하는 계기가 되었습니다.

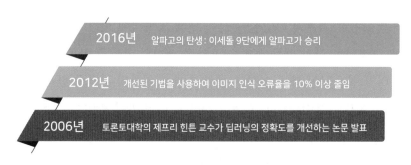

[그림 1-5] 머신러닝의 발전

컴퓨터가 탄생하면서 세상의 많은 업무가 자동화되어 효율성이 높아지면서 산업이 급격하게 발전하였지만 컴퓨터를 활용하는 분야는 논리적인 판단에 의해서만 동작하는 부분에 한정되어 있어, 사람과 같이 상황에 따라 가장 적합한 부분을 새롭게 판단하거나 예측하는 등의 업무에서도 컴퓨터가 스스로 동작할 수 있도록 하는 인공지능 분야의 연구도 활발히 이루어지고 있습니다. 그러나 인공지능의 연구 내용은 연구에서만 한정되고 실제 사례에서 활용되기에는 많은 문제점이 발생하였고, 다음과 같이 머신러닝 기술이 점점 실제 환경에서 활용되면서 점차 주목을 받기 시작하였습니다.

그럼 이제부터 머신러닝에 대한 개념을 자세히 알아보도록 하겠습니다.

머신러닝은 인공지능을 구현하기 위한 방법의 하나로, 학습을 통해 컴퓨터가 스스로 판단하여 결과를 나타내는 것입니다.

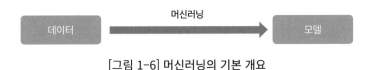

[그림 1-6] 머신러닝의 기본 개요

머신러닝은 기존의 데이터를 이용하여 결과를 판단하기 위한 모델을 만들어 내는 방법으로 사람이 데이터를 분석해서 모델을 만들어 해당되는 논리적인 판단을 컴퓨터에 알리고 컴퓨터가 단순히 계산하는 것이 아닌, 다양한 머신러닝 알고리즘을 통해 컴퓨터가 스스로 모델을 찾도록 하는 절차를 이야기합니다. 따라서 머신러닝 기술을 활용하면 컴퓨터가 스스로 기존의 데이터를 학습하고 그에 맞게 어떠한 기준을 만들어 내고 그 기준들이 모여 하나의 결정 모델이 되고, 그 결정에 의해 최종 결론이 나타날 수 있도록 하는 방법입니다.

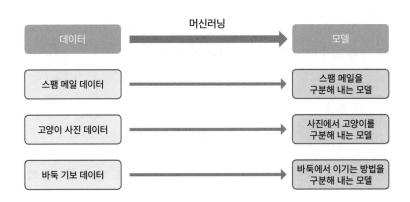

[그림 1-7] 머신러닝 모델 생성의 방법

[그림 1-7]에서와 같이 머신러닝은 다양한 분야에서 활용되어 그 모델을 만들어 낼 수 있습니다.

스팸 메일을 자동으로 분류하기 위해서는 해당 메일이 스팸인지 아닌지를 판단하기 위해 과거의 수많은 메일을 컴퓨터가 학습하여 스팸과 아닌 메일의 차이점을 컴퓨터 스스로 파악하여 구분을 위한 판단 기준을 만들어 내야 합니다. 또한, 고양이 사진 데이터가 있을 때, 이 사진이 고양이인지 아닌지를 구분하기 위해서라면 컴퓨터는 기존의 수많은 고양이 사진 데이터를 학습하여 그 특성을 파악하고 새로운 사진이 고양이인지 아닌지를 판단하기 위한 기준을 만들어 내야 합니다.

알파고와 같은 바둑 게임을 진행하기 위해서는 기존의 다양한 바둑 기사들과의 대결을 바탕으로 데이터를 축적하고, 그에 맞게 컴퓨터 스스로 전략이 생기고 그 기준을 통해 새로운 대결을 수행하게 되는 것입니다.

머신러닝 기술은 컴퓨터가 스스로 판단하여 수행하는 만능 기술로 여겨지므로 기존의 모든 기술을 다 대체해야 한다고 생각할 수 있지만, 논리적으로 설명이 가능한 것은 컴퓨터가 스스로 학습할 필요 없이 사람이 직접 모델을 만드는 것이 더 정확합니다. 그 예로 물리 법칙을 계산하는 프로그램과 같은 것을 개발한다면, 기존의 결정되어 있는 논리를 활용해서 그대로 계산이 수행되도록 하는 것이 가장 효과적입니다.

논리적으로 설명하기 어려운 분야에서는 머신러닝을 적용한다면 사람이 직접 모델을 만드는 것보다 좋은 결과를 얻을 수 있습니다. 간단한 예로 음성 인식의 경우, 수많은 사람의 서로 다른 음성을 일반화할 수 없으므로 컴퓨터가 스스로 학습하여 판단 기준을 만들고 수행하도록 하는 것이 좋습니다.

2) 머신러닝의 활용

머신러닝은 기존의 논리적인 단순한 판단을 수행하는 것 외에 컴퓨터가 스스로 학습하고 판단한다는 진보된 기술입니다. 그렇다면 실제 어디에서 많이 활용되고 있는지 그 사례를 통해 알아보도록 하겠습니다.

현재 많이 활용되고 있는 예로, 사람이 쓴 글자를 자동으로 인식하여 문자로 저장해 주는 문자 인식 부분을 통해 머신러닝의 동작을 알아보도록 하겠습니다.

다음은 손으로 사람이 직접 글자를 쓴 것입니다.

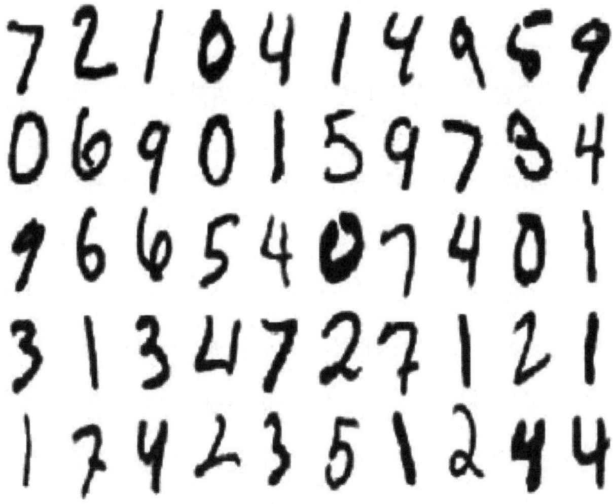

[그림 1-8] 머신러닝 모델 생성의 예

[그림 1-8]과 같이 사람이 직접 손으로 글씨를 쓰면 다양한 형태의 모양이 나타나게 되는데 이를 데이터베이스에 저장하고 정보 처리를 수행하기 위해서는 해당 모양이 어느 숫자에 매칭되는지를 인식해야 합니다.

일반적으로 사람이 눈으로 확인하면서 어떠한 모양이 어떤 숫자에 매칭된다고 인식하는 것은 우리가 경험을 통해 모양을 보고 인식하게 되는 것입니다. 하지만 컴퓨터가 위의 [그림 1-8]을 숫자로 매칭해야 한다면 어떻게 판단해야 할 것인지 생각해 보아야 합니다.

컴퓨터가 사람의 필기체를 숫자로 인식하기 위해서는 직선의 개수, 원의 개수, 선이 꺾이는 회수 등과 같이 판단의 기준이 만들어져야 하지만, 이러한 모델을 몇 가지로 일반화하여 정확히 만들기는 매우 어렵습니다.

이러한 것을 해결하기 위해서, 만약 문자 및 숫자를 인식하는 프로그램을 개발한다면 어떻게 판단 조건을 넣어야 할 것인지 생각해 보도록 하겠습니다.

[그림 1-9] 문자 및 숫자 인식을 위한 필기체의 예

[그림 1-9]에서 첫 번째 글자는 숫자 1을 의미하고, 두 번째 글자는 숫자 2를 의미하고, 마지막 글자는 영문 알파벳 Z를 의미한다는 것을 사람이 직접 눈으로 판단하면 대부분이 같은 대답을 할 것이라고 생각됩니다. 하지만 컴퓨터에게 알아서 판단하라고 한다면 어떠한 조건을 넣어야 할 것인지 생각해 보아야 합니다.

숫자 1이라면 다음과 같이 컴퓨터에게 설명을 해주어야 합니다.

"상단에서 하단으로 직선 형태이며 굴곡이 없는 형태" 같은 조건을 입력할 수도 있지만, 1은 완전한 직선 형태와 [그림 1-9]에서와 같은 형태가 있고, 그리고 2와 혼돈할 수도 있습니다. 사람은 그동안의 경험에 의해 어느 정도 판단이 가능하지만, 컴퓨터는 입력한 조건을 그대로 명확히 인식하기 때문에 "어느 형태에서 어느 각도로 회전하고 직선 형태를 확인한다" 같은 조건이 입력되면 그와 조금이라도 다르면 다르게 인식이 될 것입니다. 이에 따라 컴퓨터도 사람과 같이 수많은 숫자와 문자 경험을 하고, 그에 맞게 나름대로 판단 기준이 계속 추가되고 수정되어야 합니다. 머신러닝 기술을 활용한다면 컴퓨터는 다음과 같은 형태로 동작을 수행하게 됩니다.

[그림 1-10] 숫자 '1'에 대한 필기체 데이터

만약 숫자 '1'을 판단하는 머신러닝 시스템이 있다면, [그림 1-10]과 같이 다양한

기존 사람들의 숫자 1 필기 데이터를 입력을 받게 되고 사용자가 필기 인식 시스템을 사용하면서 입력하는 숫자들도 계속 학습 데이터로 추가하게 됩니다. 추가된 데이터는 머신러닝 알고리즘에 의해 그 특성을 파악하여 컴퓨터 스스로 새로운 판단 기준을 계속 추가하거나 수정하며 보완합니다. 이를 통해 새로운 필기 글자가 들어오더라도 기존의 학습 데이터들과의 관계를 판단한 후에 가장 적합한 숫자로 인식하고 그에 맞게 처리하게 됩니다.

머신러닝은 사람과 마찬가지로 학습하며 그 결과를 나타내므로 100% 정확한 결론을 내야 하는 분야에서는 적합하지 않을 수 있습니다. 필기체의 경우도 사람의 필체에 따라 서로 못 알아보는 경우가 있기 때문입니다. 하지만 컴퓨터의 처리 속도와 저장 용량은 사람보다 월등하기 때문에, 사람으로 생각한다면 가장 좋은 학업 성취도를 나타내는 것이지 때문에 가장 정확하고 효율적인 판단이 가능해지게 됩니다.

3) 머신러닝의 수행 절차와 방법

머신러닝을 수행하는 방법을 알아보기에 앞서, 먼저 머신러닝을 수행하는 전체적인 절차에 대해 알아보도록 하겠습니다.

머신러닝의 수행 절차는 다음과 같이 크게 두 가지로 나누어져 있습니다. 첫 번째로 데이터로부터 모델을 만드는 단계와, 다음으로는 만들어진 모델을 적용하는 단계가 있습니다.

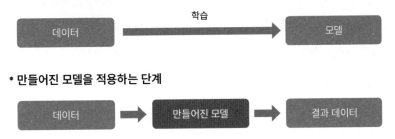

[그림 1-11] 머신러닝의 수행 절차

데이터로부터 모델을 만드는 단계는, 데이터를 수집하고 그 데이터를 직접 머신러닝에 활용할 수 있도록 특징을 파악하여 모델을 만들어 내는 단계를 이야기합니다. 이 단계를 통해 수많은 데이터에 대한 특성을 분석하고 그에 맞게 머신러닝이 올바로 수행될 수 있도록 하는 모델을 만들어 내게 됩니다.

데이터로부터 모델을 만들어 내는 단계는 데이터 수집, 데이터 전처리, 데이터 학습, 그리고 모델 평가 순서로 진행하게 됩니다.

데이터 수집은 머신러닝을 수행하기 위한 데이터를 최대한 많고 정확하게 가져오기 위한 단계이며, 이렇게 모인 데이터를 전처리 과정을 통해 효율적으로 머신러닝이 수행되도록 돕는 과정입니다.

우선 머신러닝의 첫 번째 단계인 데이터 수집 단계에 대해 알아보겠습니다.

머신러닝의 결과가 만족할 수 있도록 하게 위해서는 무엇보다도 머신러닝을 통한 판단을 위한 데이터의 양과 질이 모두 충족되어야 합니다. 따라서 머신러닝이 잘 동작하게 하기 위해서는 데이터를 잘 수집해야 하기 때문에 데이터 수집 단계는 매우 중요한 단계라 할 수 있습니다.

먼저 데이터 수집 단계에서는 문제 정의를 통해 다음과 같은 질문에 답을 할 수 있도록 준비되어야 합니다.

- 해결하려고 하는 문제는 무엇인가?
- 문제의 답을 얻기 위해 필요한 데이터는 무엇인가?
- 데이터와 결과 사이에는 상관관계가 있는가?

이러한 문제 정의를 통해 데이터 수집을 위한 문제를 파악하고 그에 맞게 머신러닝에 활용될 데이터를 수집하는 단계로 이어져야 합니다. 본격적인 데이터 수집을 위해서는 데이터를 얻기 위한 방법을 생각해야 하며, 대표적으로 다음과 같은 데이터 수집 방법이 있습니다.

- 공개되어 있는 데이터 소스에서 원하는 데이터를 가져온다.
  예) 공공 데이터 포털 (https://www.data.go.kr)
  　　서울 열린 데이터 광장 (http://data.seoul.go.kr)

- 직접 데이터를 수집해서 활용한다.
- 조사, 실험 등을 통해 원하는 데이터를 생성한다.

위에서 제시한 데이터 수집 방법이 정답은 아니지만, 지속적이고 정확한 데이터를 활용해야만 머신러닝의 결과가 좋게 나타날 수 있으므로 항상 데이터 수집에 많은 노력을 기울여야 합니다. 위의 방법들을 하나하나 살펴보면, 먼저 공개 데이터를 활용하는 방법을 생각해 볼 수 있습니다.

지역별 온도와 인구, 국가의 주요 시설 위치 등 공공 분야에서 제공할 수 있는 데이터는 정부에서 공공 데이터 포털을 오픈하여 공개하고 있으므로 이를 활용할 수 있습니다. 공공 데이터 포털을 접속하여 원하는 데이터를 요청하고 그에 맞는 데이터를 제공받아 머신러닝에서 활용할 수 있으며, 공공 데이터 포털의 API 형태로 제공되는 데이터의 경우는 실시간으로 데이터가 제공되므로 실제 머신러닝 시스템과의 연동을 통해 실시간으로 학습하고 더 좋은 결과가 나타날 수 있도록 동작시킬 수 있습니다. 제공되는 데이터가 아닌 경우에는 상황에 따라 직접 데이터를 생성하거나 실험 등을 통해 데이터를 수집할 수 있습니다.

대표적으로 화학 분야의 연구와 같이 어떠한 실험에 의해 생성되는 다양한 데이터를 수집하여 머신러닝 학습을 통해 향후 결과를 예측할 수 있고, 이를 위해서는 직접 실험을 수행해야 하며, 그에 따라 발생하는 데이터를 수집하는 작업을 직접 수행해야 합니다.

실험으로도 수집할 수 없는 데이터는 직접 데이터를 수집하거나 생성하여 활용할 수 있는데, 이 방법은 직접 하는 한계로 인하여 데이터의 수나 질이 낮아질 수 있는 단점이 있지만, 이미 저장되어 있거나 실험되지 않은 데이터의 경우에는 불가피하게 데이터를 직접 만들어야 하므로 가장 마지막에 고려할 수 있는 데이터 수집 방법입니다.

이렇게 다양한 방법으로 수집된 데이터는 머신러닝을 수행하기 위한 일종의 재료가 되어 활용 됩니다. 따라서 데이터의 수집은 모든 것을 무조건 수집한다는 생각보다는 머신러닝을 수행하려는 시스템의 목적에 따라 명확하거나 그 양이 많이 발생할 수 있도록 데이터를 수집하여야 합니다.

이러한 수집 단계를 완료하면, 데이터가 머신러닝 시스템에서 잘 동작하도록 한 다음 단계를 진행하게 되는데 이 단계는 데이터 전처리라고 불리며, 수집된 수많은 데이터를 컴퓨터가 처리하기 쉽도록 정리하거나 필요하지 않은 데이터를 삭제하는 등의 작업을 수행하게 됩니다.

데이터의 수집이 완료되면, 컴퓨터가 더욱 빨리 그리고 정확하게 데이터를 처리할 수 있도록 데이터 전처리 과정을 거쳐야 합니다. 데이터 전처리 과정은 컴퓨터가 처리하기 쉬운 형태로 단순화하거나 데이터를 정리하는 등 다양한 방법을 통해 이루어지게 됩니다.

먼저 값이 누락된 데이터를 정리하는 방법은 아래와 같습니다.

[표 1-1] 누락 데이터 정리

이름	나이	키	몸무게
김철수	29	175cm	80kg
김영희	27	160cm	50kg
홍길동	25		60kg

데이터가 충분한 경우 값이 누락된 데이터를 제거하는 방법을 활용합니다. 또한, 데이터가 제한적일 경우 누락된 값을 추정해서 채우는 작업을 통해 데이터를 정리하는 작업이 수행됩니다. [표 1-1]의 비어 있는 부분인 홍길동의 키 데이터가 누락되었다고 가정한다면, 전체적인 머신러닝 시스템의 결과의 오차를 줄이기 위해, 주변 값을 활용하여 누락된 데이터를 채우게 됩니다.

채우는 방법은 다른 데이터인 키를 평균하여 평균이 되는 값을 채우거나, 임의의 값을 채우도록 하여 머신러닝 수행 시 오류를 줄일 수 있도록 하는 데이터 전처리 과정입니다.

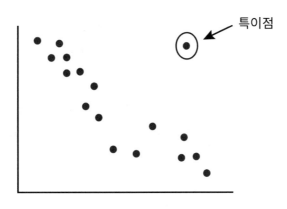

[그림 1-12] 특이점 제거 방법

다음 데이터 전처리 방법으로는 특이점 제거가 있습니다. 특이점은 머신러닝 결과에 영향을 미칠 수 있으나 매우 극소수의 데이터이므로 이를 제거하여 신뢰 구간에서의 신뢰성 있는 데이터만을 머신러닝 수행에 이용할 수 있습니다. 신뢰 구간을 정하고 학습 데이터 중 범위를 벗어난 값을 제거하는 방법으로 수행이 됩니다.

데이터 변환 방법은, 수집된 데이터를 머신 러닝에 적합한 값으로 변환하는 방법입니다. 데이터 변환을 통해 학습 성능을 향상시킬 수 있으며 이를 위한 기술로는 표준화, 정규화, 이산화 등이 있습니다.

표준화 방법은, 데이터가 가우시안 분포를 따르고, 평균의 0, 편차는 1이라는 가정을 따르는 것으로 값을 표준화하는 방법입니다.

$$X = \frac{X - mean(X)}{st.dev}$$

정규화 방법은 데이터의 범위를 0과 1 사이로 한정하여 데이터 처리를 빠르게 할 수 있도록 합니다. 따라서 모든 데이터는 0과 1 사이에서 상대적인 거리로 평가되게 되며, 이를 통해 수치 해석이 빨라지므로 전체 머신러닝 시스템의 성능 향상에 도움이 됩니다.

$$X = \frac{X - min}{max - min}$$

이산화는 의사 결정 트리, 나이브 베이즈 기법 등에서 이산화된 값을 사용하는 것이 유리한 방법으로 다음과 같이 구간을 선택하는 방법입니다.

- 동등 폭: 구간을 동등한 폭으로 나눈다.
- 동등 빈도: 각 구간에 동등한 개수의 데이터가 존재하도록 나눈다.
- 민 엔트로피: 데이터의 무질서도가 가장 낮은 수준까지 나눈다.

다음으로, 데이터 축소 방법이 있습니다. 데이터 축소는 데이터의 속성 중 예측력이 떨어지는 속성은 전체 모델에 기여하는 바가 적을 뿐 아니라 신뢰성을 떨어뜨리는 요소가 된다는 생각에서 시작된 방법입니다. 이런 문제를 해결하기 위해 아래와 같은 방법을 활용합니다.

- 예측력이 떨어지는 속성 자체를 제거한다.
- 고차원의 데이터를 저차원으로 변환한다.

또한, 너무 많은 데이터가 존재하는 경우 데이터가 중복되거나 불필요한 반복이 발생하는 문제가 발생할 수 있습니다.

이러한 문제를 해결하기 위해 원본 데이터의 분포를 그대로 유지하는 하위 집합을 선택할 수 있으며, 표본의 수를 축소하는 방식으로 무작위 데이터 추출과 성층법 등을 활용할 수 있습니다.

데이터 전처리에 따른 머신러닝 준비가 완료되면, 실제 데이터를 활용할 수 있도록 데이터를 학습하고 모델을 생성하게 되며, 생성된 모델이 적합한지를 평가하여 데이터의 무결성을 확보하고 머신러닝을 수행하게 됩니다.

데이터를 학습하기 위해서는 데이터를 학습하기 위한 방법과 그 알고리즘을 선택하여야 합니다. 문제의 종류와 수집된 데이터의 유형에 따라 적절한 학습 방법과 알고리즘을 선택할 수 있습니다. 이러한 알고리즘은 크게 지도 학습, 비지도 학습, 강화 학습으로 구분하고 있으며, 그 예로 다음과 같은 다양한 알고리즘이 존재하고 있습니다.

- 회귀분석, 분류, 클러스터링
- 서포트 벡터 머신, 의사 결정 트리, 나이브 베이즈 분류 등

이러한 알고리즘을 활용하여 데이터를 학습하고 모델을 생성하여 머신러닝 수행을 시작하여 원하는 예측 또는 검측 결과를 나타내게 됩니다. 생성된 데이터 모델이 제대로 된 것인지 확인하기 위해서는 평가 과정을 거쳐야 합니다.

모델 평가를 위한 데이터는 모델이 완성된 뒤에 모델을 평가하기 위해 데이터를 학습 데이터와 검증 데이터 두 가지로 나눠야 하며, 이러한 학습 데이터와 검증 데이터의 비율은 70:30 정도가 적당합니다.

학습 데이터로 모델을 학습시키고, 검증 데이터로 오류율을 확인하게 됩니다. 만약 데이터가 충분하지 못한 경우에는 교차 평가 방법을 수행하여 데이터를 평가하게 됩니다.

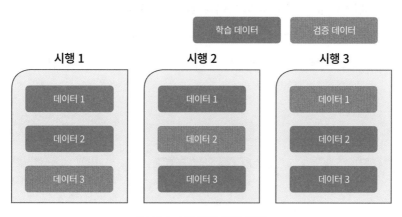

[그림 1-13] 교차 평가 방법

[그림 1-13]에서 보는 바와 같이 교차 평가는 학습 데이터와 검증 데이터를 임의로 설정하여 교차되게 평가하는 방식으로, 여러 번 평가를 반복하게 됩니다. 이러한

교차 평가 방법은 다음과 같습니다.

- 먼저 데이터를 k개의 동일한 크기로 분할한다.
- 분할된 데이터 중 하나를 검증 데이터로 쓰고 나머지를 학습 데이터로 사용한다.
- 검증 데이터를 바꿔 가면서 2번을 반복한다.

1. 지도 학습

컴퓨터에게 지속적인 학습을 통해 사람과 같이 스스로 결정을 하고 예측을 할 수 있도록 하는 것이 머신러닝입니다. 이와 같은 머신러닝을 위해서는 학습을 하는 과정과 그를 통해 결정을 하는 최적의 알고리즘이 필요합니다. 이러한 역할을 하는 머신러닝 기술에는 다양한 방법이 있으며 이를 크게 지도 학습, 비지도 학습, 강화 학습으로 나누게 됩니다. 이번에는 머신러닝에서 활용되는 지도 학습에 대해 알아보고, 지도 학습으로 수행되는 다양한 알고리즘의 동작 방법에 대해 알아보도록 하겠습니다.

[그림 1-14] 머신러닝 적용 단계

[그림 1-14]에서 보는 바와 같이 머신러닝을 적용하기 위해서는 우선 샘플 데이터를 많이 수집하여야 하고, 모여진 데이터를 활용하여 어떠한 결론을 내기 위한 알고리즘을 학습해야 합니다. 이를 통해 최적의 알고리즘을 찾고, 그것을 활용하여 적절한 답을 결정하는 단계가 이루어져야 합니다. 이러한 단계를 위해 컴퓨터가 학습하는 방법 중, 우선 지도 학습에 대해 알아보도록 하겠습니다.

지도 학습은 컴퓨터에게 어떤 것이 맞는 답인지를 지정해 주는 형태의 학습 방법으로 목적값(Target Value)이 있고, 이를 통해 컴퓨터는 지정해 준 답과 비슷한 것을 판단해서 맞는 것이 무엇인지 판단하는 역할을 합니다. 이러한 판단을 하기 위해 수많은 데이터를 활용하여 학습을 하고 판단하는 과정을 반복하여 수행하게 됩니다.

예를 들면, 지도 학습은 특정 목적 답을 찾기 위해 학습을 수행하는 것이므로 사진에 나타난 것이 사과인지 아닌지를 결정하는 것과 같은 역할을 수행하는 데에 활용되게 됩니다.

다른 예로, 아파트 크기에 따른 매매 가격을 확인한다고 하면 전국의 아파트의 평형별 가격을 데이터로 하여 학습을 수행하게 하고, 그 결과에 따라 '아파트가 몇 평이면 가격은 얼마인가?'라고 질문을 하고 그에 맞게 컴퓨터가 답을 하는 방식입니다. 또는 아파트 크기만이 아니라 지역의 정보도 함께 학습한다면, 아파트의 지역과 크기를 고려하여 새롭게 건설되는 아파트의 가격을 예측하는 머신러닝이 수행될 수 있습니다.

이와 같이 지도 학습은 아파트의 예에서는 가격이라는 목적값(Target Value)을 설정하고 그 결과가 나타날 수 있도록 하는 학습 방법입니다.

지도 학습을 수행하는 방식은 분류(Classification)와 예측(Regression)이 있으며, 이에 대해 더 자세히 알아보도록 하겠습니다.

분류는 이전까지의 학습한 데이터를 기초로 컴퓨터가 결과를 판별하는 방법으로 목적값의 연속성이 없이 몇 가지 값으로 분류됩니다.

스팸 메일을 골라야 할 때, 컴퓨터는 학습된 데이터를 기초로 판단하는 것과 같은 동작이 분류입니다. 이러한 분류의 간단한 예를 들자면, 스팸 메일을 분류할 때 '스팸이다/아니다'와 같이 정확한 목적값을 통해 분류하는 것입니다.

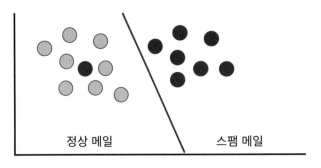

[그림 1-15] 스팸 메일 판단의 예

스팸 메일을 판단하는 데 있어 [그림 1-15]와 같은 상태에서 어떠한 순서로 동작이 이루어지는지 확인해 보도록 하겠습니다

우선, 컴퓨터는 수많은 스팸 메일을 받아서 학습을 할 수 있도록 합니다. 이때 입력되는 메일들은 모두 스팸이라는 것을 가정하고, 컴퓨터에 학습시키므로 컴퓨터는 해당 메일을 분석하여 어떠한 특성이 있는지를 파악하게 됩니다.

[그림 1-15]와 같이 정상 메일 안에서 소수의 스팸 메일이 제대로 분류되지 않고 있을 수도 있지만, 머신러닝은 최대한 정확하게 스팸과 정상 메일을 분류할 수 있도록 지속적으로 학습하고 그에 따라 새로운 메일에 대해 스팸인지 아닌지를 판단하게 됩니다.

예측은 일종의 회귀분석으로 F(x) = x + 2와 같이 단순한 선형 회귀분석으로 예측할 수 있습니다. 쉽게 설명하면, 목적값이 분류와 같이 정확히 떨어지는 것이 아니라 연속성이 있는 것이 특징입니다.

쉬운 예로, 아파트 크기에 따른 매매 가격을 알아보기 위해서는 목적값이 아파트의 가격이며, 분류에서의 '스팸이다/아니다'와 같이 정확한 두 가지의 정답이 있는 것이 아닌 아파트의 가격이 어느 정도일지 예측을 하게 되는 것입니다.

이와 같이 예측과 분류의 큰 차이는 목적값이 연속성이 있는가, 아닌가에 따라 구분되게 된다. 아파트 매매 가격을 분석하는 방법을 지도 학습에서 예측 방법으로 다시 한번 정확한 동작을 설명하면 다음과 같습니다.

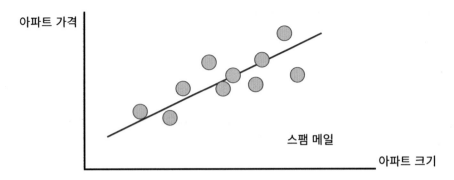

[그림 1-16] 아파트 크기에 따른 가격 예측

[그림 1-16]에서와 같이 아파트의 크기에 따라 가격이 형성되어 있다고 가정하면, 보통은 아파트 크기가 클수록 가격이 높게 형성되는 것을 알 수 있습니다. 이러한 판단을 사람이 하는 것이 아니라, 컴퓨터가 아파트 크기와 가격 데이터만 받아서 사람과 같이 학습을 하여 예측을 하게 됩니다.

이러한 동작을 위해 전국의 수많은 아파트 매매 가격을 컴퓨터에 입력하고, 학습한 데이터에 의해 특성을 파악하여 컴퓨터가 스스로 아파트 크기에 따른 가격을 정리하게 됩니다. 이를 통해 아파트 크기를 새롭게 제안하면 컴퓨터는 가격이 어느 정도가 될 것이라고 예측하는 것입니다. 따라서 예측은 지역이나 주거 형태 등 수많은 부동산 정보를 학습하여 부동산 가격 추이를 예측하는 것과 같은 분야에서 활용될 수 있습니다.

2. 비지도 학습

지도 학습과 비지도 학습을 간단하게 구분해 보면, 지도 학습은 목적값을 찾기 위해 머신러닝을 수행하는 학습 방법입니다. 이와 반대로 비지도 학습은 목적값이 없이 컴퓨터 스스로 그룹화하는 과정을 거치는 학습 방법입니다. 그렇다면 이제부터 본격적으로 비지도 학습에 대해 알아보도록 하겠습니다. 스팸 메일을 분류하는 작업을 수행할 때에는 특정 기준에 따라 '스팸이다 / 아니다'의 두 값으로 나누어서 결과를 나타내게 됩니다. 이와 같이 목적값인 스팸 메일 여부에 따라 결과를 나누어

주는 것은 지도 학습입니다. 이와 반대로 비지도 학습은 목적값이 없이 특정 기준이 없이 그룹화하는 방법입니다.

한 예로, 학생 특성에 맞게 그룹화를 한다고 하면, 특성 기준을 정해 주는 것이 아닌, 학생에 대한 다양한 데이터를 가지고 컴퓨터 스스로 여러 상황에 따라 그룹화를 수행하여 줍니다.

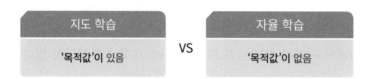

비지도 학습은 자율 학습이라고도 불리며, 관찰한 데이터부터 숨겨진 패턴과 규칙을 탐색하여 찾아내는 방법입니다. 따라서 종속 변수가 없고 입력 데이터만 컴퓨터에게 제공하고 숨겨진 패턴을 찾도록 합니다. 따라서 분석하는 사람의 주관이 반영되며 학습이 끝난 후에는 결과에 대한 판단이 어려운 특징이 있습니다.

비지도 학습을 수행하기 위해서는 먼저 데이터에서 특정 패턴이나 구조를 찾아내야 합니다. 이를 위해 다음과 같이 다양한 방법을 활용하여 데이터의 패턴이나 구조를 찾아냅니다.

- 순서 분석
- 네트워크 분석
- 링크 분석
- 그래프 이론
- 구조 모델링
- 경로 분석

데이터의 밀집 상태에 따라 데이터를 그룹화할 수 있는데 다음과 같이 다양한 방법으로 그룹화를 수행하게 됩니다.

- 위계에 따른 클러스터링
- 밀도에 따른 클러스터링
- 상태에 따른 클러스터링
- 맵을 스스로 구성하는 방법

먼저, 위계에 따라 데이터를 그룹화 하거나, 밀도 또는 상태에 따라 그룹화를 할 수 있습니다. 또한, 맵을 스스로 구성하여 그룹화를 하는 방법이 활용될 수 있습니다.

또한, 관찰 공간의 샘플을 기반으로 잠재 공간을 파악할 수 있습니다. 여기서 관찰 공간이란 실제 파악되는 정보로, 경기 승률을 맞추기 위해 정보를 수집하는 홈 관중 수나 선발 선수 등과 같은 정보가 될 수 있습니다.

잠재 공간은 관찰 대상들을 잘 설명할 수 있는 잠재된 정보로, 제공되는 정보가 있을 때 그것을 기반으로 유추할 수 있는 추가적인 정보를 이야기합니다.

한 예로, 경기 요일이나 날씨 정보가 제공되면 요일별 승률이나 날씨별 승률과 같이 유추할 수 있는 정보를 말합니다. 이러한 잠재 공간을 파악하고 데이터를 압축하거나 잡음을 제거하는 것도 차원 축소의 방법으로 사용할 수 있습니다.

비지도 학습이 수행되는 것을 다음과 같이 하나의 예를 가지고 이해해 보도록 하겠습니다.

우선 총 6개의 데이터가 다음과 같이 있다고 가정해 보도록 하겠습니다.

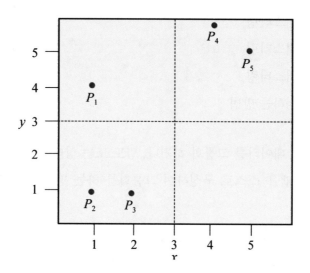

이러한 데이터가 어떠한 방법으로 비지도 학습이 수행되는지 단계별로 확인해 보면 다음과 같습니다.

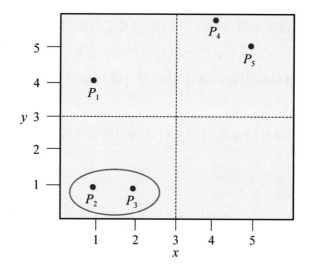

우선 데이터가 밀집해 있는 점부터 그룹화를 수행합니다. 우선 P2와 P3가 밀집되어 있으므로 그룹화를 수행합니다. 다음으로는 P4와 P5도 밀집되어 있으므로 서로 그룹화를 수행합니다.

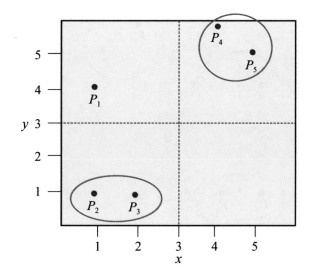

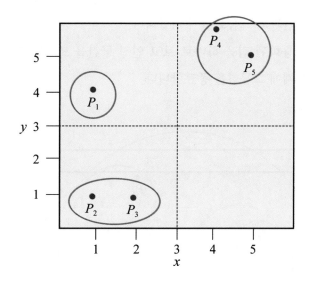

그리고 남은 P1은 하나의 점으로 그룹화를 수행합니다.

이와 같이 우선 인접한 구간끼리 그룹화를 수행하게 됩니다. 여기서 인접함이란 단순히 그림에서와 같이 거리가 아니라 데이터 간의 연관도를 거리로 환산하여 계산을 수행하게 되는 것입니다.

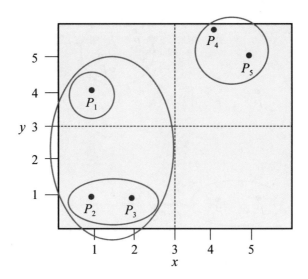

1차적으로 인접구간 간의 그룹화가 완료되면, 각 그룹화된 것을 하나의 점으로 보고 다시 또 인접 구간과의 그룹화를 수행합니다.

그 후에는 다시 그룹화된 점을 하나로 보고 인접 구간을 또 그룹화하면 결국 하나의 그룹이 되고, 이때에 그룹화를 종료합니다.

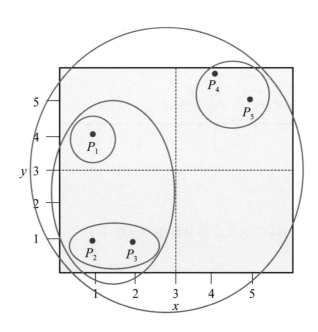

1. 강화 학습 모델

운전을 처음 배웠을 때를 생각해 보면, "우측으로 가려면 핸들을 우측으로 각도 몇을 돌려야 하고, 액셀러레이터를 몇 초 동안 어느 무게로 밟고, 몇 초 후 브레이크를 어느 강도로 밟는다"라고 하는 것과 같이, 음식 레시피와 같이 정확히 동작을 정하고 하지는 않습니다. 운전이라는 것은 어느 정도의 감으로 경험에 의해 핸들을 돌려보고 차가 너무 많이 회전하면 조금 덜 돌리는 식으로 운전을 하게 됩니다. 강화 학습은 이와 같이 어느 동작에 대해 피드백을 받아 그 피드백에 따라 동작을 결정하는 사람과 같은 방식으로 학습을 하는 방법입니다. 자동차 운전을 할 때, 추월을 한다면 어떻게 해야 할 것인지를 살펴보면 다음과 같습니다.

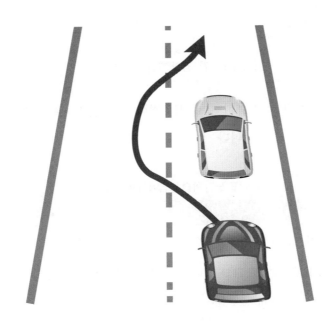

우선, 추월 차선에 차가 오는지를 확인해야 합니다. 그리고 좌측을 핸들을 10도 돌리고 액셀러레이터를 밟고 100m 전진 후, 우측으로 핸들 10도를 돌려서 다시 차선으로 복귀해야 합니다.

이와 같이 명확한 절차가 있다 하더라도 항상 그대로 따라서 할 수 있을지를 생각해 보면 그렇지 않습니다. 실제로 추월을 할 때에는 추월 차선에 차가 적절한 거리에 있는지 없는지를 확인하고, 경험에 의해 안전하다 느껴지는 속도로 진행하여 경험에 의한 방향으로 추월을 수행하게 됩니다.

이와 같이 강화 학습은 어떠한 공식이 있는 것이 아닌, 경험에 의해 가장 안정적인 방법으로 추월하는 것과 같이 명확한 모델을 만들지 않고 행동 상황에 따른 피드백의 내용을 모두 정리하여 학습하는 방법입니다.

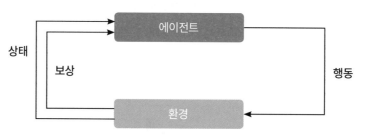

[그림 1-17] 강화 학습의 기본 원리

강화 학습은 학습에 의해 답이 정해지는 것이 아니라, 모르는 환경에서 보상값이 최대가 되도록 행동하는 것입니다.

[표 1-2] 학습 방법에 대한 비교

학습 방법	설명
지도 학습	정답(목적값)을 알 수 있어서 바로바로 피드백을 받으면서 학습
비지도 학습	정답이 없는 것으로, 값의 특성을 파악하여 분류하는 학습 방법
강화 학습	-정답은 모르지만, 행동에 대한 보상을 알 수 있음 -그 보상으로부터 최대의 보상을 받는 방법으로 학습

강화 학습에서 시행착오적 탐색은 환경과의 상호작용으로 학습하는 것입니다. 이는 해보지 않고 예측하지 않는다는 기본 개념에서 출발한 것으로 무엇인가를 수행하면서 조정을 수행하게 됩니다.

예를 들면, "공부를 열심히 하면 엄마가 용돈을 준다, 대회에서 1등을 하면 상금을 준다"와 같은 일상생활에서의 보상 때문에 열심히 공부를 하는 것과 같이 컴퓨터도 보상 점수를 최대화하면 그에 맞게 학습을 하게 되는 것입니다. 따라서 기존의 보상값에 따라 앞으로의 행동을 결정하게 됩니다.

지연 보상은 시간의 개념이 포함된 것으로, 시간의 순서가 있는 문제를 풀어내는 방법입니다. 이는 다음의 세 가지로 요약할 수 있습니다.

- 지금의 행동이 바로 보상으로 이어질 것인가?
- 지금의 행동이 향후 더 큰 보상으로 이어질 것인가?
- 다른 행동과 합해져서 더 큰 보상이 될 것인가?

이와 같이 시간에 따른 보상이 다를 것을 감안하여 행동을 결정하게 됩니다.

2. 강화 학습 역사

시행착오적 탐색은 강화 학습의 중요한 특징으로 동물의 행동에 대한 심리학 연구에서 출발하였습니다. 스키너의 상자 실험이라는 것이 그 연구이며 이를 기초로 하여 강화 학습이라는 것이 머신러닝에서 적용되게 되었습니다.

스키너 상자 실험
- 굶긴 비둘기를 상자에 넣음
- 한쪽의 원판을 쪼면 먹이통에 먹이가 나오게 설치
- 비둘기는 다양한 행동을 함
- 우연히 원판을 쪼게 되면 먹이가 나오는 것을 알게 됨
- 그 이후에는 비둘기는 원판을 쪼는 반응을 계속하여 먹이를 먹게 됨

최적 제어 방법은 1950년대부터 사용한 방법으로, 어떠한 비용함수의 비용을 최소화하도록 컨트롤러를 디자인한 것입니다.

그 대표적인 활용 예로는 구글에서 강화 학습을 사용하여 전기 요금을 획기적으로 줄인 연구가 있으며 이는 최적 제어 방법으로 강화 학습을 활용한 것입니다.

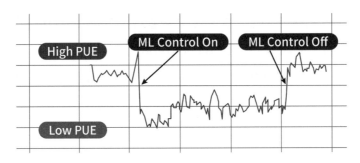

[그림 1-18] 강화 학습을 활용하여 구글 데이터센터의 전기료 절감 사례

3. 강화 학습 수행

강화 학습은 MDP(Markov Decision Process)라는 절차에 의해 수행이 됩니다. 이제부터는 실제로 강화 학습이 어떻게 수행되는지 알아보도록 하겠습니다.

MDP의 개념은 로봇이 사물을 바라보는 관점을 예로 들어 알아볼 수 있습니다.

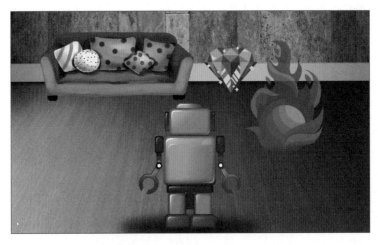

[그림 1-19] 로봇이 세상을 바라보고 이해하는 관점

[그림 1-19]에서와 같이 로봇은 정면의 사물을 보고 다양한 상황을 확인하게 됩니다.

위 상황을 보면, 로봇은 불이나 장애물, 보석 등이 나타나 있는 상태를 판단하게 되고 단순히 이것만 알 뿐 불이 위험하다 또는 가면 안 된다와 같이 판단을 하지는 못합니다. 따라서 정답이 어딘지는 모르며, 보상 경험을 통해 보석을 향해 이동해야 합니다.

MDP는 이 상황에서 로봇이 보석을 얻기 위해 어떻게 해야 할지 학습하는 것을 이야기합니다. 이러한 MDP는 다음과 같은 상태로 구성이 되어 있습니다.

- State : 로봇의 위치
- Action : 앞, 뒤, 좌, 우로 이동하는 행동
- Reward : 로봇이 가지려는 보석

이러한 상황에서 MDP는 다음과 같이 다양한 파라미터로 정의를 하게 되며, 이 값에 의해 실제 로봇이 강화 학습을 수행하게 됩니다.

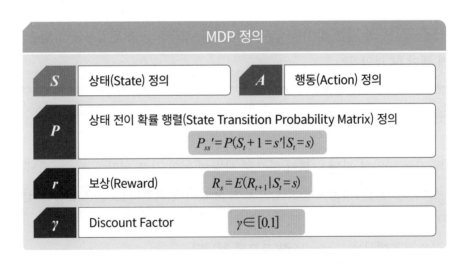

본격적으로 MDP를 수행하는 절차에 대해 알아보면, 우선 State값을 확인해야 합니다. State는 Agent인 로봇이 인식하는 자신의 상태라고 볼 수 있습니다. 그 예를 살펴보면 다음과 같습니다.

- 현재 내 차는 세단이다.
- 사람이 3명 타고 있다.
- 지금 100km/h로 달리고 있다.

위와 같은 State에서 이제 본격적으로 동작을 하기 위해서는 Action 단계로 이동해야 합니다. Action을 위한 예로, 서울에서 부산을 운전해서 가야 한다면 어떻게 할지 생각을 해 보도록 하겠습니다.

- 서울에서 부산 가는 방법을 수행하기 위해, 고속도로를 진입하는 방법은 어떻게 해야 할 것인가?
- 오른쪽 길로 가야 할까?
- 왼쪽 길로 가야 할까?

이와 같이 다양한 판단을 해야 하므로 사람의 뇌와 같은 역할을 Action에서 수행하게 됩니다. 따라서 Action을 취함으로써 State가 변화한다는 연관 관계를 알아낼 수 있습니다.

이것을 로봇에서는 Controller라 부르게 됩니다.

Action까지 준비가 되었으면 이제는 상태 전이 확률 행렬을 통해 움직이게 되면 위치가 변하는 것을 체크하게 됩니다. 만약 어떠한 외부의 요인에 의해 왼쪽으로 가라고 지시했으나 실제 오른쪽으로 가 버린다면 위치가 변하게 되는 것입니다.

그 예로 술이 취해서 내 생각에는 왼쪽으로 가려 했으나 몸이 오른쪽으로 가 버린 것과 같은 경우입니다. 따라서 어떠한 Action을 취했을 때 State가 정확할 수 없고, 확률적으로 정해지게 되는 것입니다. 이러한 것이 일종의 Noise가 될 수도 있습니다.

이러한 Action을 취했을 때, 그것에 따른 Reward를 알려 줌으로써 정상적으로 동작이 수행되도록 하는 방법을 보상(Reward)이라고 합니다.

바둑 게임을 예로 들면, 바둑을 놓았을 때 그것을 승 또는 패로 알려주는 것입니다. 만약 S라는 state에 있을 때 a라는 Action을 취하면 얻을 수 있는 Reward를 계산한다면 다음과 같은 식으로 표현할 수 있습니다.

$$R_s^a = E(R_{t+1}|S_t = s, A_t = a)$$

Action이 수행되면 즉각적으로 그에 대한 보상을 해주어야 하는 Immediate Reward와 나중에 보상을 수행하는 방법이 있습니다.

이는 '지금 당장 배고픈 것을 채울 것인가? 내일 배고플 것을 대비해서 아낄 것인가?'와 같은 생각이라고 할 수 있습니다.

이렇게 시간에 따라 가치를 다르게 하는 Discount Factor라는 것이 있습니다.

- 시간에 따라서 Reward의 가치가 달라지는 것을 표현
- 0~1 사이의 값으로 표현

0에 가까우면 근시안적인 것
1에 가까우면 미래지향적인 것

강화 학습이 제대로 수행되기 위해서는 Policy가 가장 잘 결정되어야 합니다. 여기서 Policy는 단어 뜻 그대로 정책을 의미합니다. 어떠한 상태에 도착하였을 때 다음 행동을 결정해야 하는 것으로, 어떤 상태에서 어떤 행동을 할지 결정하는 것을 Policy라고 합니다.

결국 강화 학습은 최적의 Policy를 찾도록 하는 것이 목적이며, 누적 보상을 최대화할 수 있도록 Policy를 찾아야 합니다.

다음으로는 Value Function에 대해 알아보도록 하겠습니다.

Value Function에는 State-value Function과 Action-value Function이 있습니다. 우선 State-value Function은 어떠한 상태 S에 대한 가치를 판단하는 것입니다.

이는 다음으로 이동할 수 있는 상태들의 가치를 보고, 높은 가치의 상태로 이동하는 것이며, 이동할 상태의 value function이 매우 중요하게 됩니다.

여기에서 효율적으로 정확한 value function을 구하는 것이 가장 중요한 문제가 되는데 이를 위한 조건은 다음과 같습니다.

- 치우치지 않게
- 변화가 적게
- True 값에 가깝게
- 효율적으로 빠른 시간 안에 수렴

다음으로 Action-value Function은 다음 상태로 가기 위해서는 어떻게 해야 하는지를 알아내는 것입니다. 예를 들면, 바람이 분다면 화살을 평소보다 조금 더 왼쪽으로 쏴야 하는 것과 같은 것입니다.

어떠한 상태 s에서 행동 a를 취할 경우 받을 수 있는 기댓값이므로, 어떤 행동을 했을 때 얼마나 좋을 것인가를 판단하는 것입니다. 다른 말로는 Q-value라고 불리기도 하는데, 이는 Q-Learning이나 Deep Q-network에서 사용되는 Q의 의미이기도 합니다.

4. 인공 신경망

강화 학습은 컴퓨터 스스로 학습을 통해 그 보상값에 의해 스스로 해결 방법을 찾아가는 방법입니다. 어린 아이가 아무것도 알려주지 않아도 스스로 걸음마를 떼고 말을 하는 것과 같이 인간이 학습하는 과정을 컴퓨터도 같은 방법으로 스스로 하도록 할 수 없을까 하는 기본적인 생각에서 발전되어 온 방법입니다.

인공 신경망 방법을 알기에 앞서, 우선 신경망에 대해 알아보면 다음과 같습니다.

- 인간의 뇌 구조
- 신경세포(Neuron): 정보 처리의 단위
- 여러 개의 신경세포를 병렬 처리함으로써 인간은 빠르게 기능을 수행함
- 복잡하고 비선형적이고 병렬적인 처리가 가능함

이와 같이 인간의 신경망의 구성을 파악하고 이와 비슷하게 구성을 한다면 인간과 같이 스스로 학습을 할 수 있을 것이라는 생각에서 발전한 것이 인공 신경망입니다. 인공 신경망은 인간의 뇌를 부분적으로 흉내 내어 동작을 수행하도록 만들어진 방법입니다.

인공 신경망에서는 신경망에서 신경세포를 노드로 칭하고, 시냅스가 가중치가 되도록 모델링하게 됩니다. 아래의 표에서는 이러한 신경망과 인공 신경망의 역할에 대해서 보여 주고 있습니다.

[표 1-3] 신경망과 인공 신경망의 역할 비교

신경망	인공 신경망
세포체(Neuron)	노드(Node)
수상돌기(Dendrite)	입력(Input)
축삭(Axon)	출력(Output)
T시냅스(Synaps)	가중치(Weight)

인공 신경망은 사람의 신경망을 단순화하여 만든 것으로 가중치가 있는 링크들의 연결로 이루어져 있습니다.

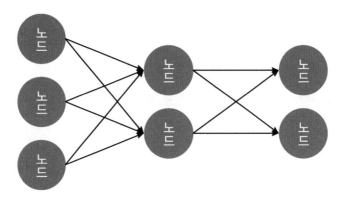

[그림 1-20] 인공 신경망의 노드 구성

인공 신경망은 각 신호값을 가중치와 곱한 값들의 합을 뉴런이 가지는 한계치와 비교하고, 한계치를 넘어서면 1, 넘지 않으면 −1을 다음 노드로 전달하는 방법으로 모델링을 수행합니다.

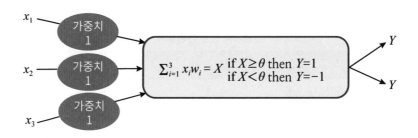

[그림 1-21] 인공 신경망 가중치의 예

이러한 인공 신경망은 반복적인 조정으로 학습을 실시하여 그 결과가 정확해질 수 있도록 합니다.

인공 신경망에서 활성화 함수는 결괏값을 내보낼 때 사용하는 함수로, 전이 함수라고도 불립니다. 함수의 종류로는 계단 함수, 부호 함수, 시그모이드 함수, 선형 함수, 쌍곡 탄젠트 함수가 있습니다.

계단 함수는 한계치를 넘으면 1을 출력하고, 한계치를 넘지 않으면 0을 출력하여 주는 함수이며, 부호 함수는 한계치를 넘으면 1을 출력, 한계치를 넘지 않으면 −1을 출력하여 주는 것으로 한계치를 넘지 않을 때의 결괏값이 0 또는 −1로 다른 차이가 있습니다.

시그모이드 함수는 X에 따라 Y값을 계산하는 것으로, Y는 0에서 1 사이의 값을 가지는 함수 형태입니다. 그리고 선형 함수는 Y=X인 것으로, 크게 의미가 없이 존재하는 함수입니다.

쌍곡 탄젠트 함수는 시그모이드 함수를 변형하여 값을 −k에서 k 사이로 바꾼 함수로 k는 a, b값에 따라 변하게 됩니다. 시그모이드 함수보다 빠른 학습을 위해 사용하며 그 식은 다음과 같이 표현합니다.

$$y = \frac{2a}{1 + e^{-bx}} - a$$

활성화 함수는 주로 시그모이드 함수와 쌍곡 탄젠트 함수를 많이 사용하게 되며, 가중치 값을 학습할 때 에러가 적게 나도록 도와주는 역할을 합니다.

인공 신경망을 수행하기 위해서는 퍼셉트론에 대해 이해를 해야 합니다. 퍼셉트론은 계단 함수 또는 부호 함수를 사용하여 만들어진 단순한 신경세포로서 퍼셉트론에서는 초평면과 선형 분리 개념이 적용됩니다.

- 초평면: N차원 공간을 두 개의 영역으로 나눈 평면
- 선형 분리: 값의 분포를 2개로 나눠지는 평면이 존재하면 선형 분리 가능

이러한 선형 분리가 가능해야지만 퍼셉트론으로 표현이 가능하기 때문에 선형 분리가 가능하도록 수행을 해야 합니다.

모든 선이 초평면이면 퍼셉트론으로 계산이 가능하게 됩니다. [그림 1-22]에서 보는 바와 같이 AND 연산의 경우, 하나의 초평면을 기준으로 모든 값이 선형 분리가 가능하므로 퍼셉트론으로 계산이 가능하게 됩니다.

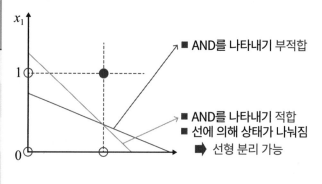

Input		Output
X_1	X_2	
0	0	0
0	1	0
1	0	0
1	1	1

[그림 1-22] AND 연산의 선형 분리의 예

그러나 XOR 연산을 예로 들면 어떠한 초평면을 만들려고 하여도 XOR을 만족할 수 없으며 선형 분리가 불가능하게 됩니다. 따라서 이러한 경우에는 퍼셉트론으로 계산이 불가능한 상태가 됩니다.

Input		Output
X_1	X_2	
0	0	0
0	1	1
1	0	1
1	1	0

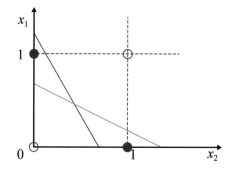

[그림 1-23] XOR 연산의 선형 분리 불가능의 예

퍼셉트론은 오차율을 계산하고 입력값의 비율만큼 가중치 값을 조정한 후, 에러가 발생하면 종료를 하게 됩니다. 만약 에러가 발생하지 않는다면 다시 값을 산출하는 절차에 의해 퍼셉트론이 수행됩니다.

퍼셉트론은 첫 번째 단계로 초기 가중치값(θ)과 임계값(W)을 임의로 부여하여 두 값 모두 −0.5에서 0.5의 범위로 구성 됩니다. 또한, P 값은 1이 되고 설정한 학습률을 저장하게 됩니다.

다음으로 활성화 함수와 가중치값을 이용하여 Y(P)값을 산출하게 됩니다.

$$Y(P) = step[\sum_{i=1}^{n} x_i(p)w_i(p) - \theta]$$

그 후에는 가중치 보정을 통해 에러가 발생하지 않으면 다음 단계로 이동하게 됩니다.

$$e(p) = Yd(p) - Y(p)$$
$$w_i(p+1) = w_i(p) + \alpha * x_i(p) * e(p)$$

마지막 단계에서 에러가 발생하지 않으면 종료가 되고, 하나라도 에러가 있으면 두 번째의 단계로 돌아가서 계속 반복을 수행하게 됩니다.

퍼셉트론은 선형 분리가 불가능한 경우에는 사용할 수 없는 한계가 있으며 이러한 한계를 해결하기 위해 다층 피드 포워드 신경망이라는 기술이 있습니다.

다층 피드 포워드 신경망은 Layered Feed-Forward Neural Network의 약자로 LFF라고도 불리우며, 퍼셉트론에서 선형 분리가 불가능한 경우 사용할 수 없는 한계점을 해결한 방법입니다. LFF는 여러 개의 직선으로 층을 나누어서 이러한 문제를 해결하였습니다.

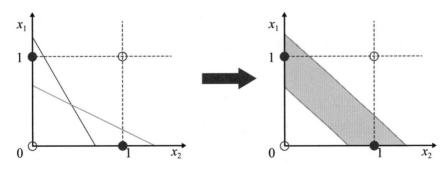

[그림 1-24] 퍼셉트론에서와 LFF에서의 XOR 연산 비교

[그림 1-24]에서 보는 바와 같이, 퍼셉트론에서는 선형 분리가 불가능했던 부분을

다층 피드 포워드 신경망에서는 여러 개의 직선으로 층을 나누어 해결하여 분리가 가능하게 만들었습니다.

인공 신경망은 인간의 신경망을 그대로 만들어서 인간과 최대한 비슷하게 스스로 학습할 수 있도록 하는데 초점을 두어 개발한 방식입니다. 이러한 인공 신경망의 값은 쓸만한 수준으로 나타나는 것이지 절대 유일하거나 완벽한 값은 아니기 때문에 많은 실험과 반복을 통해 최적화가 필요하기 때문에, 최적화 작업이 학습 성능을 결정하는데 가장 큰 요소가 됩니다.

SECTION ④ 딥러닝

딥러닝(Deep Learning)은 관련된 데이터를 빅데이터로 구성하고 분류하는데 사용하는 기술입니다. 예를 들면 사람은 사진을 인식하여 고양이, 개 등의 사물을 인지하고 구분할 수 있습니다. 하지만 컴퓨터는 사진만으로 구분하지 못합니다. 그렇기 때문에 머신러닝을 통해 인지할 수 있도록 하고 있습니다.

머신러닝은 컴퓨터가 경험으로부터 배우고, 스스로 학습할 수 있는 적응 메커니즘을 포함하고 있습니다. 학습 기능은 시간이 지남에 따라 자연스럽게 지능형 시스템의 성능을 향상시킵니다. 이러한 머신러닝에서 가장 유명한 접근 방법은 인공 신경망과 유전자 알고리즘입니다. 인공 신경망은 인간의 두뇌를 기반으로 한 추론 모델로 정의할 수 있습니다. 인간의 뇌는 매우 복잡하며, 비선형이며, 병렬 정보 처리 시스템으로 정보를 인지하고 판단합니다.

딥러닝은 기본적으로 인공 신경망을 대상으로 하여 입력 계층, 히든 계층, 출력 계층으로 구분하여 분류하고 시냅스에 해당하는 각 노드 간의 연결 부분의 가중치 값을 변경하여 가장 근사치에 맞는 결과를 찾아내는 것으로부터 시작합니다. 중간 계층의 히든 계층의 복잡도에 따라서 알고리즘 수행 결과를 연산하는데 시간이 달라질 수 있습니다.

딥러닝은 사람의 뇌와 유사한 인공 신경망을 구성하여 처리합니다. 즉 딥러닝의 계산은 그리 복잡하지 않지만, 많은 양의 데이터를 대상으로 분류하고, 병렬 연산을 가능하게 해주는 GPU(Graphics Processing Unit)를 활용하면 대량의 데이터 연산에도 연산 시간을 단축할 수 있습니다. 이와 같은 연산 속도의 개선은 가중치 계산에 상당한 효과를 발휘하고 있습니다.

딥러닝 알고리즘은 어떠한 문제를 논리적으로 해결하기 위한 일련의 절차와 문제를 해결할 수 있는 방법을 나타냅니다. 문제를 해결하는 방법과 절차를 컴퓨터 프로그래밍 언어를 적용하면 여러 가지 명령어들을 수행하고, 결과를 도출하여 문제를 해결할 수 있습니다. 이와 같이 알고리즘은 컴퓨터 프로그래밍 언어를 활용하여 각종 명령어들을 수행하여 해결하는 것을 말합니다.

딥러닝 알고리즘은 인간의 뇌의 구조를 활용하여 인공 신경망을 구성하고 다양한 계층으로 구성하여 학습합니다. 이러한 형태를 딥러닝(Deep Learning)이라고 합니다.

인간의 생물학적 신경망의 구조는 다음과 같습니다.

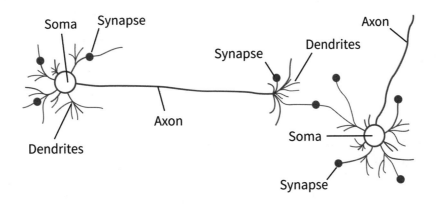

[그림 1-25] 생물학적 신경망의 구조 (참고: Michael Negnevitsky, Artificial Intelligence – A Guide to Intelligent Systems, Second Edition)

신경망을 대상으로 전형적인 인공 신경망의 구조는 다음과 같습니다.

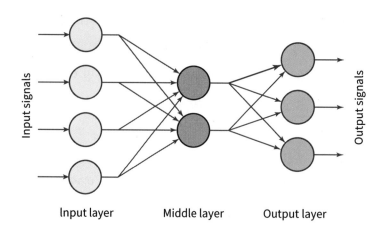

생물학적 신경망과 인공 신경망은 다음과 같이 연결될 수 있습니다.

생물학적 신경망	인공 신경망
Soma	Neuron
Dendrite	Input
Axon	Output
Synapse	Weight

뉴런은 하나의 수를 담을 수 있는 변수라고 생각하면 이해하기 쉽습니다. 인공 신경망의 경우 뉴런을 대상으로 입력과 출력, 가중치의 통해 학습을 합니다. '뉴런은 어떻게 출력값을 결정할까요?'라는 의문이 결국은 인공 신경망을 통해 딥러닝을 위한 다양한 알고리즘을 탄생하게 하였습니다.

1943년 Warren McCulloch와 Walter Pitts는 인공 신경망의 기초가 되는 아이디어를 제안하였으며, 인공 신경망 알고리즘의 토대가 되었습니다. 뉴런은 입력 신호의 가중치(weight) 합을 계산하고 그 결과를 다시 임계값(threshold)과 더하는 형태로 출력값을 결정합니다. 입력값이 임계값보다 작은 뉴런 출력은 −1이라는 값을 가지고, 입력값이 임계값보다 크거나 같은 뉴런이 활성화되고 출력값은 +1이 됩니다. 이때 뉴런은 다음과 같은 함수를 사용합니다.

$$X=\sum_{i=1}^{n} x_i w_i \qquad Y=\begin{cases} +1 & \text{if } X \geq \theta \\ -1 & \text{if } X < \theta \end{cases}$$

이러한 함수를 활성화 함수(Activation Function)라고 합니다. 활성화 함수는 출력값을 +1로 할지 −1로 할지 결정할 수 있습니다.

딥러닝 알고리즘에서 활성화 함수의 종류에는 여러 가지가 있지만, 다음과 같이 크게 4가지 종류에 대해서 다루면서 활성화 함수에 대하여 이해하도록 하겠습니다.

- step function
- sign function
- sigmoid function
- linear function

컴퓨터 내부적으로는 0과 1의 2진수로 모든 연산과 값이 표현되는데, 0과 1의 값을 활성화 함수도 OR, AND, Exclusive-OR 연산을 대표되는 활성화 함수가 다음과 같습니다.

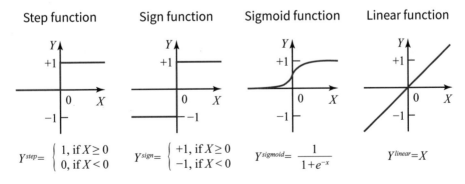

[그림 1-27] 뉴런의 활성화 함수(Activation Function)

딥러닝의 주요 알고리즘으로는 퍼셉트론, 헤비안, 역전파 등이 있습니다. 인공신경망을 대상으로 간단한 형태에서 신경망에서 복잡도가 높은 신경망을 대상으로 입력과 출력, 가중치를 보정하는 형태로 대부분의 알고리즘이 진행됩니다.

CHAPTER **2**

텐서플로우 시작

SECTION ① 인공지능과 머신러닝 텐서플로우란

2015년 11월 9일 구글이 만든 머신러닝 오픈 소스 라이브러리 텐서플로우 (Tensorflow)를 공개했습니다. 구글의 딥러닝 연구팀인 구글 브레인(https:// ai.google/) 팀은 2011년부터 심층 신경망 (Deep Neural Network, DNN)에 대한 연구를 시작하였으며 DistBelief를 개발하였습니다.

[그림 2-1] 텐서플로우

DistBelief는 비지도 학습(Unsupervised Learning), 강화 학습(Reinforcement Learning), 언어 인식, 이미지 인식, 음성 인식, 보행자 감지, 바둑 등과 같이 여러 분

야에 사용되었습니다. 구글 안의 여러 팀에서 DistBelief를 활용하여 다양한 제품(구글 검색, 광고, 음성 인식 시스템, 구글 포토, 지도, 스트리트뷰, 번역 유트브 등)에 적용되었습니다.

구글의 Tensorflow는 이러한 경험을 바탕으로 차세대 대규모 머신러닝 시스템을 만들었고 기존 DistBelief를 개선하여 확장성이 뛰어나고 유연성이 뛰어나도록 설계하였습니다. 또한, 안드로이드와 IOS 같은 모바일 환경 및 64비트 리눅스, 맥OS의 데스크탑 혹은 서버 시스템의 다수의 CPU와 GPU에서 구동할 수 있도록 지원하며 하드웨어에 대한 이해가 필요 없이 다중 병렬 처리가 가능합니다.

 용어 설명

■ **심층 신경망 (Deep Neural Network, DNN)**

심층 신경망은 입력층(Input Layer)과 출력층(Output Layer) 사이에 여러 개의 은닉층 (Hidden Layer)들로 이루어진 인공 신경망(Artificial Neural Network, ANN)입니다.

■ **Tensor**

2차원 이상의 배열을 의미하는 용어로서 임의의 차원을 가진 배열을 말합니다.

■ **TensorFlow**

TensorFlow는 방향성이 있는 그래프 구조로 모델을 구성하는데 이때 이 그래프는 0개 이상의 입출력을 가지는 노드들의 연결체이며 노드는 operation의 instance 라고 할 수 있습니다.

■ **Operation**

임의의 계산을 수행하는 것으로 다양한 속성값(attribute)를 가질수 있습니다.

■ **Node**

그래프에서 Operation을 표현합니다.

■ **Edge**

TensorFlow라는 이름은 edge를 통해 Tensor가 흐르면서 Node에서 연산이 일어납니다.

■ **Variable**

학습을 통해 변화하는 배열값을 저장하기 위한 Operation입니다. 메모리상에서 Tensor를 저장하는 버퍼 역할을 합니다.

■ **Session**

TensorFlow 그래프를 구성한 후 연산을 실행할 때 다양한 실행 환경(CPU, GPU, 분산처리)에서 Session을 만들어 전달합니다. 그래프 내의 Operation의 실행 환경을 캡슐화한 것입니다.

지금까지 Tensorflow가 등장한 배경 및 특징에 대하여 알아보았습니다. 간단한 예제를 통하여 Tensorflow가 어떻게 동작되는지 확인해 보도록 하겠습니다. 예제에 나오는 Tensorflow API는 https://www.tensorflow.org/api_docs/python/tf에서 확인할 수 있습니다.

예제 2-1   add 연산

```
 1   # Tensorflow 라이브러리 가져오기
 2   import tensorflow as tf
 3
 4   # 입력 데이터 정의
 5   inputData = [2,4,6,8]
 6   # x : 입력 데이터가 들어갈 데이터 자료형(Placeholder) 선언
 7   x = tf.placeholder(dtype=tf.float32,name='x')
 8   # W : 입력 데이터와 연산을 할 상수형(Constant) 데이터형 선언
 9   W = tf.constant([2],dtype=tf.float32, name='Weight')
10
11   # 연산식 정의
12   graph_function = tf.add(x,W)
13
14   # operation을 위해 변수 초기화
15   op = tf.global_variables_initializer()
```

```
16
17      # 정의된 연산식을 이용하여 그래프를 실행
18    with tf.Session() as sess :
19        # 초기화 실행
20        sess.run(op)
21        # 연산 결과 출력
22        print(sess.run(graph_function,feed_dict={x:inputData}))
결과
[ 4. 6. 8. 10.]
```

[예제 2-1]에서는 입력한 데이터에 2를 더하는 연산을 하게 됩니다. 간단한 Tensorflow 라이브러리를 이용하여 계산을 하게 됩니다. 우선 Tensorflow 라이브러리를 이용하기 위하여 2번 라인처럼 라이브러리를 import합니다. 5번 라인에서는 계산을 위한 데이터를 배열로 선언합니다. 7번 라인에서는 계산을 위한 입력 데이터가 저장되는 공간을 placeholder로 x 변수에 선언합니다. w 변수에는 2를 곱하기 예제에서 입력 데이터에 곱하기로 하는 상수값을 선언합니다. 입력 데이터와 같은 배열 형태로 2를 선언합니다. 배열 형태로 선언한 이유는 x 변수와 배열 연산을 위하여 같은 배열 형태를 사용하도록 선언하였습니다. 12번 라인에서는 graph_function 변수에 연산을 위한 식을 선언합니다. Tensorflow 라이브러리 중 tf.add()를 이용하여 입력 데이터 x 변수와 2를 더하기 위한 상수형으로 선언한 w 변수를 사용하여 식을 완성합니다. 15번 라인은 위에서 연산을 위하여 사용된 변수들을 초기화시키는 코드입니다. 18번 라인은 정의된 연산 수식을 이용하여 그래프를 실행합니다. 20번 라인에서는 연산 수식을 실제로 계산하게 되는데 session의 run을 이용하게 됩니다. 마지막 22번 라인은 연산 수식을 수행한 결과를 출력하게 되는데 그래프를 선언할 때 값을 지정하지 않고 실행 단계에서 데이터를 입력하기 때문에 이때 placeholder로 선언된 x 변수에 입력 데이터 inputData의 값을 feed_dic을 이용하여 입력합니다. 입력된 데이터에 2가 더해지는 operation을 수행하여 결과를 출력합니다.

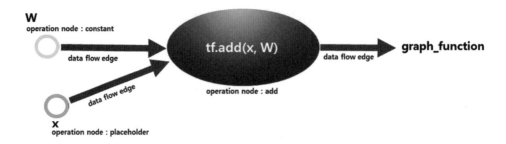

[그림 2-2] add 연산 Data Flow Graph

Tensorflow의 그래프는 엣지(edge)를 텐서(tensor) 형태로 값이 다른 연산 (operation)으로 이동합니다. [그림 2-2]는 add 연산 예제의 Data Flow Graph 입니다. w와 x는 텐서를 저장하기 위한 상수(tf.constant)와 실행 단계(session)에서 값을 전달하기 위한 노드이며 tf.add() 연산(operation)은 수식을 계산하는 노드입니다. 그래프를 살펴보면 tf.add() 연산(operation)은 입력 데이터 x(operation node : placeholder)와 w(operation node : constant)의 두 개의 노드값을 엣지를 통하여 입력받아 add 연산을 수행하고 graph_function에 결과를 저장합니다. Data Flow Graph를 구성한 후 Session에서 이를 실행하여 결과를 출력하게 됩니다.

SECTION ❷ 텐서플로우 빌드 구조와 실행 구조

우리는 어떤 문제를 가지고 Tensorflow를 이용하여 머신러닝을 수행할 때 가장 중요한 것은 문제에 대한 많은 데이터를 수집하는 것입니다. 데이터가 많으면 많을수록 학습을 통하여 좀 더 정확한 결과를 가져올 수 있기 때문입니다. 이번 장에서는 데이터를 수집하고 Tensorflow에서 사용하는 텐서(Tensor) 형태로 변형하는 내용은 생략하고 머신러닝 연산을 할 수 있는 빌드 구조를 설계하고 이를 실행하는 구조를 알아보도록 하겠습니다.

Tensorflow는 텐서(Tensor) 형태의 데이터를 이용하여 노드(node : 수학적 계산, 데이터의 읽기/저장 등의 작업 수행)와 엣지(Edge : 노드들 간의 입출력 관계)를 이용하여 그래프(Data Flow Graph)를 표현합니다. 표현된 그래프는 세션을 이용하여 계산(Computation)을 합니다. 세션은 CPU나 GPU와 같은 Device에 그래프 연산을 올린 뒤 연산을 실행할 수 있는 메소드를 제공하며 메소드를 통하여 반환되는 결과는 텐서 형태를 가지게 됩니다.

Tensorflow로 코드 작성 시 크게 두 단계로 구성할 수 있습니다.

- 빌드 단계: 노드와 엣지로 구성된 그래프를 생성
- 실행 단계: 생성한 그래프를 연산하여 결괏값 반환

첫 번째, 빌드 단계에서는 노드와 엣지로 구성된 그래프를 생성합니다. 입출력 데이터를 선언하거나 연산 수식을 작성하여 그래프의 구조를 만들게 됩니다. 두 번째, 실행 단계에서는 생성한 그래프를 세션을 이용하여 그래프를 계산하게 됩니다. 즉, 빌드 단계는 선언부이며 실행 단계는 실행부라고 볼 수 있습니다. Tensorflow 빌드 단계에서 a = 10이라고 선언해도 실제로 a변수에 10이 선언된 것이 아니고 실행 단계에서 a변수의 값이 10으로 입력되게 됩니다. 그러므로 빌드 단계에서는 실행을 위한 그래프를 생성하고 실행 단계에서는 그래프를 실행하게 되어 실제로 선언된 데이터값들이 입력되고 연산을 수행되게 됩니다.

예제 2-2   원의 넓이 및 총합 구하기

```
1    import tensorflow as tf

2

3    # 반지름 입력 데이터 선언

4    inputData = [2., 3., 4., 5.]

5    # pi값 지정(소수점 이하 생략)

6    ValuePI = tf.constant([3.], dtype=tf.float32)

7    # 반지름 데이터가 들어갈 데이터 자료형(Placeholder) 선언
```

```
8    radius = tf.placeholder(dtype=tf.float32)

9

10   # 원의 넓이, 넓이의 총합 공식 선언

11   area = tf.pow(radius, 2) * ValuePI

12   resultSum = tf.reduce_sum(area)

13

14   # operation을 위해 변수 초기화

15   op = tf.global_variables_initializer()

16

17   with tf.Session() as sess :

18     # 초기화 실행

19       sess.run(op)

20     # fetch 방법으로 2개의 결과를 가져오고 feed 방법으로 실행 시 반지름 데이터 입력

21       valueArea, valueSum = sess.run([area, resultSum], feed_dict={radius:
     inputData})

22     # 결과 출력

23       print ("Circle area : ", valueArea)

24       print ("Total area sum : ", valueSum)
```

결과
```
Circle area :  [ 12.  27.  48.  75.]
Total area sum :  162.0
```

[예제 2-2]는 간단한 연산 문제로서 앞으로 배울 머신러닝, 딥러닝 예제보다는 쉽게 구분할 수 있습니다. 각각의 단계를 구분하여 Tensorflow가 동작하는 모습을 설명하도록 하겠습니다. 1번 라인에서부터 15번 라인까지는 입출력 데이터 선언 및 연산 수식을 작성하는 부분이며 17번 라인에서부터 실행 단계로 세션이 선언되고 그래프를 실행합니다. [그림 2-3]은 빌드 단계와 실행 단계를 구분하여 보여 주고 있습니다.

Tensorflow는 세션을 기준으로 나누는 이유는 성능 향상을 위해서입니다. 파이썬은 다른 프로그램 언어에 비해 실행 속도가 느린 단점이 있습니다. Tensorflow는 이를 극복하기 위하여 외부 연산을 수행하는 numpy와 같은 라이브러리를 사용하지만 외부에서 연산한 값이 파이썬으로 전환될 때 오버헤드가 발생하는데 이런 문제를 해결하기 위해서 실행 단계로 진입하기 전에 파이썬에서 그래프를 그리고 세션을 통해 그래프를 CPU, GPU가 처리할 수 있는 다른 언어로 변환하여 연산하는 방법으로 속도 문제를 극복하였습니다.

Tensorflow는 다른 인공지능 프레임워크보다 실행 속도가 조금 느린 단점을 가지고 있기 때문에 최적화된 그래프를 설계해야 하며 세션에서는 하드웨어 자원을 효율적으로 이용하여 학습 시간을 단축시킬 수 있도록 해야 합니다.

```python
# 원의 넓이 및 총합 구하기
# Tensorflow 라이브러리 가져오기
import tensorflow as tf

# 반지름 입력 데이터 선언                        빌드 단계
inputData = [2., 3., 4., 5.]
# pi값 지정(소수점이하 생략)
ValuePI = tf.constant([3.], dtype=tf.float32)
# 반지름 데이터가 들어갈 데이터 자료형(Placeholder) 선언
radius = tf.placeholder(dtype=tf.float32)

# 원의 넓이, 넓이의 총합 공식 선언
area = tf.pow(radius, 2) * ValuePI
resultSum = tf.reduce_sum(area)

# operation을 위해 변수 초기화
op = tf.global_variables_initializer()


with tf.Session() as sess :                    실행 단계
    # 초기화 실행
    sess.run(op)
    # fetch 방법으로 2개의 결과를 가져오고 feed 방법으로 실행시
반지름 데이터 입력
    valueArea, valueSum = sess.run([area, resultSum],
feed_dict={radius: inputData})
    # 결과 출력
    print ("Circle area : ", valueArea)
    print ("Total area sum : ", valueSum)
```

[그림 2-3] 빌드, 실행 단계 구분

1. 빌드 단계

빌드 단계에서 가장 중요한 일은 그래프를 생성하는 것입니다. 그래프는 노드와 엣지로 구성되어 있습니다. [그림 2-4]는 [예제 2-2]의 원의 넓이 및 총합 그래프를 표현한 것입니다.

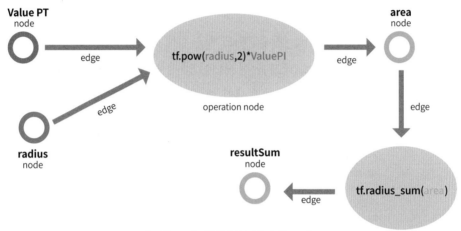

[그림 2-4] 원의 넓이 및 총합 그래프

Tensorflow의 그래프는 연산 노드와 상태를 유지, 갱신하는 노드나 분기, 루프를 구성하는 제어 노드 등의 확장된 노드 타입을 가지고 있습니다. [그림 2-4]에서 연산 노드는 tf.pow() 노드와 tr.reduce_sum() 노드를 말하는 것이며 area, resultSum은 연산이 진행되면서 그 값이 갱신되는 노드가 됩니다. 연산 노드는 입력(ValuePI, radius)값과 출력(area, resultSum)값을 가질 수 있으며 엣지를 따라 각 노드들 사이들을 텐서(다차원 배열)가 이동하게 됩니다.

예제 코드를 좀 더 자세히 살펴보도록 하겠습니다. 1번 라인은 Tensorflow 라이브러리를 가져와 tensorflow라는 라이브러리 이름을 tf로 축약하여 사용하게 됩니다. 4번 라인은 예제에서 원의 반지름을 입력하기 위하여 배열 형태로 데이터를 선언하였습니다. inputData 리스트 변수는 실행 단계에서 radius 변수에 데이터를 입력할 것입니다. 6번 라인은 pi 값을 상수형으로 선언합니다. 예제에서는 계산 결과를 쉽게 계산하기 위하여 소수점 이하는 생략하였습니다.

8번 라인은 inputData를 입력받기 위하여 Tensorflow의 자료형인 placeholder 로 선언합니다. 3번부터 8번 라인까지는 예제에서 사용할 변수 노드를 선언하였습니다. 11번 라인은 원의 넓이를 구하는 공식을 tf.pow() 함수를 이용하여 수식을 정의하는 연산(operation) 노드를 선언합니다. 12번 라인은 원의 넓이를 계산하는 연산 노드에서 나온 결과를 tf.reduce_sum()을 이용하여 계산된 원의 넓이를 모두 더하는 연한 노드를 선언합니다. 여기까지가 모든 노드와 엣지를 연결하여 그래프를 완성하였습니다. 마지막으로 15번 라인에서는 실행 단계로 넘어가기 전에 선언한 변수를 초기화하는 작업을 진행합니다. 앞서 설명한 것처럼 빌드 단계에서 선언한 변수들은 실제로 그 값이 입력된 것이 아니며 그래프를 만들기 위하여 선언을 하는 부분입니다.

최종적으로 Tensorflow를 이용하여 인공지능이 학습된 모델을 만들어야 합니다. 앞서 설명한 간단한 예제는 이해를 돕기 위해 작성되었습니다. 학습 모델을 만들기 위하여 머신러닝 알고리즘과 신경망에 대하여 뒤에서 자세히 알아보도록 하겠습니다.

빌드 단계에서 학습 모델을 만들기 위한 과정이 있습니다.

- 1단계: 가설 수식 작성(Hypothesis)
- 2단계: 오차함수 작성(Cost Function)
- 3단계: 최적화 함수 작성(Optimizer Function)

1단계 가설 수식 작성이란, 준비한 학습 데이터를 기반으로 테스트 데이터를 예측하는 수식을 작성합니다. [예제 2-2]에서 tf.pow()와 같이 연산 노드를 만들어 주는 것과 동일하게 연산을 위한 수식을 작성합니다. 2단계 오차 함수는 1단계 가설 수식 작성에서 만든 가설 수식을 이용하여 학습 데이터와 수식 간의 오차를 구하는 함수입니다. 3단계에서는 최적화 함수를 작성하게 되는데 오차 함수를 이용하여 얻은 오차를 최소화할 수 있도록 최적화 과정을 통해 파라미터값을 업데이트하고 최적의 값을 결정하게 됩니다. 학습 모델을 만들기 위한 빌드 과정에서는 다음과 같은 3단계 과정으로 최종적인 그래프를 작성하게 됩니다. 아직은 이해하기 힘들 수도

있습니다. 뒷부분에서 예제와 함께 직접 소스 코드를 작성하면서 숙달시키면 쉽게
학습 모델을 작성할 수 있습니다.

2. 실행 단계

빌드 단계가 완료가 되면 실행을 위한 그래프가 완성되었다는 것을 의미합니다.
실행 단계에서는 그래프를 세션에 올려 이를 실행하여 변수들의 값을 업데이트 하
거나 결과를 출력하게 됩니다.

세션은 그래프를 실행하기 위한 클래스입니다. tf.Session()을 이용해서 세션객체
를 생성하고 사용하게 됩니다. tf.Session.run() 메소드는 operation을 실행하거나 텐
서 객체의 값을 구하기 위한 메소드입니다. 세션의 실행이 완료가 되면 tf.Session.
close()를 호출하여 자원을 해제해 줘야 합니다. 세션 객체를 생성하고 반환 방법은
2가지 방법이 있습니다.

첫 번째 방법은 close()를 이용하여 세션이 완료되면 직접 객체를 반환합니다.

```
sess = tf.Session()
sess.run(...)
sess.close()
```

두 번째 방법은 close()를 하지 않고 with 블록을 이용하여 세션 객체를 생성할 수
있습니다. with 구문에서 tf.Session()으로 세션을 생성하고 with 구문이 끝나면 자
동으로 세션 객체가 반환됩니다.

```
with tf.Session() as sess:
  sess.run(...)
```

with 구문 안에서는 run()을 사용하지 않고 eval()을 사용하여 기본 세션인 sess를
명시하지 않고 사용할 수 있습니다.

```
a = tf.constant(1.0)

with tf.Session() as sess:
    print(a.eval())
```

tf.Session()을 사용하여 세션 객체를 생성하는 방법 말고 tr.InteractiveSession()을 사용하는 방법이 있습니다. InteractiveSession()은 이 자체가 세션을 기본 세션으로 만들어 명시적으로 세션을 호출하지 않고 run(), eval()을 사용할 수 있습니다.

```
sess = tf.InteractiveSession()
a = tf.constant(5.0)
b = tf.constant(6.0)
c = tf.subtract(a, b)
# 'sess'의 전달없이도 'c.eval()'를 실행할 수 있습니다.
print(c.eval())
sess.close()
```

tf.Session()과 tf.InteractiveSession()의 차이점은 기능상 큰 차이점은 없지만 sess(세션을 보유하는 변수)가 기본 세션으로 인지하고 실행을 할 수 있기 때문에 sess 변수를 생략이 가능합니다. Jupyter notebook과 같은 인터렉티브 파이썬 환경에서는 이용의 편의성을 제공해 줍니다.

 용어 설명

▪ Python with 구문

파일이나 디비와 같이 특정한 리소스에 접근할 경우에 해당 리소스를 열어 핸들러를 얻어 제어를 하고 작업이 완료되었을 때 해당 리소스를 반환하는 흐름을 가져가야 합니다. 리소스 관리를 제대로 하지 않고 사용할 경우 다양한 예외 상황이 발생하여 프로그램이 종료되는 상황이 생기기도 합니다. 파이썬의 컨텍스트 매니저는 이러한 리소스의 접근을 with 구문을 사용하여 특정 블록 안에서만 동작하도록 제한하고 블록을 나가는 경우에 리소스를 자동으로 반환하게 합니다.

■ **컨텍스트 매니저(Context manager)**

컨텍스트 매니저는 파이썬의 with 구문에 쓰일 수 있는 개체의 타입이며 다음 두 개의 메소드를 정의하고 있는 것만 사용 가능합니다.

__enter__(self): with 문에 진입하는 시점에 자동으로 호출됨

__exit__(self, type, value, traceback): with 문이 끝나기 직전에 자동으로 호출됨

[예제 2-2]의 예제에서 실행 단계에 대하여 살펴보도록 하겠습니다. 17번 라인에서 tf.Session()을 이용하여 세션 객체를 생성하고 sess라는 변수를 이용하여 세션에서 그래프를 실행할 수 있도록 하였습니다. 다음 19번 라인에서는 빌드 단계에서 정의한 변수 초기화를 실행시켜 줍니다. 다음 21번 라인에서는 run()을 이용하여 그래프를 실행하고 있습니다. 실행하는 방법은 fetch, feed 2가지가 있습니다. 먼저 fetch는 연산의 결과를 가져오는 방법이며, feed 는 값을 입력하는 방법입니다. 즉 세션에서 그래프를 실행할 때 feed를 통하여 값을 입력하고 fetch를 이용하여 값을 가져오게 됩니다. valueArea, valueSum 두 변수에 fetch를 이용하여 결과를 가져와 저장을 합니다. 하나의 노드뿐만 아니라 예제에서처럼 두 개 이상의 여러 노드의 연산을 실행하여 결과를 가져올 수 있습니다. feed를 이용하여 값을 입력할 경우 placeholder를 이용하여 실행 시 값을 넣어 줄 수 있도록 빌드 단계에서 선언을 해줘야 합니다. 값을 입력할 때는 feed_dic = {key : value, … } 형태로 값을 입력하며 key는 값을 입력할 대상을 지정하고 value에는 입력될 값을 지정해 줍니다. 그래프를 실행하여 가져온 결과를 23, 24번 라인에서 출력을 합니다.

1. 텐서플로우 설치

1) 설치 환경

Tensorflow 공식 홈페이지(https://www.tensorflow.org/install)에 들어가보면 운영 체제별 Tensorflow 설치 방법에 대한 내용을 확인할 수 있습니다.

Tensorflow는 크게 CPU 버전과 GPU 버전으로 나뉘져 있으며, Tensorflow를 처음 설치할 경우 CPU 버전과 GPU 버전 중 하나를 선택합니다.

CPU 버전은 설치하려는 시스템이 NVIDIA GPU를 가지고 있지 않다면 해당 버전을 설치해야 합니다. CPU 버전은 GPU 버전보다 설치가 쉬우며 대략 5분에서 10분 정도 설치 시간이 소요됩니다. 그리고 GPU가 있어도 CPU 버전을 먼저 설치하는 것을 추천합니다.

GPU 버전은 CPU보다 훨씬 빠르게 작동하며, GPU 버전을 사용하기 위해서는 CUDA, cuDNN 등의 NVIDIA 소프트웨어를 설치하여야 합니다. 만약 성능이 중요한 프로그램을 실행해야 한다면 GPU 버전을 설치하는 것이 좋습니다.

CPU 혹은 GPU 버전을 선택하였다면 그다음으로는 OS에 맞는 설치 파일을 다운받아야 합니다. [표 2-1]은 운영 체제별 Tensorflow를 지원하는 최소 버전 및 CPU와 GPU 지원여부를 보여주고 있습니다.

[표 2-1] 운영 체제별 최소 버전 및 CPU, GPU 지원 여부

운영 체제	최소 버전	CPU 지원	GPU 지원
Linux(Ubuntu)	16.04 or later	○	○
Windows	7 or later	○	○
Mac	10.12.6(Sierra) or later (no GPU support)	○	× (1.2버전부터 GPU 지원 하지 않음)

Tensorflow는 64비트 운영 체제 환경에서만 설치가 가능하기 때문에 32비트 운영 체제라면 64비트 운영 체제로 장비를 변경한 후 설치를 진행해야 합니다.

Tensorflow는 운영 체제마다 설치 방법이 다르며, 총 5가지 방법을 제공하고 있습니다. [표 2-2]는 각 운영 체제에서 권장하는 설치 방법을 나타내고 있습니다.

[표 2-2] 운영 체제별 텐서플로우 권장 설치 방법

설치 방법 운영 체제	Virtualenv	"native"pip	Docker	Anaconda	소스 코드
Linux(Ubuntu)	○ (권장)	○	○	○	○
Windows		○		○	
Mac	○ (권장)	○	○	○	○

Virtualenv는 한 컴퓨터에서 여러 프로젝트를 작업할 때 python 패키지의 의존성이 충돌하지 않도록 해줍니다. 즉 Tensorflow를 설치하면 의존성 때문에 같이 설치되는 패키지들이 다른 프로젝트에 설치한 같은 패키지들에 영향을 미치지 않습니다.

"native" pip는 가상 환경을 거치지 않고 시스템에 바로 Tensorflow를 설치합니다. 이 방법을 사용하여 설치하면 분리된 컨테이너에서 벽으로 나누어지지 않기 때문에, 다른 python 기반의 설치와 간섭을 일으킬 수 있습니다.

Docker는 Tensorflow를 docker 컨테이너에서 실행하므로 컴퓨터의 다른 프로그램과 분리되어 운영할 수 있습니다.

Anaconda는 Tensorflow를 각 anaconda 가상 환경에 설치하기 때문에 다른 프로그램에 영향이 미치지 않습니다.

소스 코드를 이용하는 방법은 pip wheel을 이용하여 빌드하고 설치합니다.

Linux와 mac 운영 체제에서는 모든 언어를 사용하여 개발이 가능하며, vitualenv 방법을 권장하고 있습니다. 시스템에 이전에 설치된 python 개발 환경과 독립적으로 분리된 가상의 python 환경을 기반으로 설치되므로, 기존 환경의 간섭과 영향을 피해 구축을 할 수 있습니다.

Windows 운영 체제에서는 "native"pip와 anaconda를 사용하여 설치가 가능하다고 표시되어 있지만, 다른 방법으로도 설치를 할 수 없는 것은 아닙니다. 다만 공식적인 지원이 이루어지지 않는다고 명시하고 있습니다.

위 5가지 방법 중 편한 방법으로 설치하여 사용하면 됩니다.

2) Anaconda 설치

Anaconda는 세계에서 가장 유명한 python 데이터 과학 플랫폼입니다. 한 번의 클릭으로 모든 데이터 과학 패키지를 쉽게 설치하고 패키지, 종속성 및 환경을 관리할 수 있습니다. 또한, anaconda는 python 패키지들을 한 곳에 모아 놓은 큰 틀이기 때문에 별도로 python을 설치하지 않아도 됩니다.

Anaconda는 [그림 2-5]와 같이 네 부분으로 나누어집니다.

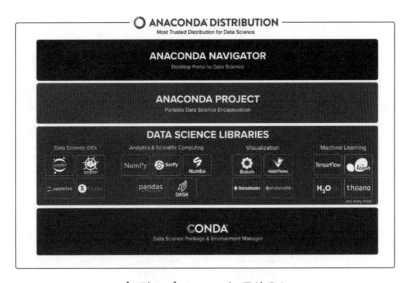

[그림 2-5] Anaconda 구성 요소

Anaconda Navigator는 UI 클라이언트로 하부 컴포넌트를 쉽게 사용할 수 있습니다. Jupyter나 Spyder 같은 개발 도구를 이곳에서 사용할 수 있습니다.

Anaconda Project는 올바른 패키지 설치 및 파일 다운로드, 환경 변수 설정 및 명령 실행과 같은 설치 단계를 자동화합니다. 또한, 작업을 쉽게 재현하고 프로젝트를 다른 사람들과 공유하며 다른 플랫폼에서 실행할 수 있습니다.

Data Science Libraries는 Jupyter와 같은 IDE 개발 도구, Numpy/SciPy 같은 과학 분석용 라이브러리, Matplotlib 같은 데이터 시각화(Data Visualization) 라이브러리, TensorFlow 같은 머신러닝(Machine Learning) 라이브러리 등을 포함하고 있습니다.

Tensorflow는 python, C++, Java, Go 언어를 지원하고 있지만 가장 쉽게 Tensorflow를 사용할 수 있는 python을 이용하여 환경을 구축합니다.

Python은 공식 홈페이지(https://www.python.org/)에서 다운받아 설치할 수 있지만 anaconda를 이용하여 가상 환경에서 구성하여 이용하는 것이 쉽고 안정적입니다.

Anaconda 공식 홈페이지 다운로드 센터(https://www.anaconda.com/download/)에서 설치 파일을 다운로드 받을 수 있습니다.

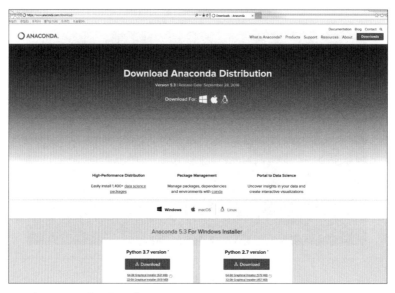

[그림 2-6] Anaconda 다운로드 사이트 화면

[그림 2-6]과 같이 다운로드 홈페이지에 접속하면 메인 화면에 사용자의 운영 체제에 맞춰 Python 2.X, 3.X 버전으로 나눠서 제공하고 있습니다. Tensorflow는 Python 3.5 이상에서 동작하기 때문에 반드시 Python 3.5 이상을 사용해야 합니다.

Anaconda 다운로드 홈페이지에서 Anaconda 5.2 버전을 다운받아 설치하도록 하겠습니다. Anaconda 5.2에는 Python 3.6.5 버전이 포함되어 있습니다.

다운받은 파일을 실행시키면 [그림 2-7]과 같은 화면이 나옵니다. [Next] 버튼을 눌러 다음 단계로 진행합니다.

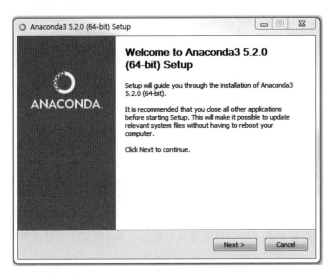

[그림 2-7] Anaconda 설치 화면 1, 설치 시작

[그림 2-8]은 라이선스 정책에 대한 설명 및 동의에 관한 내용입니다. [I Agree] 버튼을 눌러 다음 단계로 진행합니다.

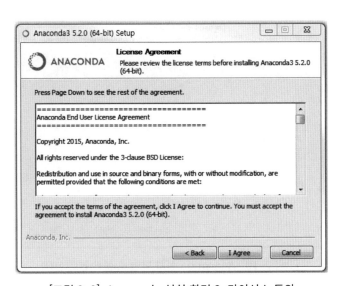

[그림 2-8] Anaconda 설치 화면 2, 라이선스 동의

[그림 2-9]는 프로그램 접근 권한을 설정하는 내용입니다. 현재 로그인 사용자에게만 접근 권한을 허용할 것인가, 전체 사용자에게 접근 권한을 허용할 것인지 선택해야 합니다. 두 가지 중 한 가지를 선택한 후 다음 단계로 진행합니다.

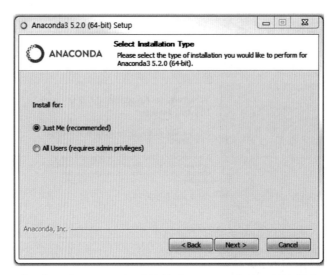

[그림 2-9] Anaconda 설치 화면 3, 프로그램 접근 권한 설정

[그림 2-10]은 Anaconda 설치 경로를 설정하는 단계입니다. 설치하고자 하는 하드디스크의 용량을 고려하여 사용자가 설치하고 싶은 곳에 설치 경로를 설정하면 됩니다.

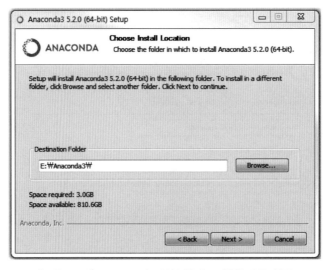

[그림 2-10] Anaconda 설치 화면 4, 설치 경로 설정

[그림 2-11]은 환경 변수 추가에 대한 고급 옵션을 선택하는 단계입니다. 기본적으로 두번째인 "Register Anaconda as my default Python 3.6"이 선택되어 있습니다. 이 옵션은 Anaconda를 설치하면서 함께 설치되는 Python 3.6 버전이 설치되는 시스템에서 Python을 사용하는 경우 Anaconda와 함께 설치된 Python이 기본 Python으로 인식하게 된다는 의미입니다.

Python을 사용하는 개발 툴(Visual Studio, PyCharm, PyDev 등)은 Python 3.6을 참조합니다.

만약 기존에 다른 버전의 Python이 설치되어 있다면 개발 환경이 꼬일 수도 있기 때문에 주의해야 합니다.

첫 번째 옵션인 "Add Anaconda to my PATH environment variable"는 Anaconda를 삭제하거나 재설치하는 과정에서 환경 변수가 잘못되어 문제가 발생할 수 있기 때문에 추천하지는 않는 옵션입니다. 따라서 기본적으로 선택되어 있는 두 번째 옵션을 선택하고 다음 단계로 진행합니다.

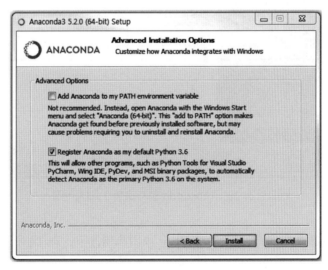

[그림 2-11] Anaconda 설치 화면 5, 고급 옵션 선택

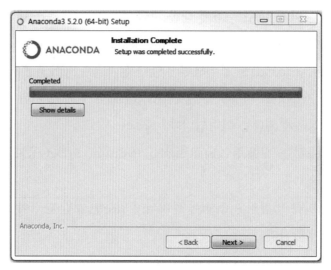

[그림 2-12] Anaconda 설치 화면 6, 설치 진행

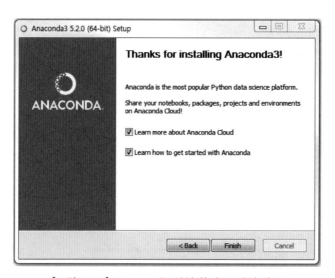

[그림 2-13] Anaconda 설치 화면 7, 설치 완료

[그림 2-12]는 설치 진행 상태를 보여 주고 있으며, [그림 2-13]은 설치가 완료된 화면입니다.

설치 완료 후 시작 프로그램을 확인해 보면 [그림 2-14]와 같이 Anaconda Navigator, Anaconda Prompt, Jupyter Notebook, Reset Spyder Settings, Spyder 프로그램이 정상적으로 설치가 된 것을 확인할 수 있습니다.

여기서 Anaconda Prompt를 이용하여 Tensorflow를 설치하도록 하겠습니다.

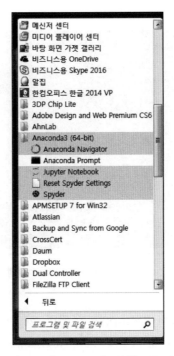

[그림 2-14] Anaconda 설치 프로그램

3) Anaconda에서 텐서플로우 설치하기

Tensorflow를 설치하기 위해서 Anaconda를 설치하였습니다. Anaconda에는 Python 및 다양한 패키지가 포함되어 있어 별도로 Python을 설치할 필요가 없습니다. Tensorflow를 설치하면서 python이 제대로 포함되어 설치가 되었는지 확인할 수 있습니다.

Anaconda에서 Tensorflow를 설치하기 위해서는 가상 환경을 만들어야 합니다. 기존 시스템에 영향을 받지 않고 독립적인 환경으로 구성하기 위해서는 가상 환경에 설치하는 것이 안정적입니다.

Python에서는 가상 개발 환경을 제공하며, virtualenv를 이용하여 가상 환경을 만들어 보겠습니다. 가상 개발 환경에서 conda라는 명령어를 이용하여 가상 환경을 생성합니다.

설치된 Anaconda Prompt를 실행합니다.

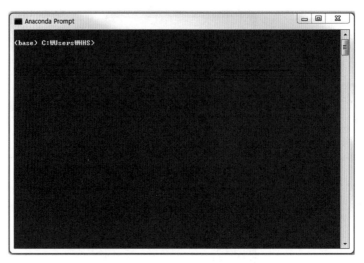

[그림 2-15] Anaconda Prompt 실행 화면

[그림 2-15]은 Anaconda Prompt를 실행한 화면입니다. (base) C:\Users\
Username〉으로 기본 커서가 표시되며, 설치 환경에 따라 다르게 표시될 수 있습니
다. (base)는 Anaconda 설치 경로이며, 다음 명령어로 환경 설정 리스트를 확인할
수 있습니다.

```
>conda info - envs

# conda environments :
#
base                E:\Anaconda3        // Anaconda 설치 경로
```

앞서 설명한 대로 Anaconda는 Python을 포함하고 있기 때문에 Python이 제대로
설치되었는지 확인하기 위해서 다음과 같은 명령어를 입력하여 확인합니다.

```
>python - version
Python 3.6.5 : : Anaconda, Inc.
```

해당 명령어를 입력하면 현재 설치되어 있는 python 버전을 확인할 수 있습니다.

[그림 2-16]를 보면 Python 3.6.5가 설치되어 있으며, 가상 환경을 생성하기 위한 준비가 끝났습니다.

[그림 2-16] Anaconda Prompt - Python 버전 확인

가상 환경을 생성하기 위해서 다음과 같은 명령어를 입력합니다.

```
>conda create - n tensorflow python=3.6.5
```

가상 환경을 생성하기 위해서는 conda라는 명령어를 사용하며, conda create -n '가상 환경 이름', '설치할 패키지' 형식으로 구성되어 있습니다. 위 명령어는 tensorflow라는 이름으로 python 3.6.5 버전을 사용할 수 있는 가상 환경을 생성하는 명령어입니다. [그림 2-17]은 가상 환경 생성 명령어를 입력하면 설치할 package 정보를 보여 주며, 계속 진행할 것인지를 물어봅니다. 설치를 계속 진행하기 위해서는 'y'를 입력하고, 중단하기 위해서는 'n'을 입력하면 됩니다.

'y'를 입력하여 계속 진행하도록 하겠습니다.

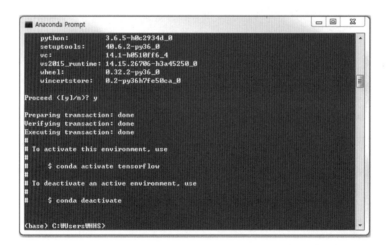

[그림 2-17] Anaconda Prompt – 가상 환경 생성 과정 1

가상 환경 생성이 완료되면 [그림 2-18]처럼 표시가 됩니다. 패키지가 정상적으로 설치가 되었는지를 확인할 수 있으며, 가상 환경을 실행 및 종료하기 위한 명령어를 알려줍니다.

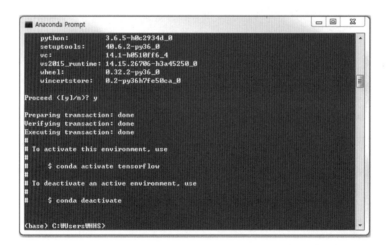

[그림 2-18] Anaconda Prompt – 가상 환경 생성 과정 2

가상 환경을 실행 및 종료하기 위한 명령어는 다음과 같습니다.

```
# 가상 환경 실행 명령어
>conda activate tensorflow

# 가상 환경 종료 명령어
>conda deactivate
```

명령어에서 conda는 생략 가능하며, 가상 환경 이름을 입력하여 가상 환경을 실행 및 종료할 수 있습니다.

가상 환경을 이용하여 Tensorflow를 설치하면 하나의 컴퓨터에서 독립적인 환경의 Tensorflow 환경을 여러 개 생성할 수 있습니다. 그중 사용자가 필요로 하는 가상 환경의 이름을 입력하여 가상 환경을 실행하여 사용하면 됩니다.

가상 환경을 생성했으니, 이제 가상 환경에서 Tensorflow를 설치하겠습니다. Tensorflow는 CPU와 GPU 버전으로 나눠져 있으며, 여기서는 CPU 버전의 Tensorflow로 설치를 진행합니다.

앞서 생성한 가상 환경을 실행시켜 보겠습니다. 명령어는 다음과 같습니다.

```
#tensorflow 가상 환경 실행

(base) C:\Users\HHS>activate tensorflow
(tensorflow) C:\Users\HHS>
```

[그림 2-19]와 같이 가상 환경을 실행하면 앞에 나오는 Anaconda 상태가 가상 환경 이름으로 변경됩니다. 생성한 가상 환경 이름이 나오면 제대로 실행이 된 것입니다. 가상 환경에서 작업을 마친 후에는 deactivate 명령어를 이용하여 종료하면 됩니다.

[그림 2-19] 가상 환경 실행

가상 환경 실행 후 "native"pip를 이용하여 Tensorflow를 설치하도록 하겠습니다.

```
(tensorflow) C:\Users\HHS> pip install  - upgrade tensorflow
```

[그림 2-20] 텐서플로우 설치 과정

[그림 2-20]은 Tensorflow 설치 과정입니다. Tensorflow 설치가 완료되면 설치 내용 중 Tensorflow 버전을 확인할 수 있습니다. [그림 2-21]에 보면 마지막 부분에 tensorflow-1.12.0과 같이 Tensorflow가 정상적으로 설치가 된 것을 볼 수 있습니다.

[그림 2-21] 텐서플로우 설치 완료

가상 환경을 생성하여 pip 명령어로 간단하게 Tensorflow를 설치하였습니다. CPU 버전은 이렇게 간단하게 설치하여 사용할 수 있지만, GPU 버전은 NVIDIA 그래픽카드가 필요하며, CUDA toolkit 및 cuDNN SDK 등 필요 소프트웨어를 설치하여 사용할 수 있습니다.

4) 설치 확인 테스트

Anaconda 설치 후 가상 환경을 만들어 Tensorflow를 설치하였습니다. 제대로 설치가 되었는지 확인하기 위해서 간단한 예제를 작성하여 테스트를 진행해 보도록 하겠습니다.

Anaconda에서 생성한 Tensorflow 가상 환경을 실행한 후 python을 실행합니다. Python 실행 후 [예제 2-3]에 나와 있는 소스 코드를 입력합니다.

예제 2-3 간단한 문장 출력하기

```
1  #tensorflow 가상 환경 실행
2  (base) C:\Users\HHS>activate tensorflow
3  #python 실행
```

4	(tensorflow) C:\Users\HHS>python
5	>>>import tensorflow as tf
6	>>>result = tf.constant("Tensorflow is easy!!")
7	>>>sess = tf.Session()
8	>>>print(sess.run(result))

결과
b'Tensorflow is easy!!'

5~6번 라인에서는Tensorflow 라이브러리 import 후 상수형인 result 변수에 값을
입력합니다. 7번 라인은 세션 객체를 이용하여 result 변수를 실행한 후 print 함수로
결과를 출력하면 됩니다.

[그림 2-22]를 보시면 결과가 출력되기 전에 안내 메시지가 있는 것을 확인할 수
있습니다. 이 메시지는 현재 사용하고 있는 시스템에서 AVX2 명령어를 지원하지만
Tensorflow에서는 해당 명령어를 사용하지 않도록 빌드가 된 버전이 설치되었다는
내용입니다.

해당 메시지를 보이지 않게 하는 방법은 개발 환경 구축 부분에서 다시 설명하도
록 하겠습니다.

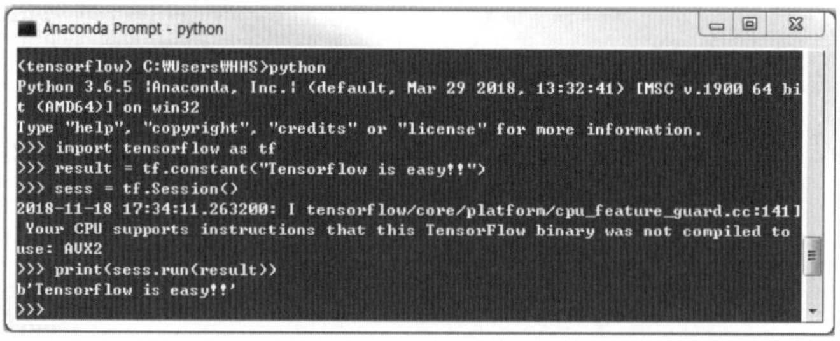

[그림 2-22] 텐서플로우 실행 테스트

2. 텐서플로우 개발 환경 구축

앞에서는 Anaconda를 설치하여 Tensorflow 가상 환경을 생성하여 Tensorflow를 설치하였습니다. Anaconda Prompt에서 간단한 예제를 이용하여 테스트를 진행하였습니다.

Anaconda Prompt를 이용하여 Tensorflow를 사용하기에는 사용자들에게 다소 불편함이 존재합니다. 사용자들이 쉽고 편리하게 사용할 수 있는 Python 개발 에디터에 대해서 알아보고 설치를 진행해 보도록 하겠습니다.

1) PyCharm 설치

PyCharm은 python 프로그램을 쉽게 개발할 수 있도록 도와주는 IDE입니다. IDE란 Integrated Development Environment의 약자로 통합 개발 환경입니다. 통합 개발 환경은 개발자가 소프트웨어를 개발하는 과정에서 필요한 작업을 하나의 소프트웨어에서 처리할 수 있는 환경을 제공합니다.

PyCharm 공식홈페이지(https://www.jetbrains.com/pycharm)에서 설치 파일을 받을 수 있습니다.

[그림 2-23] PyCharm 공식 홈페이지

PyCharm은 홈페이지에 접속해 보면 알겠지만 Professional 버전과 Community 버전이 있습니다. Professional는 유료 버전이며 Free trial로 30일까지 사용할 수 있습니다. 또한, 학생 인증을 받으면 Student License를 통해 1년간 무료로 사용이 가능합니다. Community는 무료로 사용할 수 있지만, Professional보다 제공되는 기능이 적습니다. professional 버전은 유료이기 때문에 community 버전을 다운받아서 설치를 진행하겠습니다.

PyCharm은 이 교제의 주 에디터이며, 앞으로 진행되는 모든 예제는 PyCharm을 이용하여 실습을 진행합니다.

다운받은 파일을 실행시키면 [그림 2-24]와 같은 화면이 나오며, [Next] 버튼을 눌러 다음 단계로 진행합니다.

[그림 2-24] PyCharm 설치 화면 1, 설치 시작

PyCharm 프로그램 설치 위치를 설정할 수 있습니다. 기본 경로를 그대로 두고 설치를 진행하지만, 원하는 경우에는 경로를 변경해도 상관없습니다. 경로를 변경할 시에는 변경된 경로를 잘 기억해야 합니다.

[그림 2-25] PyCharm 설치 화면 2, 경로 설정

Create Desktop Shortcut은 바탕화면 바로 가기를 선택하는 부분입니다. 사용자 환경에 맞게 선택하면 됩니다. 그리고 Create Associations는 모든 python 파일을 실행시키면 PyCharm 에디터로 연결되어 작업할 수 있습니다.

[그림 2-26] PyCharm 설치 화면 3, 옵션 설정

[그림 2-27]은 해당 프로그램을 시작 메뉴에 폴더를 설정하는 부분입니다.

폴더명을 설정하고 [Install] 버튼을 클릭하여 다음 단계로 진행합니다.

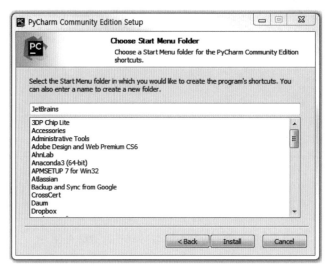

[그림 2-27] PyCharm 설치 화면 4, 시작 메뉴 폴더 설정

PyCharm 설치가 완료된 화면입니다. 체크 박스를 체크하고 [Finish] 버튼을 누르면 PyCharm 프로그램이 실행되며, 체크하지 않으면 프로그램이 실행되지 않습니다.

[그림 2-28] PyCharm 설치 화면 5, 설치 완료

PyCharm 에디터를 처음 실행했을 때 화면입니다. 지금부터 PyCharm 에디터에 살펴보겠습니다. PyCharm 에디터를 실행한 후 Create New Project를 선택합니다.

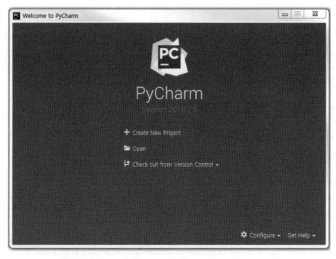

[그림 2-29] PyCharm 실행 화면 1, 첫 화면

프로젝트 저장 경로 및 프로젝트명을 설정합니다. Project Interpreter는 시스템에서 기본적으로 설정되어 있는 Python이 설정되어 있습니다. 기존에 체크되어 있는 New environment using에서 Existing Interpreter로 변경합니다.

Tensorflow 가상 환경에 있는 Python을 설정하여 사용합니다. 화면 우측에 있는 …버튼을 선택하여 Tensorflow 가상 환경이 설치되어 있는 경로로 이동합니다. 해당 경로에서 python.exe 파일을 선택하고 Create 버튼을 눌러 프로젝트를 생성하면 됩니다.

[그림 2-30] PyCharm 실행 화면 2, 프로젝트명 및 위치 설정

프로젝트를 생성하면 [그림 2-31]과 같은 화면이 보입니다. 생성된 프로젝트 폴더에서 python 파일을 생성합니다. Python 파일 추가를 선택하여 이름을 설정하고 OK 버튼을 눌러 다음 단계로 진행합니다.

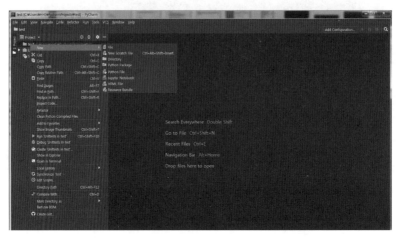

[그림 2-31] PyCharm 실행 화면 3, Python 파일 생성

Python 파일을 생성하면 [그림 2-32]와 같이 보입니다.

좌측에 test라는 프로젝트에 test.py이라는 파일이 생성된 것을 확인할 수 있습니다. 우측 부분은 소스 코드를 작성하는 부분입니다.

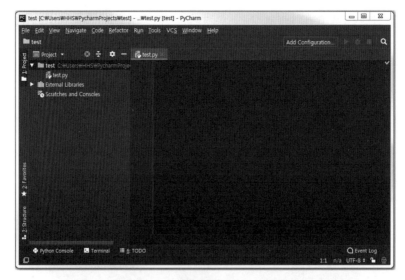

[그림 2-32] PyCharm 실행 화면 4, Python 파일 생성 완료

PyCharm 에디터에 작성된 소스는 앞서 가상 환경에서 작성한 소스 코드와 동일합니다. 소스 코드를 입력하고 실행을 시키면 에디터 하단에 결과가 출력됩니다.

[그림 2-33] PyCharm 소스 코드 입력 및 출력 결과 화면

앞서 가상 환경과 동일하게 출력된 결과를 보면 출력 결과 앞에 b가 붙어서 출력이 됩니다. 이는 인코딩 문제로 인하여 발생하는 부분이며, 출력 코드를 작성할 때 encoding='utf8'을 붙여 주면 해당 문제를 해결할 수 있습니다. 그리고 빨간색으로 표시된 안내 메시지가 출력됩니다. 이 부분 또한 앞서 가상 환경에서 동일하게 출력된 안내 메시지입니다. 이 메시지는 현재 사용하고 있는 시스템에서 AVX2 명령어를 지원하지만 Tensorflow에서는 해당 명령어를 사용하지 않도록 빌드가 된 버전이 설치되었다는 내용입니다. 간단한 소스 코드를 통해서 이 메시지가 출력되지 않도록 할 수 있습니다. 아래에 있는 소스 코드를 추가하면 인코딩 문제와 안내 메시지가 출력되지 않는 것을 확인할 수 있습니다.

```
#인코딩 문제
print(str(sess.run(result),
encoding='utf8'))
```

```
#안내 메시지 문제
import os
os.environ['TF_CPP_MIN_LOG_LEVEL'] = '2'
```

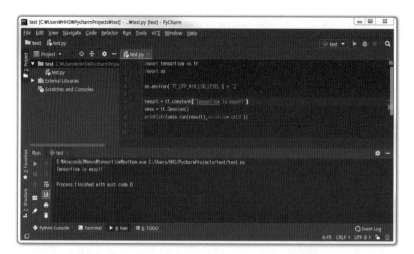

[그림 2-34] 텐서플로우 인코딩 및 안내 메시지 숨기기

안내 메시지를 출력하지 않게 하기 위해 작성한 소스 코드 중 'TF_CPP_MIN_LOG_LEVEL'는 로그를 담당하는 Tensorflow 환경 변수입니다. 값이 1일 경우 INFO, 2일 경우 INFO, WARNING, 3일 경우에는 INFO, WARNING, ERROR 메시지가 출력되지 않습니다..

PyCharm 에디터 설치 및 프로젝트 생성, Interpreter 설정, python 파일 생성 등 사용법에 대해 학습하였습니다. 또한, 간단한 소스 코드를 입력하여 프로그램이 제대로 실행되는지도 테스트하였습니다.

2) Jupyter notebook 설치

Jupyter notebook은 간단하게 설명하자면 크롬이나 익스플로러 같은 웹 브라우저에서 코드를 작성하고 실행이 가능한 에디터라고 생각하면 됩니다. Jupyter notebook은 Anaconda 설치 시 함께 설치되는 에디터이며, Anaconda를 설치하였으면 별도로 설치하지 않아도 됩니다. 만약 설치를 해야 한다면 Jupyter notebook 공식 홈페이지(http://jupyter.org/)에서 다운받아 설치하면 됩니다..

Jupyter notebook은 앞서 설명한 PyCharm과 다르게 셀 단위로 실행이 됩니다. 여러 개발 에디터를 사용해 보고 본인에게 맞는 에디터를 선택하면 됩니다.

Anaconda 설치 시 Prompt를 실행시킨 곳에 보면 Anaconda Navigator이 있습니

다. 그것을 찾아 실행하면 됩니다. Anaconda Navigator는 UI 클라이언트로 하부 컴포넌트를 쉽게 사용할 수 있으며, Jupyter나 Spyder 같은 개발 도구를 이곳에서 사용할 수 있습니다.

[그림 2-35] Anaconda Navigator 화면

Anaconda Navigator를 실행하면 [그림 2-35]와 같은 화면이 보입니다. 화면 상단 Application 부분이 현재 base(root)로 되어있습니다. 이것은 Anaconda 환경을 의미합니다. 우리는 가상 환경에서 Jupyter notebook을 사용해야 합니다. 우리는 가상 환경에서 Tensorflow를 사용할 수 있도록 설정을 하였기 때문에, Anaconda 환경에서는 Jupyter notebook을 이용해서 Tensorflow를 사용할 수 없습니다. 따라서 Application을 base(root)에서 우리가 생성한 가상 환경으로 설정을 변경한 후 진행하도록 하겠습니다.

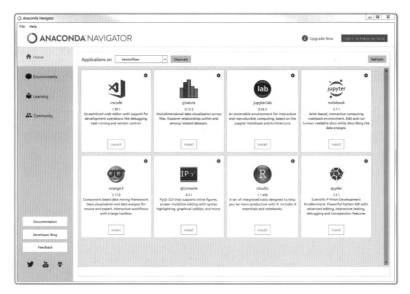

[그림 2-36] 가상 환경으로 변경 후 화면

　　가상 환경으로 변경 후 우리가 필요한 프로그램을 설치하면 됩니다. 화면에 보이는 프로그램 중 Launch는 이미 설치가 되어 있는 프로그램이며, Install로 표시된 프로그램은 사용 시 설치를 해야 하는 프로그램입니다. 우리가 사용하려고 하는 Jupyter notebook은 설치가 되어 있지 않기 때문에 설치하도록 하겠습니다.

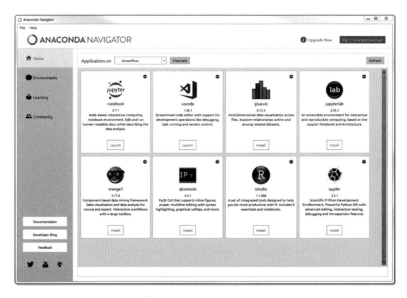

[그림 2-37] Jupyter notebook 설치 및 실행

[그림 2-37]을 보면 Jupyter notebook이 설치된 모습을 확인할 수 있습니다. 기존 Install 버튼에서 Launch 버튼으로 변경되었으며, Launch 버튼을 클릭하면 Jupyter notebook이 실행됩니다.

[그림 2-38] Jupyter notebook 실행 화면

[그림 2-38]은 Jupyter notebook 실행 화면입니다. 소스 코드를 입력하기 전에 테스트할 폴더를 생성해 보겠습니다. 화면 우측 상단에 있는 New 버튼을 클릭하여 폴더를 생성합니다.

폴더를 생성하면 자동으로 Untitled Folder라는 이름으로 설정되며, 해당 폴더를 선택한 후 좌측 상단에 있는 rename 버튼을 클릭하여 원하는 이름으로 변경하면 됩니다.

[그림 2-39] 폴더 생성(Untitled Folder) 및 이름 변경

생성한 폴더로 이동하여 간단한 소스 코드를 입력하여 테스트를 진행합니다. 우측 상단에 New 버튼을 클릭하여 Python3를 실행합니다.

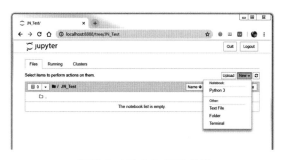

[그림 2-40] 소스 코드 생성

소스 코드를 생성하면 새로운 창이 열리면서 소스 코드를 입력할 수 있습니다. 상단에 표시된 이름은 클릭하여 변경할 수 있으며, Jupyter notebook은 셀 단위로 실행이 되기 때문에 한 줄 한 줄 소스 코드를 입력하면서 해당 줄의 결과 및 에러를 확인할 수 있습니다.

[그림 2-41] Jupyter notebook 에디터 화면

테스트할 소스 코드는 앞서 사용했던 소스 코드를 사용하며, 소스 코드를 입력한 후 화면 상단에 있는 Run 버튼을 누르거나 단축키 Shift+Enter을 이용하여 실행할 수 있습니다.

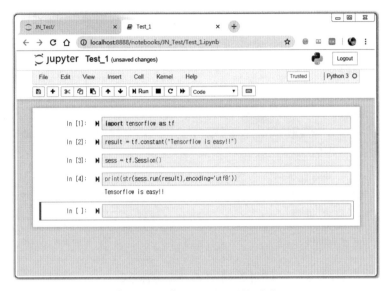

[그림 2-42] 소스 코드 실행 결과

작업한 소스 코드는 자동으로 해당 위치에 저장이 됩니다. 해당 폴더에 보면 작업한 소스 코드들이 저장되어 있으며 각 소스 파일 우측 부분에 상태가 표시되어 있습니다.

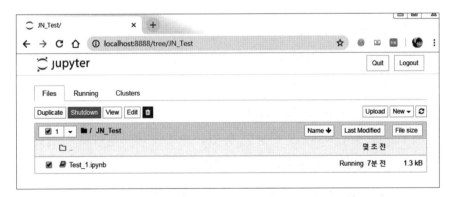

[그림 2-43] 소스 코드 파일 및 상태 표시

현재 소스 코드 파일은 닫힌 상태이지만 실제적으로는 Running 상태이므로, 백그라운드에서 실행되고 있습니다. 간단한 소스인 경우에는 크게 문제가 발생하지 않지만, 다수의 소스 코드나 학습 데이터가 큰 소스 코드인 경우는 불필요하게 자원이 많이 소비됩니다.

따라서 작업이 끝난 소스의 경우에는 항상 종료를 시켜 주어야 합니다. 종료를 시키는 방법은 현재 Running 중인 파일을 선택한 후 좌측 상단에 Shutdown 버튼을 클릭하면 됩니다.

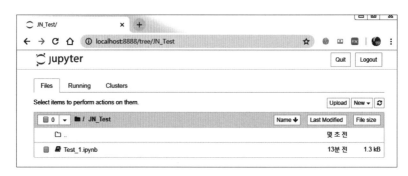

[그림 2-44] 소스 코드 실행 종료

3) Eclipse

Eclipse는 다양한 플랫폼에서 사용할 수 있으며, Java를 비롯한 다양한 언어를 지원하는 프로그래밍 통합 개발 환경을 목적으로 시작하였습니다. 최근에는 OSGi를 도입하여 범용 응용 소프트웨어 플랫폼으로 진화하였습니다.

앞서 Tensorflow를 개발하기 위한 에디터로 PyCharm과 Jupyter notebook에 대해서 설명하였습니다. 두 에디터는 python으로 개발할 때 많이 사용하는 에디터이며, Eclipse는 java 언어를 사용할 때 사용하는 대표적인 개발 도구로서 전 세계 많은 개발자가 Eclipse를 사용하고 있습니다.

따라서 Eclipse에서 python을 사용할 수 있는 방법에 대해 알아보고, 간단한 예제를 통해서 Tensorflow를 실행해 보도록 하겠습니다.

Eclipse와 python은 설치되어 있다는 가정하에 진행을 하도록 하겠습니다. 만약 Eclipse가 설치되어 있지 않다면 우선 Eclipse를 설치한 후 학습을 진행하시기 바랍니다.

Eclipse에 python 개발 환경을 구축하기 위해서는 PyDev 플러그인을 설치해야 합니다. PyDev는 이름 그대로 python을 이용하여 개발하기 위한 플러그인입니다.

우선 Eclipse를 실행하여 PyDev 플러그인을 설치하도록 하겠습니다. Eclipse를 실행한 후 Help 메뉴에서 Eclipse Marketplace를 실행시킵니다.

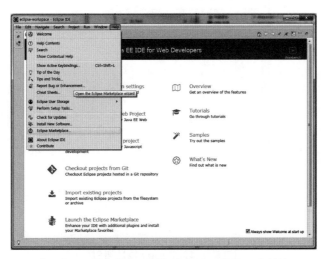

[그림 2-45] Eclipse 실행 및 PyDev 플러그인 설치

Eclipse Marketplace에서 pyDev 플러그인을 검색하여 Install을 진행합니다.

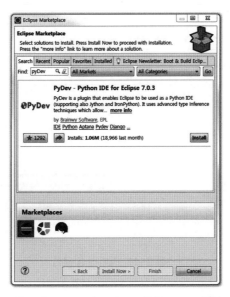

[그림 2-46] Eclipse Marketplace에서 PyDev 플러그인 설치

PyDev 특성 확인 후 모두 선택하여 Confirm 클릭 후 다음 단계를 진행합니다.

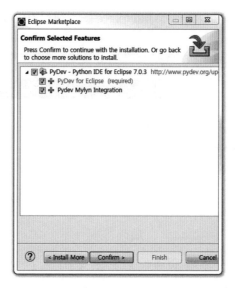

[그림 2-47] PyDev 특성 확인

라이선스 확인 및 동의한 후 플러그인 설치를 완료하였습니다.

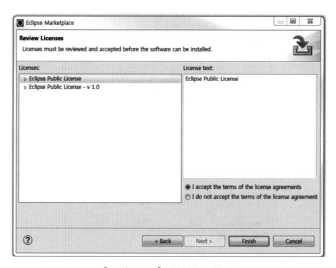

[그림 2-48] 라이선스 확인

PyDev 플러그인 설치는 완료되었으며, 환경 설정을 진행하도록 하겠습니다.

Eclipse 메인 화면 메뉴에서 Windows → Perspective → Open Perspective → Other 선택합니다.

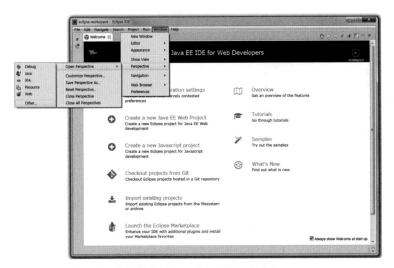

[그림 2-49] PyDev 환경 설정 1

PyDev 환경 설정을 하기 위해서 PyDev를 선택한 후 Open을 클릭하여 다음 단계로 진행합니다.

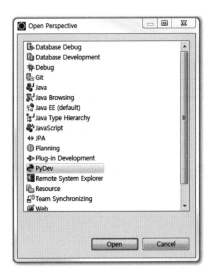

[그림 2-50] PyDev 환경 설정 2

[그림 2-51]과 같이 PyDev 개발자 환경이 구성되었습니다. 다음으로는 PyDev Interpreter 경로 설정을 진행합니다. Windows 메뉴에서 Preferences로 들어가서 python interpreter 경로를 설정하도록 하겠습니다.

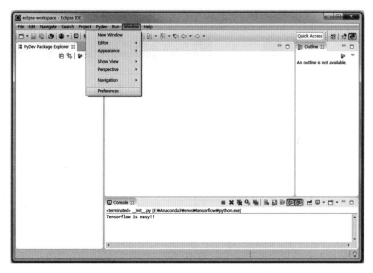

[그림 2-51] PyDev Interpreter 경로 설정

[그림 2-52]을 보면 왼쪽 메뉴에서 PyDev → Inetpreters → Python Interpreter를 선택합니다. 그다음으로 우측 부분에 Browse for python/pypy exe 버튼을 클릭하여 진행합니다.

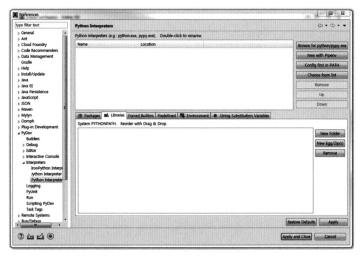

[그림 2-52] PyDev Interpreter 경로 설정 – python 경로

앞서 Anaconda를 설치하면서 같이 설치가 되었던 python 경로를 찾아서 설정하였습니다.

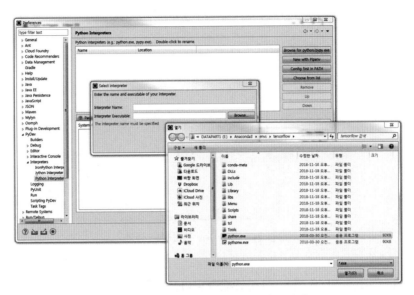

[그림 2-53] python.exe 파일 경로 설정

Python 경로 설정 및 라이브러리를 확인한 후 Apply 버튼을 클릭하고 설정을 마치도록 하겠습니다.

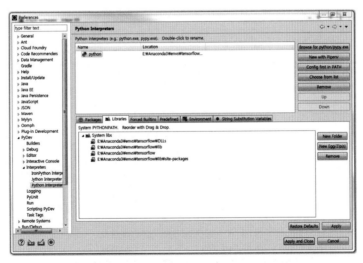

[그림 2-54] PyDev Interpreter 경로 설정 및 라이브러리 확인

모든 설정을 완료하였으며, 이제는 PyDev 프로젝트를 생성해 보도록 하겠습니다. File → New → PyDev Project를 선택하여 프로젝트를 생성하겠습니다.

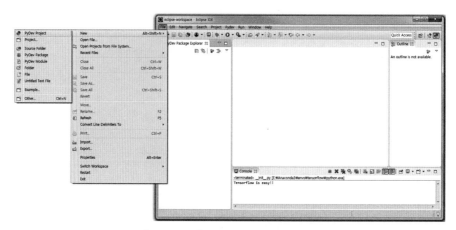

[그림 2-55] PyDev 프로젝트 생성

프로젝트 이름 및 옵션을 설정하겠습니다. 이름은 EC_test로 설정하였으며, Grammar Version은 Python 버전이 3.6.5이기 때문에 3.6으로 설정하였습니다. 이 부분은 Python 버전에 맞게 설정하면 됩니다. 그 외에는 변경 사항 없이 그대로 두고 프로젝트를 생성하겠습니다.

[그림 2-56] PyDev 프로젝트 이름 및 옵션 설정

PyDev 프로젝트가 생성되었으면 소스 코드를 입력할 수 있는 python 파일을 생성해야 합니다. 프로젝트 이름을 마우스 오른쪽 버튼을 눌러 New → PyDev Package를 선택합니다.

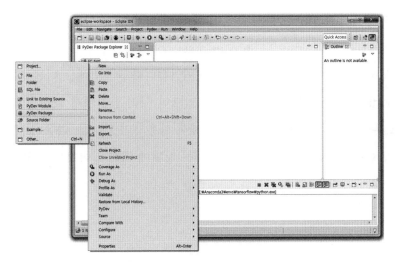

[그림 2-57] python 파일 생성

Package 이름을 입력하면 PyDev Package가 생성됩니다. 생성된 패키지 내에는 python 파일이 하나 생성되고 이름은 원하는 대로 변경하면 됩니다. Python 파일에 소스 코드를 입력한 후 Run 버튼을 클릭하거나 Ctrl+F11로 프로그램을 실행할 수 있습니다. 소스 코드는 앞서 사용했던 소스 코드이며, [그림 2-58]과 같이 프로그램이 정상적으로 실행되는 것을 확인할 수 있습니다.

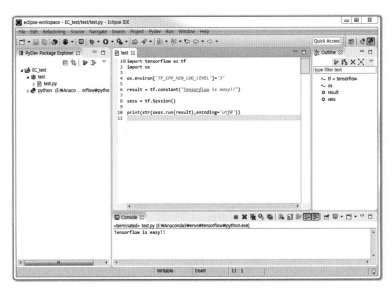

[그림 2-58] Eclipse에서 텐서플로우 실행 화면

지금까지 Tensorflow 개발 환경에 대해 학습하고 간단한 예제를 통해 실습을 하였습니다. PyCharm이나 Jupyter notebook, eclipse에서 python을 이용하여 Tensorflow가 문제없이 정상적으로 실행되었습니다. 이 외에도 다른 개발 환경에서 Tensorflow를 사용할 수 있는 방법도 있으니 여러 환경에서 Tensorflow를 학습해 보고 본인에게 맞는 개발 환경을 구축해서 사용하면 됩니다. 다음 장에서는 클라우드 기반에서 Tensorflow를 사용할 수 있는 방법에 대해 알아보도록 하겠습니다.

1. AWS

1) AWS란

[그림 2-59] Amazon Web Services

아마존 웹 서비스(AWS, Amazon Web Services)는 2006년에 공식적으로 런칭한 클라우드 서비스 플랫폼입니다. 네트워킹 기반으로 가상 컴퓨터와 스토리지, 인프라 등 다양한 서비스를 제공하고 있으며, 쉽고 빠른 확장성과 비용을 절감할 수 있습니다. AWS는 전 세계 수십만 명의 고객을 보유하고 있으며, 앞서 설명한 대로 다양한 서비스를 제공하고 있습니다. 국내 기업 중에서는 네이버가 클라우드를 제공하고 있습니다. 하지만 AWS와 네이버에서 제공하는 클라우드는 서로 조금 다른 유형입니다. 네이버 클라우드는 별도 소프트웨어 설치 없이 웹 브라우저에서 원하는 서비스를 사용할 수 있는 SaaS(Software as a Service)입니다. 하지만 AWS는 클라우드를 이용하여 필요한 인프라 서비스를 사용할 수 있는 IaaS(Infrastructure as a Service)입니다. 클라우드 서비스는 이처럼 어떤 자원을 제공하는지에 따라 크게 3가지로 나눠집니다. AWS처럼 서버와 스토리지 등 컴퓨팅 인프라 장비를 제공해 주는 IaaS, 네이버처럼 모든 서비스를 웹 브라우저 환경에서 제공해 주는 SaaS, 개발 시 필요한 플랫폼을 제공해 주는 PaaS(Platform as a Service)가 있습니다. 국내외 기업에서는 이 3가지 중에서 기업에 맞는 클라우드를 사용하고 있습니다.

AWS는 분산되어 있는 데이터를 하나의 플랫폼에 집중시키고, 쉽고 빠르게 데이터를 수집하기 위해 구축되었습니다. 결과적으로는 전 세계 사람들이 관심을 가지고 사용하고 있으며, IT 구축에 대한 모든 서비스를 제공받을 수 있게 되었습니다.

AWS를 사용하기 위해서는 비용을 지불해야 합니다. 비용은 제품 및 서비스마다 다르며, 사용한 만큼 계산되어 후불로 지불하는 방식입니다. 항상 무료인 제품과 서비스도 있으며, 12개월 동안 무료로 사용할 수 있는 AWS 프리 티어가 있어 제품 및 서비스를 체험해 볼 수 있습니다. 프리 티어는 AWS 신규 고객에게만 제공이 되며, 가입일로부터 12개월 동안 사용이 가능합니다. 프리 티어 기간이 종료되면 항상 무료인 제품 외에 프리 티어 범위를 초과할 경우 사용한 만큼의 비용을 지불해야 합니다. 비용은 제품 및 서비스마다 다르니, 사전에 꼭 확인하신 후 사용하기를 권장 드립니다.

2) AWS SageMaker 소개 및 설정

Amazon SageMarker는 종합 관리형 기계 학습 서비스이며, 데이터 과학자와 개발자들은 기계 학습 모델을 빠르고 쉽게 구축하고 교육시킬 수 있습니다. SageMaker는 인스턴스를 생성하여 실행하면 jupyter notebook 환경을 제공하고 있습니다. 또한, 콘솔에서 클릭 한 번으로 사용할 수 있기 때문에 쉽고 빠르게 서비스를 이용할 수 있습니다.

SageMaker는 사용한 만큼 비용을 지불하면 되며, 온디맨드 ML 인스턴스와 ML 범용 스토리지, 처리된 데이터 비용으로 구분되어 있습니다. 프리 티어를 사용하는 고객들은 무료로 시작할 수 있지만, 무료로 사용할 수 있는 범위가 있기 때문에 사전에 확인하신 후 사용하기 바랍니다. 요금 정보는 AWS 홈페이지 내 SageMaker 요금 안내(https://aws.amazon.com/ko/sagemaker/pricing/)를 참고하시면 됩니다. AWS에 로그인한 후 SageMaker 서비스를 이용하여 Tensorflow를 사용해 보겠습니다.

3) 텐서플로우 설치 및 확인

AWS 홈페이지에 접속하여 로그인을 합니다. 계정이 없는 경우에는 계정을 생생한 후 로그인하시면 됩니다. 계정 생성 시 개인 정보 및 카드 정보를 모두 입력하셔야 합니다. 계정 생성 후 서비스를 사용하기 위해서는 하루 정도의 시간이 걸릴 수 있습니다. 또한, 카드 정보를 입력하는 이유는 추후 비용이 발생했을 경우 등록한 카드에서 비용이 결제되며, 초기 계정 생성 시 1$의 비용이 결제되니 이점 참고 바랍니다.

[그림 2-60] AWS 홈페이지 메인 화면

[그림 2-61] AWS 로그인 화면

AWS에 로그인을 하면 [그림 2-62]와 같이 AWS에서 제공하는 모든 서비스 목록들을 볼 수 있습니다. 우리는 기계 학습 부분에서 Amazon SageMaker 서비스를 이용하여 Tensorflow를 사용할 것입니다. 다른 서비스에서도 Tensorflow를 사용할 수 있지만, 초보자들이 가장 쉽게 사용할 수 있는 서비스가 SageMaker입니다.

[그림 2-62] AWS 서비스 목록

Amazon SageMaker 서비스를 클릭하면 [그림 2-63]과 같이 SageMaker 소개 및 작동 방법, 요금 등 다양한 정보를 확인할 수 있습니다.

[그림 2-63] SageMaker 서비스 화면

화면 좌측에 있는 메뉴에서 노트북 인스턴스 버튼을 누르면 [그림 2-64]와 같이 노트북 인스턴스 설정 화면이 나타납니다.

[그림 2-64] SageMaker 노트북 인스턴스 설정

인스턴스 이름은 자유롭게 설정하면 되지만, 조건에 어긋나지 않도록 주의하시

기 바랍니다. 조건은 인스턴스 이름을 입력하는 부분 아래에 설명되어 있습니다. 인스턴스 유형은 기본으로 설정되어 있는 ml.t2.medium으로 그대로 사용하겠습니다. AWS 무료 티어를 사용하면 가입 후 첫 2개월 동안 SageMaker에서 모델 구축을 위해 t2.medium 노트북 250시간을 무료로 제공하고 있습니다. 다른 인스턴스에 대한 정보는 홈페이지 내 ML 인스턴스 유형(https://aws.amazon.com/ko/sagemaker/pricing/instance-types/)에서 확인할 수 있습니다. Elastic Inference는 데이터 처리량을 높이고 심층 학습 모델에서 실시간 추론 대기 시간을 줄이는 등 심화 학습 경우에서 필요한 부분이기 때문에 별도의 선택 사항 없이 진행하도록 하겠습니다. 다음으로 설정해야 할 부분은 IAM 역할입니다. IAM 역할은 신뢰하는 개체에 권한으로 부여하는 안전한 방법입니다. IAM 역할을 전달하면 Amazon SageMaker가 사용자 대신 다른 AWS 서비스에서 작업을 수행할 수 있는 권한을 부여받습니다. 새 역할 생성을 선택하면 [그림 2-65]와 같이 선택 사항들이 나타납니다. 첫 번째로 S3 버킷을 사용하여 입력 데이터 및 출력을 저장하고자 하는 경우에 선택하는 부분입니다. S3 버킷은 AWS에서 지원하는 인터넷용 스토리지 서비스입니다. 우리는 아직 S3 버킷을 사용한 단계가 아니기 때문에 S3 버킷 부분은 선택하지 않도록 하겠습니다. 간단히 설명하자면 계정에 민감한 데이터가 있는 경우에는 '특정 S3 버킷(Specific S3 buckets)'을 선택하여 액세스를 제한하고, SageMaker 노트북 인스턴스에서 더 많은 S3 버킷에 액세스하기 위해서는 '모든 S3 버킷(Any S3 buckets)'을 선택하면 됩니다. 그리고 액세스를 명시적으로 제어하고 싶은 경우에는 '없음(None)'을 선택하면 됩니다. 우리는 '없음(None)'을 선택한 후 새 역할을 생성하도록 하겠습니다.

[그림 2-65] SageMaker 노트북 인스턴스 IAM 역할 생성

IAM 역할 생성 후 다른 선택 사항들은 그대로 두고 노트북 인스턴스를 생성합니다. 다른 선택 사항에 대해 궁금하시면 홈페이지 내 노트북 인스턴스 생성(https://docs.aws.amazon.com/ko_kr/sagemaker/latest/dg/gs-setup-working-env.html)에서 확인할 수 있습니다.

[그림 2-66]은 SageMaker 노트북 인스턴스를 생성 완료한 화면입니다. 인스턴스 이름 및 생성 시간, 상태, 작업 내용을 확인할 수 있으며, 상태가 InService이면 서비스를 사용할 수 있다고 보시면 됩니다. 우측 부분에 jupyter 열기 버튼을 사용하여 jupyter notebook을 열어 보도록 하겠습니다.

[그림 2-66] SageMaker 노트북 인스턴스 생성 완료

Jupyter notebook이 실행되면 폴더 생성 후 새로운 파일을 열어 Tensorflow가 제대로 실행되는지 확인해 보시면 됩니다. [그림 2-67]을 보시면 jupyter notebook을 실행시켜 Sagemaker_Tensorflow라는 폴더를 만들어 그 안에 Tensorflow_test1이라는 파일을 만들었습니다. 소스 코드는 앞서 사용했던 소스 코드를 사용하였으며, 실행 결과가 정상적으로 출력되는 것을 확인할 수 있습니다.

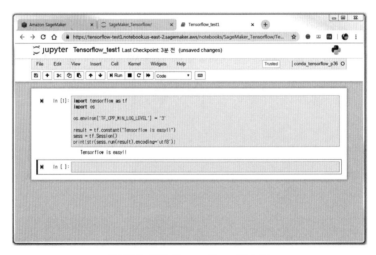

[그림 2-67] Tensorflow 테스트

모든 작업을 마무리하였으면, 서비스를 중지하거나 삭제해 주어야 합니다. 실행 상태 그대로 두면 많은 비용이 발생될 수도 있습니다. 항상 작업 후에는 서비스를 종료 혹은 삭제해야 한다는 것을 기억하세요. 나중에 후회할 수 있습니다. 서비스를 중지 혹은 삭제하는 방법은 다음과 같습니다. [그림 2-68]과 같이 노트북 인스턴스 목록에서 작업한 서비스를 선택하여 작업 환경을 중지 상태로 변경하면 됩니다.

[그림 2-68] SageMaker 노트북 인스턴스 서비스 중지

삭제는 인스턴스 이름을 누르면 [그림 2-69]과 같이 인스턴스 설정 내용이 나타납니다. 상단에 있는 삭제 버튼을 이용하여 서비스를 삭제할 수 있습니다.

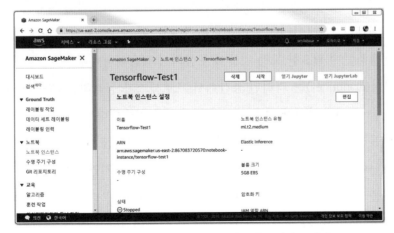

[그림 2-69] SageMaker 노트북 인스턴스 서비스 삭제

지금까지 AWS의 SageMaker 서비스를 이용하여 Tensorflow를 실행해 보았습니다. 다음에는 도커 환경에서 Tensorflow를 사용하는 방법에 대해 알아보도록 하겠습니다.

2. 도커(Docker)

1) 도커(Docker)란

[그림 2-70] Docker

도커는 닷클라우드라는 기업 내부 프로젝트에서 시작되었으며, 2013년 3월에 오픈 소스로 출시되었습니다. 도커는 컨테이너 기반의 오픈 소스 가상화 플랫폼입니다. 계층화된 파일 시스템을 사용하여 가상화된 컨테이너의 변경 사항을 모두 추적하고 관리합니다. 컨테이너에는 라이브러리, 시스템 도구, 코드, 런타임 등 소프트웨어를 실행하는데 필요한 모든 것들이 포함되어 있습니다.

컨테이너(Container)는 격리된 공간에서 프로세스가 동작하는 기술을 말합니다. 가상화 기술 중 하나이지만 기존 방식과는 차이가 있습니다. 가상 머신은 애플리케이션과 애플리케이션에 필요한 바이너리 및 라이브러리를 게스트 OS에 모두 포함시키기 때문에 용량이 크며 성능 손실이 발생합니다. 하지만 컨테이너는 애플리케이션과 애플리케이션에 필요한 바이너리 및 라이브러리를 다른 컨테이너와 커널을 공유하고 구분된 사용자 공간에서 프로세스가 실행됩니다.

일반적으로 가상화 기술은 하이퍼바이저 기반의 시스템 가상화를 뜻합니다. VM

에서 가장 많이 알려진 VMware나 VirtualBox 같은 가상 머신은 호스트 OS 위에 게스트 OS 전체를 가상화하여 사용하는 방식입니다. 이 방식은 여러 가지 OS를 가상화할 수 있고 비교적 사용법이 간단합니다. 하지만 애플리케이션을 구동하기 위해서는 기존에 구동 중인 애플리케이션이 모두 구동된 후에 애플리케이션이 구동되기 때문에, 속도가 느리고 무거워 운영 환경에서 사용하기에는 다소 어려운 부분이 있습니다.

도커에 대한 설명은 여기까지 하도록 하겠습니다. 다음으로는 도커를 직접 설치해보고 도커에 Tensorflow를 설치하여 테스트를 진행하겠습니다. 윈도우(Windows) 환경에서 도커를 설치하여 도커에 Tensorflow를 설치하도록 하겠습니다.

2) Docker 설치

도커를 설치하기 전에 도커를 설치할 수 있는 환경인지 확인 후 진행하도록 하겠습니다. 도커를 설치하기 위해서는 아래의 조건을 만족해야 합니다.

① 윈도우 7 이상(32, 64bit 모두 설치 가능)
② 운영 체제(OS)에서 가상화(Virtualzation)를 지원해야 함

운영 체제에서 가상화를 지원하는지를 알 수 있는 방법은 윈도우 7인 경우에는 Micosoft홈페이지(https://www.microsoft.com/en-us/download/details.aspx?id=592)에 접속하여 Hardware-Assisted Virtualization Detection Tool을 다운받은 후 실행하면 가상화를 지원하는지 알 수 있습니다. 프로그램을 다운받은 후 실행하면 [그림 2-71]과 같은 메시지창을 확인할 수 있습니다. 메시지창 상단 부분에 This computer is configured with hardware-assisted virtualization라는 것이 가상화를 지원한다는 뜻입니다. 윈도우 8, 8.1 경우에는 작업 관리자의 성능 탭에서 확인이 가능하며 CPU 성능에서 가상화 사용 여부가 표시되어 있습니다.

[그림 2-71] 윈도우 7버전 가상화 지원 여부 확인

도커 설치 조건을 모두 만족하면 이제 도커를 설치해 보도록 하겠습니다.

도커 공식 홈페이지(https://www.docker.com/products/docker-desktop)에서 윈도우 버전을 다운받도록 하겠습니다. 윈도우에 도커를 설치하기 위해서는 두 가지 방법이 있습니다. 윈도우 10 Pro 혹은 윈도우 10 Enter 버전을 사용하시는 분들은 "Docker For Windows" 부분을 참고하여 설치를 진행하시면 됩니다. 윈도우 7 이상 윈도우 10 Home 이하 버전을 사용하시는 분들은 "Docker ToolBox" 부분을 참고하여 설치하시면 됩니다.

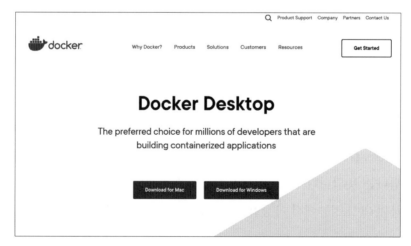

[그림 2-72] Docker 홈페이지 – 윈도우 버전 다운로드

다운받은 파일을 실행시키면 [그림 2-73]과 같은 화면이 나타납니다. 화면 가운데 있는 체크 박스는 설치를 진행하면서 발생하는 문제 및 에러 사항 등의 데이터를 수집하여 추후 도커 환경 개선에 반영하고자 사용자에게 데이터 수집 동의를 묻는 내용입니다. [Next] 버튼을 눌러 계속 진행하도록 하겠습니다.

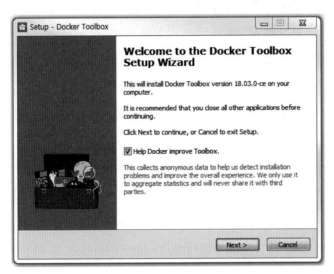

[그림 2-73] Docker 설치 과정 1, 첫 화면

다음은 도커 설치 경로를 설정하는 부분입니다. 기본 경로에 설치하셔도 되고, 다른 위치로 설정하셔도 됩니다. 경로 설정 후 [Next] 버튼을 눌러 계속 진행하겠습니다.

[그림 2-74] Docker 설치 과정 2, 설치 경로 설정

다음은 설치 구성 요소를 설정하는 부분입니다. 비활성화로 되어 있는 부분은 필수로 설치를 해야 하는 부분이기 때문에 변경이 불가능하며, 활성화되어 있는 부분은 설치 여부를 선택할 수 있습니다. Docker Client 및 Docker Machine, VirtualBox는 필수적으로 필요한 부분입니다. 윈도우에서 도커를 사용하기 위해서는 하이퍼바이저 기반의 가상화 시스템이 필요합니다. 윈도우 10 Pro 및 Enter 버전에서는 윈도우에서 Hyper-V(Microsoft에서 만든 가상화 Software)를 제공하지만, 윈도우 7이상 10 Home 버전 이하에서는 Hyper-V를 제공해 주지 않기 때문에 별도의 가상화 시스템을 설치해야 합니다. 이러한 이유로 Docker ToolBox를 설치할 때 VirtualBox가 포함되어 있습니다. 기존에 VirtaulBox를 사용하고 있다면 설치 중에는 종료해야 합니다.

Docker Compose for Windows는 Docker를 설치하면서 Docker Compose를 포함시킬 것인지에 대한 내용입니다. Docker Compose는 하나의 서비스를 구동하기 위해 여러 개의 컨테이너들이 생성되어 있을 경우 이것들을 하나의 묶음으로 관리를 할 수 있도록 작업 환경을 제공합니다. Docker Compose를 사용하지 않으면, 하나의 서비스를 구동하기 위해 생성된 여러 개의 컨테이너들을 각각 구동하고 정상적으로 동작이 되었는지 확인을 해야 하는 불편함이 있습니다.

Kitematic for Windows는 Kitematic Tool이라는 것이 있습니다. 이것은 도커를 처음 시작하는 사람들이 쉽게 사용할 수 있도록 GUI 환경을 제공하는 Tool입니다.

Git for Windows는 도커를 사용하면서 git과 연동하여 사용하기 위한 것입니다. 기존에 git이 설치되어 있다면 여기서는 설치하지 않아도 됩니다.

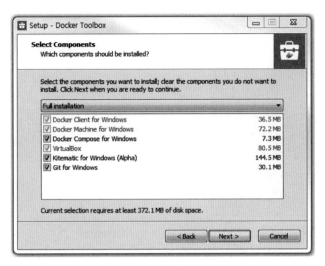

[그림 2-75] Docker 설치 과정 3, 설치 구성 요소 설정

설치 구성 요소를 선택하면 도커 설치 준비가 마무리되었습니다. [Install] 버튼을 눌러 설치를 진행하도록 하겠습니다.

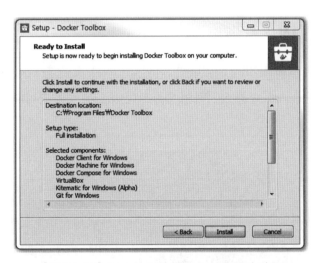

[그림 2-76] Docker 설치 과정 4, 설치 준비 완료

도커 설치 중 Windows 보안 대화 상자가 나올 수 있습니다. 당황하지 마시고 [예] 버튼을 눌러 계속 진행하시기 바랍니다. 이제 도커 설치가 완료되었습니다. 도커를 실행하여 정상적으로 설치가 되었는지 확인한 다음 Tensorflow를 설치해 보도록 하겠습니다.

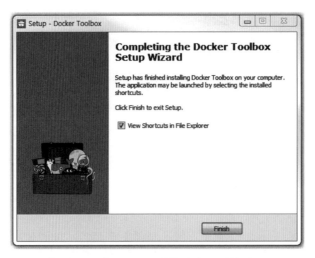

[그림 2-77] Docker 설치 과정 5, 설치 완료

설치가 완료되었으면 바탕화면 혹은 시작 프로그램에 Docker Quickstart Terminal 아이콘이 있습니다. 이 프로그램을 실행시켜 주시면 됩니다.

3) 텐서플로우 설치 및 확인

도커가 정상적으로 설치가 되었다면 [그림 2-78]과 같은 화면이 나옵니다. 이제 도커 환경에서 Tensorflow를 설치하여 테스트해 보도록 하겠습니다.

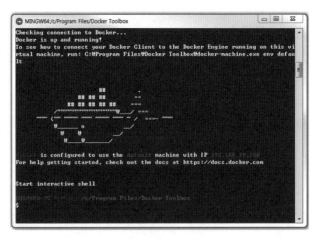

[그림 2-78] Docker 실행 화면

도커에서 컨테이너를 실행하기 위해서는 먼저 이미지를 가져와야 합니다. 이미지는 본인이 직접 만들어서 사용할 수 있지만 다른 사람들이 만들어 놓은 이미지를 가져다가 사용할 수 있습니다. 도커 이미지는 컨테이너를 실행하기 위해 필요한 파일과 설정값 등을 가지고 있으며, 컨테이너는 이러한 이미지를 실행한 상태라고 보시면 됩니다. 컨테이너를 실행해서 여러 가지 작업들을 한다고 해서 이미지는 변하지 않습니다. 하나의 이미지를 사용하여 여러 개의 컨테이너를 실행시켜 작업을 할 수도 있습니다. 기존에 생성된 이미지를 가지고 컨테이너를 실행한 후 내가 필요로 하는 부분을 추가하여 새로운 이미지를 만들 수도 있습니다. 도커 이미지는 Docker Hub 홈페이지(https://hub.docker.com/)에 등록되어 있으며, 본인이 직접 저장소를 만들어 관리할 수 있습니다.

Docker Hub에서 Tensorflow 이미지를 가져와서 사용하도록 하겠습니다.

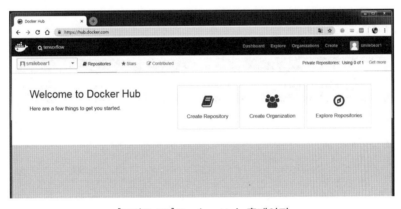

[그림 2-79] Docker Hub 홈페이지

[그림 2-79]는 Docker Hub 홈페이지에 접속한 화면입니다. 로그인을 해야 사용하실 수 있으며, 도커 설치 파일을 다운로드할 때에도 도커 홈페이지에 로그인해야 하므로 로그인 후 사용하시며 됩니다. 여기에서 Tensorflow 이미지를 쉽게 찾기 위해서는 왼쪽 상단에 검색하는 부분이 있습니다. 그 부분에서 tensorflow를 입력하여 이미지를 찾도록 하겠습니다.

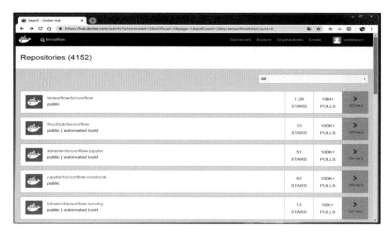

[그림 2-80] 텐서플로우 이미지 검색

검색창에 tensorflow를 검색하면 [그림 2-80]과 같이 Tensorflow 이미지가 검색됩니다. 이미지를 사용하는 방법은 우측 Details 버튼을 누르면 자세하게 설명이 되어 있습니다.

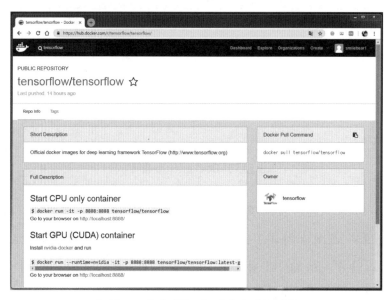

[그림 2-81] 텐서플로우 이미지 사용 방법

[그림 2-81]는 Tensorflow 이미지를 도커에서 어떻게 가져오며, 가져온 이미지를 사용하여 컨테이너를 실행하는 방법에 대해 설명하고 있습니다.

도커에서 Tensorflow 이미지를 가져오는 명령어는 다음과 같습니다.

```
(형식) docker <명령어> <이미지 이름>:<태그>
$docker pull tensorflow/tensorflow
```

도커에서 명령어를 사용할 때 docker~형식으로 시작하며, 명령어에는 어떠한 것들이 있는지는 별도로 학습하기 바랍니다.

도커에 Tensorflow 이미지를 가져와 보겠습니다.

우선 현재 도커 이미지 목록을 확인해 보겠습니다. 도커 설치 후 이미지를 가져온 적이 없기 때문에 이미지지 목록을 출력하면 [그림 2-82]와 같이 아무 이미지가 없다고 출력이 됩니다. 이미지 목록을 출력하기 위한 명령어는 "docker images" 입니다.

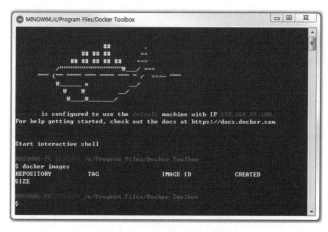

[그림 2-82] 도커 이미지 목록 확인

앞서 설명한 도커에서 이미지를 가져오는 명령어를 이용하여 이미지를 가져온 후 이미지 목록을 출력해 보겠습니다.

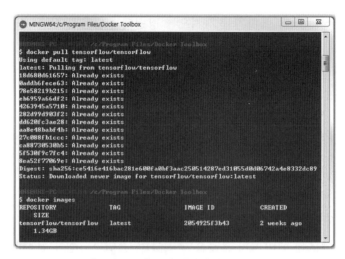

[그림 2-83] 도커 이미지 가져오기

[그림 2-83]을 보시면 Tensorflow 이미지를 정상적으로 가져온 것을 확인할 수 있습니다. 태그는 생략을 해도 상관없으며, 기본적으로 최신 이미지를 가져옵니다.

이제 Tensorflow 이미지를 사용하여 컨테이너를 실행해 보겠습니다. 컨테이너를 실행하는 명령어는 다음과 같습니다.

```
(형식) docker <명령어> <옵션> <이미지 이름>
$docker run -i -t tensorflow/tensorflow bash
```

컨테이너를 실행할 때 사용하는 옵션에 대해 간단히 설명하겠습니다. -i 옵션은 interactive라는 뜻이며, 표준 입출력을 키보드와 화면을 통해 가능하도록 하는 옵션입니다. 즉 컨테이너와 상호적으로 주고받는다는 것입니다. -t는 tty라는 뜻으로 텍스트 기반의 터미널(tty) 환경을 제공해 주는 옵션입니다. bash는 컨테이너를 사용할 때 bash 쉘을 사용하겠다는 의미이며, bash를 제외하고 컨테이너를 실행해 보시면 차이를 알 수 있습니다. 이제 컨테이너를 실행해 보도록 하겠습니다.

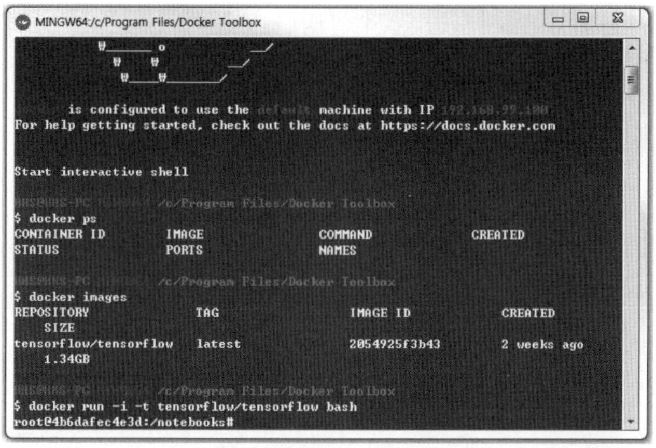

[그림 2-84] 도커 컨테이너 실행 화면

현재 도커에서 실행되고 있는 컨테이너가 있는지 확인하는 명령어는 "docker ps"입니다. [그림 2-84]를 보시면 현재 실행되고 있는 컨테이너는 없습니다. 이미지는 앞서 받은 Tensorflow 이미지가 있는 것을 확인할 수 있으며, 컨테이너를 실행하면 bash 쉘을 사용할 수 있는 환경이 제공됩니다. Python을 실행시켜 Tensorflow가 제대로 실행이 되는지 확인해 보겠습니다.

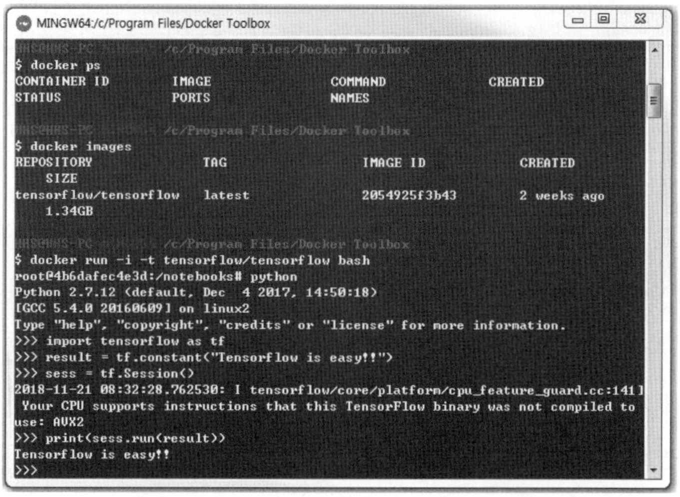

[그림 2-85] 도커 환경에서 텐서플로우 테스트

[그림 2-85]를 보시면 Tensorflow가 정상적으로 실행되는 것을 확인할 수 있습니

다. 실행 중 출력된 안내 메시지는 앞서 설명한 부분이기 때문에 넘어가도록 하겠습니다.

컨테이너를 실행하여 Tensorflow를 사용한 후에는 컨테이너를 종료해 주어야 합니다. 종료하지 않으면 백그라운드로 컨테이너가 계속 실행되기 때문에 불필요하게 자원이 소모됩니다. Python 사용 후 exit()를 이용하여 종료하고, bash 쉘 환경에서 exit 명령어를 이용하여 종료하면 컨테이너가 자동적으로 종료됩니다.

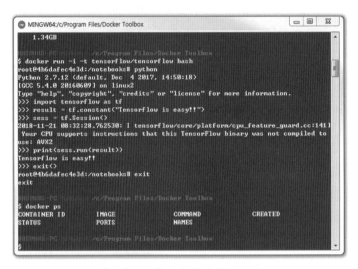

[그림 2-86] 도커 컨테이너 종료

컨테이너가 정상적으로 종료되었는지 확인해 보겠습니다. "docker ps" 명령어를 입력하면 현재 실행 중인 컨테이너 목록이 출력됩니다. 그리고 "docker ps -a" 명령어를 입력하면 종료된 컨테이너 목록도 함께 출력이 됩니다. [그림 2-87]을 보시면 최근에 실행했던 컨테이너가 종료된 목록들이 출력됩니다. 컨테이너를 실행하면 커서 앞쪽에 컨테이너 ID가 표시됩니다. 그리고 종료된 컨테이너 목록을 보시면 컨테이너 ID를 확인할 수 있습니다. 컨테이너 ID를 확인해서 실행한 컨테이너가 정상적으로 종료되었다는 것을 확인할 수 있습니다.

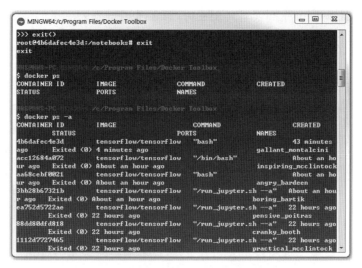

[그림 2-87] 도커 컨테이너 종료 확인

그리고 bash 쉘 환경에서 Tensorflow를 사용할 수도 있지만, jupyter notebook을 이용해서 Tensorflow를 사용할 수 있습니다. 컨테이너를 실행할 때 옵션 하나만 추가해주면 됩니다. 옵션을 추가한 명령어는 다음과 같습니다.

```
$docker run -i -t -p 8888:8888 tensorflow/tensorflow
```

-i, -t옵션은 앞서 설명하였으며, -p 옵션은 컨테이너에서 서비스를 구동한 후 외부에서 해당 서비스에 접근하기 위해서 사용하는 옵션입니다. 앞에 있는 8888은 도커를 설치한 호스트의 포트번호이며, 뒤에 있는 8888은 컨테이너의 포트번호이다. 다른 포트를 사용해도 되지만, 포트에 대해 자세히 모르시면 학습을 하신 후에 상황에 맞는 포트번호를 사용하시기 바랍니다. 그리고 jupyter notebook을 사용하기 위해 컨테이너를 실행하기 전에 dockermachine ip번호를 확인해야합니다. Jupyter notebook을 사용하기 위해서는 dockermachine ip:8888로 접속을 해야합니다. Dockermachin ip를 확인하기 위한 명령어는 다음과 같습니다.

```
$docker-machine ls
```

[그림 2-88]을 보시면 dockermachine ip를 확인할 수 있습니다. Dockermachine

은 기본적으로 defalut가 실행되고 있으며, 필요에 따라 dockermachine을 생성하여 실행할 수도 있습니다.

[그림 2-88] dockermachine ip 확인

이제 컨테이너를 실행시켜 jupyter notebook에 접속해 보겠습니다.

[그림 2-89]를 보면 jupyter notebook을 사용하기 위해서 접속 URL 정보를 제공하고 있습니다. 접속 URL 부분을 보시면 token 정보가 포함되어 있습니다. 해당 URL로 접속하시면 jupyter notebook 환경이 제공됩니다.

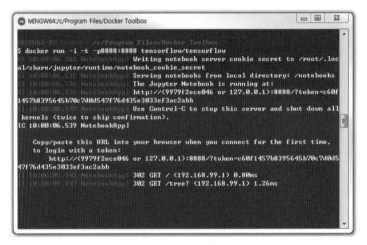

[그림 2-89] 도커 컨테이너 실행 – jupyter notebook 사용

만약 도커 환경에서 URL을 복사하기 힘드신 경우에는 dockermachine:port로 접속을 하면 [그림 2-90]과 같은 화면이 나옵니다. 패스워드 or token을 입력하는 부분에 제공받은 token 정보를 입력하시면 됩니다.

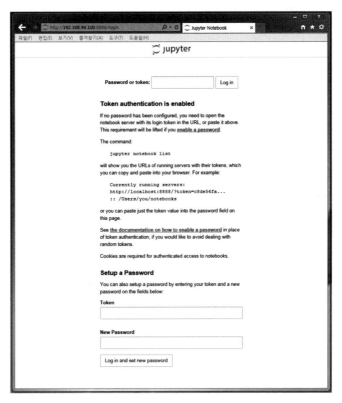

[그림 2-90] jupyter notebook 로그인 화면

Jupyter notebook에 로그인하여 접속한 화면입니다. Jupyter notebook 사용법에 대해서는 앞서 설명을 하였으며, juputer notebook 사용 후에는 반드시 컨테이너를 종료해 주시기 바랍니다.

[그림 2-91] Jupyter notebook 접속 화면

지금까지 도커 환경에서 bash 쉘과 jupyter notebook을 이용하여 Tensorflow를 실행해 보았습니다. 간단한 실습을 통해서 테스트를 해보았으니, 다른 예제들을 이용하여 학습하시면 됩니다.

3. Google

1) Google Colaboratory란

[그림 2-92] Google Colaboratory

Google Colaboratory는 jupyter notebook 기반으로 구축되었으며, 작업 환경을 하나의 공동 작업 문서로 통합하여 제공해 주는 머신러닝 교육 및 연구를 위한 데이터 분석 도구입니다. 구글 회사 내부에서 직원들이 연구와 교육의 목적으로 개발하였으며, 2014년에 초기 버전을 공개하였습니다. 그 후 계속된 개발이 이루어졌으며, 2017년 10월에 최신 버전이 공개되었습니다.

Colaboratory는 jupyter notebook처럼 웹 브라우저에 접속하여 사용할 수 있도록 개발된 서비스입니다. 대부분의 웹 브라우저와 호환이 되지만, 구글에서 개발한 만큼 크롬 환경에서 테스트가 가장 많이 이루어졌을 것입니다. 그렇다면 colaboratory가 jupyter notebook 기반으로 구축이 되었는데, 굳이 jupyter notebook을 사용하지 않고 colaboratory를 개발하였는지 궁금증이 생깁니다.

두 서비스의 가장 큰 차이점은 사용자 측면에서의 편리함입니다. Jupyter notebook의 경우에는 별도의 프로그램을 설치해야 하지만, colaboratory는 프로그램 설치 없이 구글 계정과 웹 브라우저만 있으면 무료로 사용이 가능합니다. 또한, colaboratory는 클라우드 환경에서 작업을 하기 때문에 다른 사람들과 공유하거나 협업을 할 수 있는 장점이 있습니다. 또한, colaboratory에서 작업하여 실행한 코드는 본인 계정 전용의 가상 머신에서 실행됩니다. 여기서 가상 머신은 docker를 사용하고 있습니다. colaboratory에서는 CPU는 물론 GPU도 사용할 수 있습니다.

이제 Google Colaboratory에 접속하여 Tensorflow를 실행해 보도록 하겠습니다.

2) Google Colaboratory 설정

Google Colaboratory를 사용하기 위해서는 먼저 구글 계정에 로그인하여 구글 드라이브로 접속합니다. [그림 2-93]은 구글 드라이브에 접속한 화면이며, 내 드라이브 → 더보기 → Colaboratory를 실행하면 됩니다.

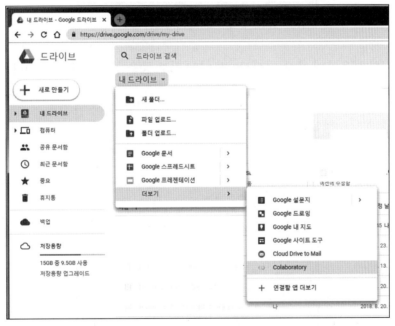

[그림 2-93] Google Drive – Colaboratory 실행

[그림 2-94]는 colaboratory를 실행한 화면이며, jupyter notebook과 비슷한 UI라는 느낌이 듭니다. 파일명은 원하는 이름으로 변경한 후 사용하셔도 됩니다.

[그림 2-94] Colaboratory 실행

명령어를 사용하여 가상 머신 OS 및 CPU 정보 등을 확인할 수 있습니다.

[그림 2-95] 가상 머신 OS 및 CPU 정보 확인

3) 텐서플로우 설치 및 확인

앞서 설명한 대로 Colaboratory는 별도의 프로그램 설치 없이 웹 브라우저 기반에서 실행할 수 있습니다. 대부분의 Python 패키지들이 설치가 되어 있으며, Tensorflow 패키지 또한 설치가 되어 있습니다. Tensorflow도 별도로 설치할 필요가 없기 때문에, 간단한 소스 코드를 입력하여 Tensorflow가 정상적으로 실행이 되는지 테스트해 보겠습니다. [그림 2-96]을 보시면 Tensorflow가 정상적으로 실행되는지 확인할 수 있습니다.

작업했던 소스 코드는 구글 드라이브에 자동 저장되며, 다른 사람들에게 공유하여 함께 작업할 수 있습니다.

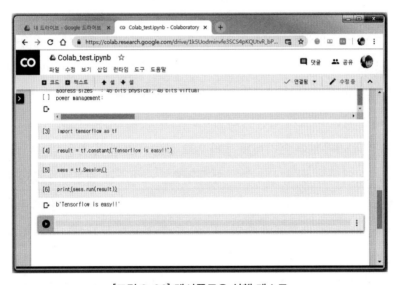

[그림 2-96] 텐서플로우 실행 테스트

지금까지 Google Cloud 환경인 Colaboratory에서 Tensorflow를 실행해 보았습니다.

4. Microsoft Azure

1) Azure란

[그림 2-97] Microsoft Azure

Azure는 Microsoft에서 개발하였으며, Microsoft 데이터 센터에서 응용 프로그램을 빌드 및 배포하고 관리할 수 있는 개방형 클라우드 플랫폼입니다. 앞서 설명한 다른 클라우드처럼 가상의 컴퓨터 공간을 대여하여 사용할 수 있습니다. Azure는 다른 클라우드와는 다르게 일관된 하이브리드 클라우드입니다. 하이브리드 클라우드란, 퍼블릭 클라우드와 프라이빗 클라우드 환경이 조합된 것을 말합니다. 퍼블릭 클라우드는 인터넷을 통해서 다수의 고객들에게 서비스를 제공하는 클라우드이며, 프라이빗 클라우드는 자체적으로 만들어 사용할 수 있는 서비스를 제공하는 클라우드입니다. Azure는 온프레미스 및 클라우드 환경에서 동작이되도록 설계된 플랫폼, 도구, 서비스를 통해 복잡성과 위험을 줄입니다. 또한, Microsoft는 보안 및 개인 정보 보호 요구사항을 명확하게 설정하고 있습니다. Microsoft가 오래전부터 쌓아온 경험과 데이터를 기반으로 사용자 엑세스 보호 및 암호화된 통신으로 고객들의 데이터를 안전하게 유지하고 있습니다.

Microsoft Azure 서비스도 AWS와 마찬가지로 사용한 만큼의 비용을 지불해야합니다. 처음에는 12개월 체험 계정을 이용하여 무료로 사용이 가능합니다. 모든 서비스가 12개월 동안 무료로 사용한 것은 아닙니다. 12개월 동안 무료로 제공되는 서비스도 있으며, 항상 무료인 서비스도 있습니다. 그리고 체험 계정 생성 후 30일 동안 모든 Azure 서비스를 탐색할 수 있도록 ₩224,930 크레딧을 제공하고 있습니다. 30일 전 ₩224,940 크레딧을 모두 사용하거나, 30일이 지난 후에는 종량제 구독으로 업그레이드를 해야 서비스를 사용할 수 있습니다. 처음에 제공된 ₩224,940 크레딧은 서비스 사용에 따라 자동으로 공제되며, 포털에 표시되어 있어 쉽게 확인할 수 있습니다. 이 부분은 Azure 서비스를 사용하면서 다시 한번 알려드리겠습니다. 비용에 대해 더 알고 싶은 것이 있으면 Microsoft Azure 홈페이지(https://azure.microsoft.com/ko-kr/pricing/)에서 확인하시면 됩니다. 이제 Microsoft Azure 에 접속하여 Tensorflow를 실행해 보도록 하겠습니다.

2) Azure 설정

Microsoft Azure 홈페이지에 접속하면 [그림 2-98]과 같이 체험 계정 생성에 대한 정보를 확인할 수 있습니다. 그림 하단에 보시면 체험 계정을 사용하였을 때 제공되는 서비스들이 이해하기 쉽게 설명되어 있습니다. 계정을 생성하기 위해서는 개인 정보 및 카드 정보를 입력해야 합니다. 카드 정보는 추후 비용이 발생하였을 경우를 대비한 것이니 걱정하지 않으셔도 됩니다.

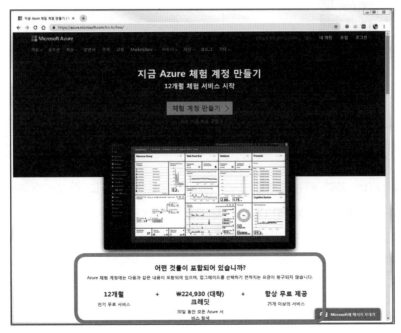

[그림 2-98] Microsoft Azure 체험 계정 생성

체험 계정을 생성한 후 로그인을 하면 [그림 2-99]와 같은 Azure portal 화면이 나타납니다. Azure portal은 Chrome 및 Edge, Firefox 브라우저에서만 지원됩니다. Azure portal을 이용하여 다양한 서비스를 사용할 수 있으며, 우리가 하려고 하는 Tensorflow도 여기에서 몇 가지 설정을 통해 사용할 수 있습니다. Azure portal 화면을 보시면 좌측에 있는 메뉴들은 자주 사용하는 서비스 목록이며, 메인 화면에는 Azure 서비스 및 최신 리소스 목록, 유용한 정보에 대한 내용들이 있습니다. 지금부터 Tensorflow를 사용하기 위해 환경 설정을 해보도록 하겠습니다.

[그림 2-99] Microsoft Azure Portal 화면

3) 텐서플로우 설치 및 확인

Azure portal 좌측 메뉴에서 리소스 만들기를 선택하면, [그림 2-100]과 같이 새 리소스를 만들기 위한 화면이 나옵니다.

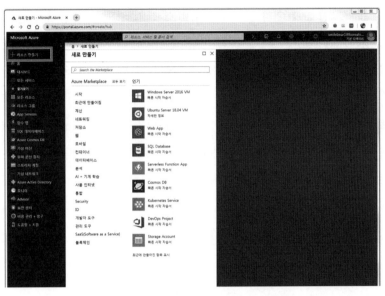

[그림 2-100] 새 리소스 만들기 1, 첫 화면

검색창에 "machine learning"을 입력하면 [그림 2-101]와 같이 검색에 대한 결과가 나옵니다. 결과 목록 중에서 "Machine Learning 서비스 작업 영역"을 선택하면 우측 화면으로 관련 정보 및 설명이 나타납니다. 관련 정보 및 설명 확인 후 하단에 있는 만들기 버튼을 클릭하여 다음 단계로 넘어갑니다.

[그림 2-101] 새 리소스 만들기 2, 검색하기

그다음에는 [그림 2-102]과 같이 ML 서비스 작업 영역을 구성해야 합니다. 작업 영역을 구성하기 위해서는 작업 영역 이름 및 구독, 리소스 그룹, 위치를 설정해야 합니다. 작업 영역 이름은 말 그대로 작업 영역을 식별하는 고유한 이름입니다. 리소스 그룹 전체에서 고유해야 하며, 다른 사용자가 만든 작업 영역과 구별되어야 하고 기억하기 쉬운 이름으로 설정하시기 바랍니다. 구독은 Azure 구독을 선택하는 부분이며, 현재 무료 체험 계정으로 사용하기 때문에 무료 체험을 선택하시면 됩니다. 리소스 그룹은 기존에 생성된 리소스 그룹을 사용하거나 새 리소스 그룹을 만들어 사용해도 됩니다. 리소스 그룹은 Azure 솔루션에 관련된 리소스를 보유하는 컨테이너입니다. 마지막으로 위치는 사용자 및 데이터 리소스와 가장 가까운 위치를 선택하시면 됩니다. 작업 영역 구성을 모두 마친 후 하단의 만들기 버튼을 클릭하시면 됩니다.

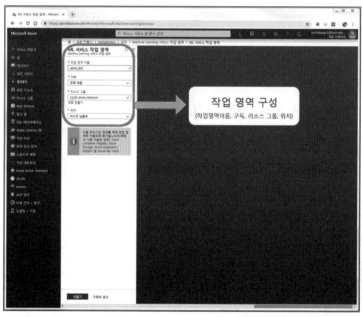

[그림 2-102] 새 리소스 만들기 3, 작업 영역 구성

작업 영역 구성 완료 후에는 리소스 배포 과정을 통해 최종적인 리소스가 만들어지게 됩니다. [그림 2-103]과 같이 Azure portal 화면의 우측 상단 알림 부분에서 리소스 배포 관련하여 진행 상황을 확인할 수 있습니다. 배포가 완료되면 배포 성공이

라는 알림을 확인할 수 있습니다. 또한, 알림 부분에 보시면 크레딧에 대한 정보도 확인할 수 있습니다. 앞서 설명한 대로 무료 체험 계정에서는 ₩224,940 크레딧을 제공하며, 서비스를 사용하면서 사용한 만큼의 크레딧이 공제됩니다. 서비스를 사용하시면서 알림 부분을 통해 현재 크레딧이 얼마나 남았는지 확인이 가능하니, 수시로 체크하시기 바랍니다.

[그림 2-103] 새 리소스 만들기 4, 리소스 배포 및 생성 완료

생성된 리소스를 클릭하면 [그림 2-104]와 같이 세부 내용을 확인할 수 있습니다. Azure Notebook을 클릭하여 Tensorflow 테스트를 진행하도록 하겠습니다.

[그림 2-104] Azure Notebook 실행 1

Azure Notebook을 클릭하면 [그림 2-105]과 같은 화면이 나오며, Azure Notebook 열기 버튼을 선택합니다.

[그림 2-105] Azure Notebook 실행 2

Azure Notebook을 실행시키면 [그림 2-106]과 같이 프로젝트를 생성합니다. 프로젝트명과 ID를 입력하여 프로젝트를 생성하면 됩니다. 프로젝트 ID는 다른 사람들과 해당 프로젝트를 공유하고 싶을 때 사용하는 고유한 이름입니다.

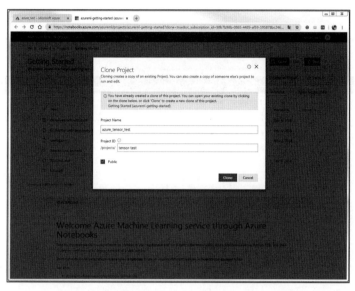

[그림 2-106] Azure Notebook 프로젝트 생성

[그림 2-107]과 같이 프로젝트를 생성한 후 작업 폴더를 만들고, 테스트 파일을 만듭니다. 테스트 파일을 만들 때 파이썬 버전은 사용자 임의대로 선택하여 만들면 됩니다.

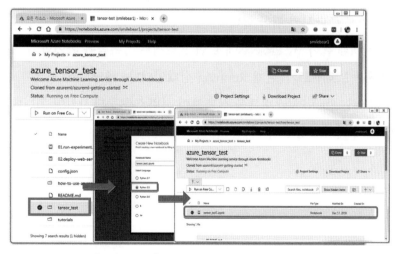

[그림 2-107] 작업 폴더 및 테스트 파일 생성

생성된 파일을 열어 Tensorflow 코드를 입력합니다. 소스 코드는 앞서 사용했던 소스 코드이며 Jupyter notebook 환경이기 때문에 사용하기에는 큰 어려움이 없을 것입니다.

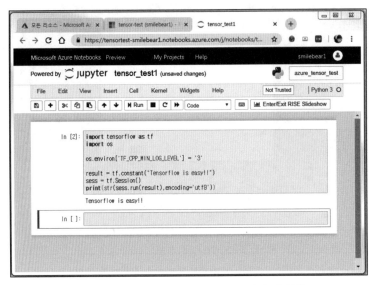

[그림 2-108] 텐서플로우 소스 코드 입력 및 실행

Azure Notebook을 사용하여 Tensorflow를 테스트해 보았습니다. 테스트 후에 꼭 해야 하는 작업이 있습니다. 테스트는 끝이 났지만 Azure 서비스는 현재 계속 실행되고 있습니다. 서비스를 사용한 만큼 비용이 지급되기 때문에 서비스를 사용한 후에는 서비스를 중단시켜 줘야 합니다.

[그림 2-109]과 같이 My Projects에 보면 프로젝트 목록들을 확인할 수 있습니다. 앞서 생성했던 프로젝트가 현재 Running 상태입니다. 해당 프로젝트를 선택하여 왼쪽 상단에 있는 Shutdown 버튼을 선택하여 서비스를 중단시키면 됩니다. 서비스를 중단한 후에 제대로 중단이 되었는지 다시 한번 확인하신 후 정리하시면 됩니다.

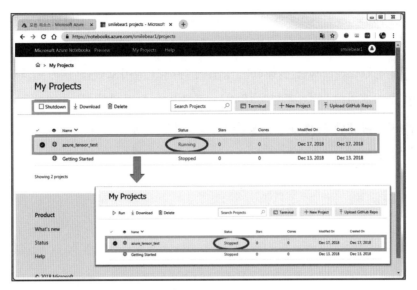

[그림 2-109] Azure 서비스 Shutdown

그리고 [그림 2-110]과 같이 Azure portal에서 왼쪽 메뉴에 있는 모든 리소스를 선택하면, 생성한 리소스들이 모두 출력되어 보여집니다. 리소스 목록들을 확인할 수 있으며, 사용하지 않는 리소스는 삭제할 수도 있습니다.

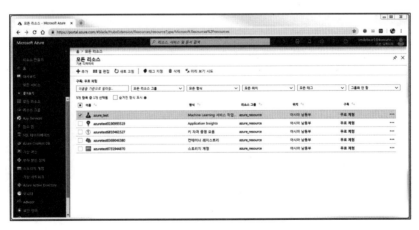

[그림 2-110] Azure Portal - 모든 리소스 목록 확인하기

지금까지 Microsoft Azure에서 Tensorflow 테스트를 진행하였습니다. 앞서 학습했던 AWS SageMaker, Docker, Google Colaboratory와 Microsoft Azure까지 클라우드 환경에서 Tensorflow를 사용하는 방법에 대해서 알아보았습니다. 이 외에도 많은 방법이 있겠지만, 최근 주로 사용하는 클라우드 환경에서 Tensorflow를 사용해 보았습니다. 다양한 환경에서 사용을 해보고 본인에게 맞는 환경을 선택하여 사용하시면 됩니다.

텐서플로우를 활용한 머신러닝

CHAPTER 03

Tensorflow Practice

텐서플로우를 활용한 머신러닝

1. 기본 개념

1) 텐서플로우 특징

Tensorflow는 데이터플로우 그래프(Data flow graph) 방식을 사용하여 수치 연산을 하는 오픈 소스 소프트웨어 라이브러입니다. 수학 계산과 데이터의 흐름을 노드 터 읽기/저장 등을 나타내고 엣지(Edge)는 노드 사이를 이동하는 다차원 배열(텐서, tensor)을 나타내고 있습니다. Tensorflow는 원래 머신러닝과 딥 뉴럴 네트워크 연구를 목적으로 구글의 인공지능 연구 조직인 구글 브레인팀의 연구자와 엔지니어들에 의해 개발되었으며, 2015년 11월 아파치 2.0 오픈 소스 라이선스로 공개되었습니다.

[표 3-1] Tensorflow 특징

특 징
데이터 플로우 그래프를 통한 풍부한 표현력
코드 수정 없이 CPU/GPU 모드로 동작
아이디어 테스트에서 서비스 단계까지 이용 가능
계산 구조와 목표 함수만 정의하면 자동으로 미분 계산을 처리
Python/C++을 지원하며, SWIG를 통해 다양한 언어 지원 가능

[표 3-1]은 Tensorflow 특징에 대한 내용입니다. Tensorflow는 이미지, 음성, 비디오 등 다양하고 많은 데이터들을 빠르게 계산하는 것이 목적입니다. 구글에서 공식적으로 배포하였기 때문에 레퍼런스 및 그 전문성이 보장되며, 사용자의 접근성이 용이하도록 쉬운 기능들을 사용합니다. 또한, 코드의 수정 없이 CPU/GPU 모드로 동작이 가능하며 프로젝트에 최대한의 직관성과 접근성을 갖춘 python 인터페이스를 제공하는 특징을 가지고 있습니다.

2) 기본 용어

Tensorflow에서 사용하는 기본 용어에 대해서 알아보도록 하겠습니다. 텐서는 과학과 공학 등 다양한 분야에서 쓰이던 개념입니다. 수학과 물리학에서 선형 관계를 나타내는 기하적 대상이며, 두 개 이상의 독립적인 방향을 동시 표현할 때 사용합니다. 분야마다 조금씩 다른 의미로 사용되고 있지만, 여기에서는 데이터를 표현하는 방식이며, 행렬로 표현할 수 있는 2차원 형태의 배열을 높은 차원으로 확장한 다차원 배열로 이해하면 됩니다. Tensorflow 내부적으로 모든 데이터는 텐서를 통해 표현되며, 그래프 내의 오퍼레이션 간에는 텐서만 전달이 됩니다. 그래프상의 노드는 오퍼레이션(Operation)으로 불리며, 오퍼레이션은 하나 이상의 텐서를 받을 수 있습니다. 오퍼레이션은 계산을 수행하고 결과를 하나 이상의 텐서로 반환할 수 있습니다.

그래프를 실행하기 위해서는 세션 객체가 필요합니다. 세션(Session)은 오퍼레이션의 실행 환경을 캡슐화한 것입니다.

변수(Variables)는 그래프의 실행 시 파라미터를 저장하고 갱신하는 데 사용되며, 메모리상에서 텐서를 저장하는 버퍼 역할을 합니다.

2. 텐서 자료형

앞서 설명한 대로 텐서는 정형화된 다차원 배열이며, 하나의 텐서는 정적 타입과 동적 차원을 가지고 있습니다.

1) 랭크(Rank)

텐서의 차원은 랭크로 표현되며, Tensor rank(order, degree, n-dimensions)는 텐서의 차원 수입니다.

```
t = [ [ 1, 2, 3], [4, 5, ], [7, 8, 9] ]
```

여기서 텐서 t는 랭크가 2인 텐서 행렬입니다. 크기만은 갖는 scalar는 랭크가 0이며, 크기와 방향을 갖는 벡터는 랭크가 1이고, 행렬이 랭크가 2입니다.

[표 3-2] Rank 설명

Rank	Math entity	Example
0	Scalar : 크기만 존재	s = 134
1	Vector : 크기, 방향 존재	v = [1.1 , 2.2, 3.3, 4.4]
2	Matrix : 숫자 테이블	m = [[1, 2, 3], [4, 5, 6], [7, 8, 9]]]
3	3-Tensor : 3차원 숫자 큐브	t= [[[1], [3], [5]], [7], [9], [11], [13], [15]]]
n	n-Tensor	…

2) 셰이프(Shape)

텐서는 셰이프라는 각 차원의 크기 값을 튜플의 형태로 표현할 수 있습니다. 다음 [표 3-3]은 셰이프를 표현하는 방법입니다.

[표 3-3] Rank, Shape, Dimension number 표현

Shape	Dimension number	Rank	Example
[]	0-D	0	0-D tensor. A scalar.
[D0]	1-D	1	1-D tensor with shape [5].
[D0, D1]	2-D	2	2-D tensor with shape [3, 4].
[D0, D1, D2]	3-D	3	3-D tensor with shape [1, 4, 3].
[D0, D1, … Dn−1]	n-D	n	Tensor with shape [D0, D1, ⋯ Dn−1]

3) 데이터 타입(Data types)

텐서는 차원 외에도 데이터 타입을 가집니다.

Data type	Python type	Description
DT_FLOAT	tf.float32	32비트 부동소수
DT_DOUBLE	tf.float64	64비트 부동소수
DT_INT8	tf.int8	8비트 부호 있는 정수
DT_INT16	tf.int16	16비트 부호 있는 정수
DT_INT32	tf.int32	32비트 부호 있는 정수
DT_INT64	tf.int64	64비트 부호 있는 정수
DT_UINT8	tf.uint8	8비트 부호 없는 정수
DT_STRING	tf.string	가변 길이 바이트 배열 Tensor의 각 원소는 바이트 배열
DT_BOOL	tf.bool	불리언
DT_COMPLEX64	tf.complex64	2개의 32비트 부동소수로 만든 복소수 : 실수부 + 허수부
DT_COMPLEX128	tf.complex128	2개의 64비트 부동소수로 만든 복소수 : 실수부 + 허수부
DT_QINT8	tf.qint8	8비트 부호 있는 정수로 quantized Ops에서 사용
DT_QINT32	tf.qint32	32비트 부호 있는 정수로 quantized Ops에서 사용
DT_QUINT8	tf.quint8	8비트 부호 없는 정수로 quantized Ops에서 사용

3. 상수형(Constant)

상수형(Constant)은 말 그대로 상수를 저장하는 데이터형입니다. 상수형은 tf.constant()를 사용하여 표현합니다.

```
상수형 선언: tf.constant(value, dtype=None, shape=None, name='Const',
verity_shape=False)
반환값: 상수형 텐서
        value: 상숫값
        dtype: 상수의 데이터형(tf.float32와 같이 실수, 정수 등의 데이터 타입 정의
        shape: 행렬의 차원 정의(shape=[3,3]인 경우, 3X3 행렬 저장)
        name : 상수의 이름 정의

예시)
 a = tf.constant([10], dtype = tf.float32)
 b = tf.constant(100)
```

예시에서 a는 상수형으로 데이터 타입은 float32로, 32비트 부동소수형이라고 선언합니다. b는 상수 100을 선언한 것입니다.

하나의 예를 더 들어보겠습니다. 아래의 소스는 tf.constant() 함수를 사용하여 상수 x값을 생성하고자 합니다. x에는 상숫값인 3을 저장하였습니다.

```
import tensorflow as tf

x = tf.constant(3)
print(x)
출력 > Tensor("Const:0", shape=(), dtype=int32)
```

위 소스처럼 x값을 그대로 출력을 하면 type이 int32이고 shape가 값이 없는 real number(scalar)로 구성이 된 Tensor를 출력합니다. 우리가 생성하는 모든 데이터는 Tensor로 생성이 되어 이후에 발생하는 모든 연산에서 수행이 됩니다. 앞서 설명한 대로 실행을 하기 위해서는 session 객체가 필요합니다. 아래 소스는 session 객체를

사용하여 다시 한번 출력하였습니다.

```
import tensorflow as tf

x = tf.constant(3)
sess = tf.Session()
result = sess.run(x)
print(x)
출력 > 3
```

Session을 이용하여 출력을 하면 우리가 원하는 값인 3이 출력됩니다. Tensorflow
는 이러한 session 안에서만 실제적인 연산이나 로직을 수행할 수 있습니다.

4. 변수(Variable)

변수(Variable)는 매개변수(parameter) 업데이트와 유지를 위해 사용합니다. 변
수 정의는 tf.Variable()를 사용하여 표현하며, 메모리에 텐서를 저장하는 버퍼 역
할을 합니다. 변수는 반드시 명시적으로 초기화를 해야 하며, 학습 중 혹은 학습 후
에 디스크에 저장할 수 있습니다. 저장된 값들을 필요에 따라 다시 복원할 수 있습
니다.

```
변수 선언 : tf.Variable(<initial-value>, name = <optional-name>)

예시)
Var_1 = tf.Variable(3, name = 'var_1')
Var_2 = tf.Variable(10)
```

변수를 생성할 때 Variable() 생성자의 초깃값으로 Tensor를 전달받습니다.
Tensorflow는 상수(constants) 또는 임의(random)값으로 초기화하는 다양한 명령
어를 제공합니다. 모든 명령어는 Tensor들의 형태를 지정하여야 하며, 이 형태가 자
동적으로 변수의 형태가 됩니다.

간단한 소스 코드를 통하여 변수에 대해 알아보도록 하겠습니다.

```
import tensorflow as tf
var_1 = tf.Variable(3)
var_2 = tf.Variable(10)
result_sum = var_1 + var_2
sess = tf.Session()
print(sess.run(result_sum))
```
출력 〉 에러 코드 발생

변수 var_1, var_2를 선언하고 각각 상숫값인 3과 10으로 초기화하였습니다. result_sum에 var_1과 var_2 값을 연산하여 결괏값을 저장하였으며, 세션을 이용하여 결괏값을 출력하도록 하겠습니다.

소스 코드를 실행하기 전 우리는 어떠한 결과가 나올지 예상됩니다. 하지만 소스 코드를 실행하자 우리가 생각했던 결괏값이 아닌 에러 코드가 출력되는 것을 확인할 수 있습니다.

변수는 텐서가 아니라 하나의 객체가 되는 것입니다. 선언한 각 변수들은 변수 클래스의 인스턴스가 생성되는 것이고 해당 인스턴스를 그래프에 추가시켜 주어야 합니다. Tensorflow에서 변수형은 그래프를 실행하기 전에 초기화 작업을 해야합니다. 초기화 작업을 하지 않으면 변수를 사용할 수 없으며, 초기화 전에는 변수에 값이 지정되어 있지 않다는 의미입니다.

변수를 초기화하기 위해서는 tf.global_variables_initializer() 함수를 이용하며, 초기화된 결과를 세션에 전달해 주어야 합니다. 초기화 함수를 추가하여 소스 코드를 실행해 보겠습니다.

```
import tensorflow as tf
var_1 = tf.Variable(3)
var_2 = tf.Variable(10)
result_sum = var_1 + var_2
init = tf.global_variables_initializer() # 초기화 함수추가
sess = tf.Session()
sess.run(init)                          # 초기화된 결과를 세센에 전달
print(sess.run(result_sum))
```

출력 > 5

초기화 함수를 추가한 후 실행시키면 우리가 원하는 결과가 출력되는 것을 확인할 수 있습니다.

5. 플레이스홀더(Placeholder)

플레이스홀더(Placeholder)는 선언과 동시에 초기화하는 것이 아니라 선언 후 그 다음 값을 전달하기 때문에 반드시 실행 시 데이터가 제공되어야 합니다. 학습용 데이터를 담는 영역이라고 생각하면 됩니다.

```
플레이스홀더 선언 : tf.placeholder(dtype, shape=None, name=None)

예시)
p_holder1 = tf.placeholder(dtype=tf.float32)
p_holder2 = tf.placeholder(dtype=tf.float32)
```

dtype은 데이터 타입을 의미하며 반드시 선언해 주어야 합니다. shape는 입력 데이터의 형태를 의미하며, 상숫값이 될 수도 있고 다차원 배열의 정보가 입력될 수 있습니다. name은 해당 오퍼레이션의 이름을 지정하는 것이며, 적지 않아도 상관은 없습니다.

아래 예제를 통해 자세히 알아보도록 하겠습니다.

```
import tensorflow as tf

var_1 = 15
var_2 = 8

p_holder1 = tf.placeholder(dtype=tf.float32)
p_holder2 = tf.placeholder(dtype=tf.float32)

p_holder_sum = p_holder1 + p_holder2

sess = tf.Session()
result = sess.run(p_holder_sum, feed_dict = {p_holder1: var_1, p_holder2: var_2})
print(result)
```

출력 〉 23.0

　　p_holder1과 p_holder2에 플레이스홀더를 float32형으로 두 개 선언하고 var_1과 var_2에는 학습용 데이터를 선언하였습니다. 또한, p_holder_sum은 학습용 데이터를 계산할 그래프를 정의합니다.

　　세션을 이용하여 그래프를 실행합니다. P_holder1과 p_holder2에 학습용 데이터를 넣기 위해서 feed_dict 변수를 이용하여 데이터를 입력하였습니다.

　　그다음으로 세션을 이용하여 그래프를 실행하면 플레이스홀더에 입력된 학습용 데이터가 정의된 p_holder_sum 그래프를 통하여 최종적인 결과가 result에 반환되어 출력됩니다.

　　플레이스홀더는 다양한 형태로 사용이 가능하며, 이번에는 배열의 형태가 값으로 들어가는 예제를 알아보도록 하겠습니다.

```
import tensorflow as tf

A = [1, 3, 5, 7, 9]
B = [2, 4, 6, 8, 10]

ph_A = tf.placeholder(dtype=tf.float32)
ph_B = tf.placeholder(dtype=tf.float32)

result_sum = ph_A + ph_B

sess = tf.Session()
result = sess.run(result_sum, feed_dict = {ph_A:A, ph_B:B})
print(result)
```
출력 〉 [3, 7, 11, 15, 19]

A와 B에 학습용 데이터를 배열 형태로 선언하였으며, ph_A와 ph_B에 플레이스홀더를 float32형으로 두 개 선언하였습니다. result_sum은 학습용 데이터를 계산할 그래프를 정의하였습니다.

각 플레이스홀더에 학습용 데이터를 넣기 위해 feed_dict 변수를 이용하였으며, 세션을 이용하여 최종 결괏값을 출력합니다.

　　머신러닝에 관련한 알고리즘의 종류는 수없이 많습니다. 지도 학습, 비지도 학습, 강화 학습에 적합한 알고리즘은 '머신러닝 알고리즘'으로 검색만 하여도 많은 정보를 얻을 수 있습니다. 우리가 많이 알고 있는 회귀, 분류, 신경망 외에도 확률 기반 기법으로 나이브 베이즈 분류기(NBC : Naïve Bayes Classifier), 은닉 마르코프 모델(HMM : Hidden Markov Model)을 많이 사용합니다. 기하 기반(주어진 입력의 특징을 벡터로 만들어 특징 벡터끼리의 기하학적 관계를 기반으로 추론을 진행) 기법으로는 KMC(K-Means Clustering), KNN(k-Nearest Neighbors), SVM(Support Vector Machine)이 대표적인 알고리즘으로 알려져 있습니다.

　　다양한 머신러닝 알고리즘에 대하여 공부한다는 것은 어려운 일입니다. 통계학, 선형대수학, 수치해석, 수열, 미적분학 등등 다양한 수학적 지식을 배경으로 알고리즘을 이해하면 좋겠지만 대부분의 머신러닝을 배우는 사람들은 새로운 모델, 알고리즘을 개발하는 일보다 기존 알고리즘을 이용하여 자신의 데이터를 모델에 맞게 추출(Extract), 변환(Transform), 그리고 적제(Load)를 통하여 이를 기반으로 모델을 생성하고 이를 학습하는 사람이 많습니다. 이번 장에서는 머신 러닝 알고리즘 중에서 회귀(Regression), 분류(Classification), 신경망(Neural Network)에 대하여 살펴보고 학습 데이터 전처리 과정과 텐서플로우를 이용하여 모델을 만들고 이를 학습하는 방법을 알아보도록 하겠습니다.

1. Linear Regression

1) Regression Analysis

　　Regression Analysis(회귀분석)이란 관찰된 연속형 변수들에 대해 두 변수 사이의 모형을 구한 뒤 적합도를 특정해 내는 분석 방법이며, 또한 통계학에서 사용하는 데이터 분석 방법 중 하나로 기본적인 동작 원리는 데이터들이 어떤 특성을 가지고 있는지 파악하고 경향성(Tendency) 및 의존성(Dependency)을 수식으로 작성하여 앞으로 발생할 일을 예측(Prediction)하는 분석 방법입니다. 회귀분석에 사용될 데이터는 회귀분석을 통해 나온 예측값과 실제 데이터 오차(오차항)는 모든 데이터(독립변수) 값에 대하여 동일한 분산을 가지고 있으며 데이터의 확률 분포는 정규 분포를 이루고 있어야 합니다. 그리고 독립변수 상호 간에는 상관관계가 없어야 합니다.

회귀분석은 하나의 종속변수와 하나의 독립변수 사이의 관계를 분석할 경우 단순 회귀분석(Simple Regression Analysis)이라고 하며 하나의 종속변수와 여러 독립변수 사이의 관계를 분석할 경우 다중 회귀분석(Multiple Regression Analysis)이라고 부릅니다.

용어 설명

■ **독립변수(Independent Variable)와 종속변수(Dependent Variable)**
통계 분석에서 사용되는 용어로 독립변수는 다른 변수에 영향을 받지 않는 변수를 의미하고, 종속 변수는 독립변수에 영향을 받아서 변화하는 변수를 의미합니다. 예를 들어 시험 공부한 시간의 크기와 시험 결과의 상관관계를 분석한다고 하면 여기서 시험 공부를 한 시간이 독립변수가 되며 시험 결과는 종속변수가 됩니다.

또 다른 분류 방법으로는 데이터의 특성에 따라서 선형(Linearity)과 비선형(Non Linearity)로 분류할 수 있습니다. 선형이라는 것은 직선이 아닐지라도 직선의 특징을 가지고 있는 것을 의미합니다. 여기서 말하는 직선이라고 하는 것은 우리가 알고 있는 1차 다항식의 수식($y = a x + b$)과 같이 기울기는 a를 가지고 y 절편은 b의 값을 가지는 1차 다항식의 직선을 의미하는 것이 아닙니다. 직선의 특징은 중첩의 원리(principle of superposition)를 말하는 것입니다. 중첩의 원리는 입력값과 출력값이 비례성 및 가산성을 가지게 됩니다.

비례성은 위에서 언급한 1차 다항식을 예를 들면 독립변수 x와 독립변수의 회귀 계수인 기울기 'a'(머신러닝에서 독립변수에 영향을 주는 Weight이라고 표현)의 관계가 비례성을 가지게 됩니다. 가산성은 다항식 $y=a(x_1+x_1)$은 $y=ax_2+ax_2$과 동일한 식으로 독립변수 x가 개별적으로 더해지는 것과 두 독립변수가 합쳐서 계산되는 것과 동일한 결과를 가지는 특징을 말합니다.

정리하면 다항식 그래프의 모양이 직선이면 선형이고 곡선이면 비선형이라고 말하는 것은 잘못된 표현이며, 선형은 직선의 특징을 가지고 있고 비선형은 직선의 특징을 가지고 있지 않은 나머지 것들을 비선형이라고 합니다.

선형 회귀분석을 하기 위하여 가장 먼저 선형 회귀 모델(Linear Regression Model)을 수식으로 만들어야 합니다. 이 수식에 들어가는 독립변수, 종속변수의 수에 따라 구분할 수 있습니다.

- 단변량 단순 선형 회귀 모델(Univariate Simple Linear Regression Model)
  : 독립변수 1개, 종속변수 1개
- 단변량 다중 선형 회귀 모델(Univariate Multiple Linear Regression Model)
  : 독립변수 2개 이상, 종속변수 1개
- 다변량 단순 선형 회귀 모델(Multivariate Simple Linear Regression Model)
  : 독립변수 1개, 종속변수 2개 이상
- 다변량 다중 선형 회귀 모델(Multivariate Multiple Linear Regression Model)
  : 독립변수 2개 이상, 종속변수 2개 이상

2) Single Variable Linear Regression

선형 회귀분석의 목표는 종속변수 Y(우리가 알고 싶어 하는 결괏값)와 독립변수 X(결괏값에 영향을 주는 입력값)와 선형적 특성을 가지는 상관관계를 가지는 모델을 생성하여 새로운 독립변수가 입력되었을 때 그 결과를 예측하는 것입니다.

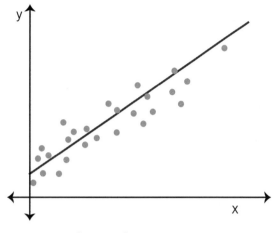

[그림 3-1] 선형 회귀 모델

[그림 3-1]은 간단한 선형 회귀 모델을 보여 주고 있습니다. 점으로 표시된 것은 학습 데이터를 의미하며 선으로 표시된 것은 학습 데이터의 특성을 대표하는 모델 그래프를 의미합니다. 선형 회귀분석을 위하여 우리는 학습 데이터의 특성을 나타낼 수 있는 $Y=W×X+b$와 같은 다항식으로 가설을 작성합니다. 그리고 학습 데이터를 이용하여 가설의 W(Weight)와 b(bias)의 최적의 값을 찾아 학습 데이터에 적합한 모델을 만들어 냅니다.

선형 회귀분석을 위하여 예제를 이용하여 자세한 설명을 하도록 하겠습니다.

```
################################################################
# [학습에 필요한 모듈 선언]
################################################################
import tensorflow as tf
import numpy as np
from matplotlib import pyplot as plt
```

학습에 필요한 모듈을 import합니다. tensorflow를 이용하여 모델을 생성하기 위하여 라이브러리를 선언합니다. numpy는 행렬이나 일반적인 대규모 다차원 배열을 쉽게 처리하는 라이브러리로 난수 발생, 배열 연산을 위하여 사용하며 matplotlib는 그래프를 그릴 때 사용되는 패키지로 기본적인 선형 그래프에서 통계 그래프까지 다양한 형태의 플롯을 그리기 위하여 모듈을 선언합니다.

```
##############################################################
# [환경설정]
##############################################################
# 훈련용 데이터 수 선언
trainDataNumber = 100
# 모델 최적화를 위한 학습률 선언
learningRate = 0.01
# 총 학습 횟수 선언
totalStep = 1001
```

Linear Regression 모델을 만들기 위하여 예제에서 사용할 변수를 선언합니다. 총 3가지의 환경 설정 변수를 선언하였습니다. 예제에서 사용할 학습 데이터는 numpy 를 이용하여 임의로 생성을 합니다. 이때 생성할 데이터의 수를 trainDataNumber 변수에 입력합니다. learningRate 는 학습 시 최적화된 W와 b를 찾기 위하여 최적화 함수를 이용합니다. 최적화를 위한 학습률을 선언합니다. 마지막으로 총 학습 횟수를 totalStep변수에 선언합니다.

예제에 직접 해당 변수의 값을 선언하여도 되지만 변수로 선언한 이유는 학습이 완료된 후 다양한 조건에서 모델을 재훈련을 할 때 좀 더 쉽게 처리하기 위하여 변수로 선언하였습니다.

```
##############################################################
# [빌드단계]
# Step 1) 학습 데이터 준비
##############################################################
# 항상 같은 난수를 생성하기 위하여 시드설정
np.random.seed(321)

# 학습 데이터 리스트 선언
xTrainData = list()
yTrainData = list()

# 학습 데이터 생성
xTrainData = np.random.normal(0.0, 1.0, size=trainDataNumber)

for x in xTrainData:
    # y 데이터 생성
    y = 10 * x + 3 + np.random.normal(0.0, 3)
    yTrainData.append(y)

# 학습 데이터 확인
plt.plot(xTrainData, yTrainData, 'bo')
plt.title("Train data")
plt.show()
```

Linear Regression 모델을 생성하기 위하여 첫 단계는 학습을 위한 데이터 준비 단계입니다. 예제에서는 학습 데이터를 직접 생성하여 모델을 학습합니다. 학습 데이터는 numpy 모듈을 이용하여 생성하겠습니다.

np.random.seed(321)은 numpy를 이용하여 난수 생성 시 항상 같은 값을 생성하기 위하여 사용됩니다. 프로그램에서 생성하는 난수는 사실은 랜덤으로 나오는 수가 아닙니다. 정해진 알고리즘에 의해 마치 난수처럼 보이는 수를 생성하게 합니다. 난수의 시작하는 수를 시드(seed)라고 합니다. 난수가 생성되면 다음번 난수가 생성될 시드값이 결정됩니다. 그래서 처음 시드값을 지정하면 다음부터 생성되는 난수는 동일한 수를 생성하게 됩니다. np.random.seed 함수는 0보다 크거나 같은 정수를 넣어서 시드를 설정합니다. 예제에서는 테스트할 때 동일한 결과를 보여 주기 위하여 같은 난수가 생성하도록 하였습니다. 같은 난수가 생성되게 하지 않을 경우에 해당 부분을 주석 처리하면 됩니다.

x, y 학습 데이터를 난수로 생성하여 저장하도록 xDataList, yDataList를 리스트로 선언합니다. 먼저 xTrainData를 생성합니다. np.random.normal()을 이용하여 생성합니다. 입력되는 첫 번째 파라미터는 생성되는 난수들의 평균을 의미하며 두 번째 파라미터는 표준편차를 의미합니다. 세 번째 파라미터는 생성되는 난수들의 개수를 정의합니다. 생성되는 난수들의 평균은 0을 가지고 표준편차를 1을 가지는 100개의 난수를 생성합니다.

학습 데이터 x를 생성하고 학습 데이터 y를 생성합니다. 동일하게 np.random. normal()을 이용하여 데이터를 생성하지 않고 $y=10*x+3$의 형태의 선형 데이터를 생성합니다. Linear Regression 모델용 학습 데이터를 생성해야 하기 때문에 데이터 이 선형적인 특성을 가지도록 하였습니다. 생성된 xTrainData를 이용하여 for 루프 문을 돌면서 y 데이터를 구하는 식에 입력하여 x값에 대응하는 y데이터를 생성하고 yTrainData 리스트에 저장합니다.

선형적인 특성을 가지는 학습 데이터를 생성하였습니다. 이제 matplotlib를 이용하여 생성된 데이터의 분포를 확인합니다. 그래프를 생성하는 코드의 설명은 생략하도록 하겠습니다. 자세한 설명은 공식 홈페이지의 예제(matplotlib 예제 https://matplotlib.org/gallery/index.html)를 참고하면 다양한 그래프를 그릴 수 있습니다. 생성된 그래프를 확인하면 [그림 3-2]와 같이 분포된 학습 데이터를 확인할 수 있습니다.

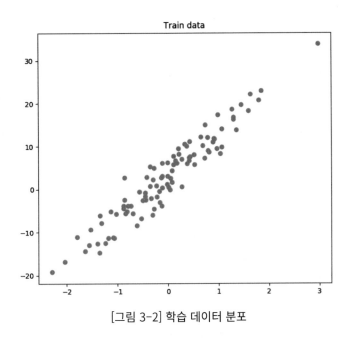

[그림 3-2] 학습 데이터 분포

📝 알아두기

■ **Numpy를 이용한 난수 생성하기**

np.random.seed(n) : 난수 발생기 시드 지정

  - n : 시드 초기값

np.random.normal(mu, sigma, size) : 정규분포를 가지는 난수를 생성하여 배열로 반환.

  - mu(mean) : 생성되는 난수들의 평균값
  - sigma(std) : 생성되는 난수들의 표준편차
  - size : 생성될 난수의 갯수.

np.random.uniform(low, high, size) : low,~high 사이의 균일한 분포의 난수를 생성하여 배열로 반환

  - low : 난수의 최저값
  - high : 난수의 최대값
  - size : 생성될 난수의 갯수

다음 단계는 모델 생성을 위한 변수를 초기화 합니다.

```
################################################################
# [빌드단계]
# Step 2) 모델 생성을 위한 변수 초기화
################################################################
# Weight 변수 선언
W = tf.Variable(tf.random_uniform([1]))
# Bias 변수 선언
b = tf.Variable(tf.random_uniform([1]))

# 학습데이터 xTrainData가 들어갈 플레이스 홀더 선언
X = tf.placeholder(tf.float32)
# 학습데이터 yTrainData가 들어갈 플레이스 홀더 선언
Y = tf.placeholder(tf.float32)
```

W(Weight)와 b(bias) 변수는 Linear Regression 모델을 생성하기 위하여 최적의 값을 찾아내야 합니다. 학습이 진행되면서 두 변수는 값이 변경됩니다. tensorflow 에서는 변경되는 변수를 tf.Variable()을 이용하여 초기화합니다. 초기화 값을 직접 입력하여도 되지만 tf.random_uniform()을 이용하여 임의의 값으로 초기화합니다.

모델 생성을 할 때 변수 초기화 값에 따라서 성능이 큰 차이를 보이기도 합니다. 예제에서는 학습 데이터가 어느 정도의 선형적인 특성을 보이고 있기 때문에 초기화 값에 따라서 모델 성능에 큰 영향은 없지만 학습용 데이터, 모델의 복잡한 정도 등 다양한 요인에 의해 W와 b의 값을 조정하여 성능을 개선하기도 합니다.

X, Y는 앞에서 생성한 모델 데이터가 입력되는 변수입니다. tf.placeholder()를 이용하여 학습용 데이터를 입력받을 변수를 선언하고 학습을 진행할 때 feed_dict를 이용하여 데이터를 입력합니다.

■ **tensorflow를 이용한 난수 및 변수 생성하기**

tf.zeros(shape, dtype=tf.float32, name=None)

- 0의 값을 갖는 shape 형태의 텐서 생성
- 예제
- tf.zeros([3, 4], tf.int32)
- # 출력 : [[0, 0, 0, 0]
          [0, 0, 0, 0]
          [0, 0, 0, 0]]

tf.zeros_like(tensor, dtype=None, name=None, optimize=True)

- 입력한 tensor의 모든 element의 값을 0으로 설정된 텐서 생성
- 예제
  tensorSample = tf.constant([[1, 2, 3], [4, 5, 6]])
  tf.zeros_like(tensorSample)
  # 출력 : [[0, 0, 0]
          [0, 0, 0]]

tf.ones(shape, dtype=tf.float32, name=None)

- 1의 값을 갖는 shape 형태의 텐서 생성
- 예제
  tf.ones([2, 3], tf.int32)
  # 출력 : [[1, 1, 1]
          [1, 1, 1]]

tf.ones_like(tensor, dtype=None, name=None, optimize=True)

- 입력한 tensor의 모든 element의 값을 1로 설정된 텐서 생성
- 예제
  tensor = tf.constant([[1, 2, 3], [4, 5, 6]])
  tf.ones_like(tensor)
  # 출력 : [[1, 1, 1]
          [1, 1, 1]]

tf.fill(dims, value, name=None)

- dims의 텐서형태로 value값으로 채워진 텐서 생성
- 예제
  tf.fill([2,3], 9)
  # 출력 [[9, 9, 9]
  　　　[9, 9, 9]]

tf.random.normal(shape, mean=0.0, stddev=1.0, dtype=tf.float32, seed=None, name=None)

- 정규분포를 따르는 난수들로 이루어진 shape형태의 텐서 생성
- Aliases : tf.random_normal
- 예제 : 평균 5, 표준편차 1을 가지는 [2,3] 형태의 텐서 생성
  tf.random.normal([2,3], mean = 5,stddev = 1)
- # 출력 : [[7.307243 5.30299 4.600833]
  　　　　[5.4340205 3.8367114 3.7844682]]

tf.random.uniform(shape, minval=0, maxval=None, dtype=tf.float32, seed=None, name=None)

- 난수로 균등하게 이루어진 shape 형태의 텐서 생성
- Aliases : tf.random_uniform
- 예제 : 10과 20 사이의 [2,3] 형태의 텐서 생성
  tf.random.uniform([2,3], minval = 10, maxval = 20)
- # 출력 : [[19.480888 12.617263 18.147284]
  　　　　[19.749998 14.813499 11.398954]]

tf.random.truncated_normal(shape, mean=0.0, stddev=1.0, dtype=tf.float32, seed=None, name=None)

- 평균에서 표준편차 이상의 값은 생성하지 않고 정규분포를 따르는 난수들로 이루어진 shape 형태의 텐서 생성
- Aliases : tf.truncated_normal
- 예제 : 평균 5, 표준편차 1을 넘지 않는(3이상 7이하의값) [2,3] 형태의 텐서 생성
  tf.truncated_normal([2,3], mean = 5, stddev = 1)
  # 출력 : [[4.1845975 6.3592644 5.471812]
  　　　　[4.734417 6.821702 3.9037228]]

이번 단계부터 실제로 Linear Regression 모델을 생성하기 위하여 앞에서 선언한 변수와 학습 데이터를 이용하여 모델 그래프를 구성하게 됩니다.

```
################################################################
# [빌드단계]
# Step 3) 학습 모델 그래프 구성
################################################################
# 3-1) 학습데이터를 대표 하는 가설 그래프 선언
# 방법1 : 일반 연산기호를 이용하여 가설 수식 작성
hypothesis = W * X + b
# 방법2 :  tensorflow 함수를 이용하여 가설 수식 작성
#hypothesis = tf.add(tf.multiply(W,X),b)

# 3-2) 비용함수(오차함수,손실함수) 선언
costFunction = tf.reduce_mean(tf.square(hypothesis - Y))

# 3-3) 비용함수의 값이 최소가 되도록 하는 최적화함수 선언
optimizer = tf.train.GradientDescentOptimizer(learning_rate=learningRate)
train = optimizer.minimize(costFunction)
```

학습 모델 그래프를 구성하기 위한 3단계의 과정이 있습니다. 첫 단계는 학습 데이터의 특성을 대표하는 가설 그래프를 작성합니다.

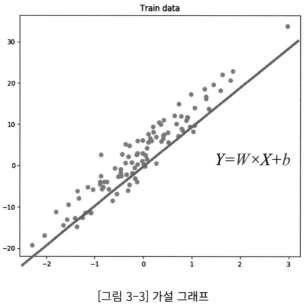

[그림 3-3] 가설 그래프

우선 이해를 돕기 위하여 학습용 데이터 그래프에 가설 그래프를 [그림 3-3]과 같이 그려 보았습니다. 이 그래프는 '1차 다항식($Y=W×X+b$) 형태를 가질 것이다' 라고 가설을 세우고 4칙 연산을 이용하여 hypothesis = W*X+b로 선언합니다. 학습 데이터에 따라서 가설은 다양한 형태(선형적인 특성을 가진 그래프)를 가질 수 있습니다. 가설 수식은 tensorflow를 이용하여 표현이 가능합니다. 주석으로 된 tf.add(tf.multiply(W,X),b)는 동일한 연산을 합니다.

두 번째 단계는 가설 수식의 오차를 계산하는 비용 함수를 작성합니다. 가설 수식에 학습 데이터 X의 값을 입력하여 나온 예측값(가설값 hypothesis)과 학습 데이터 Y의 실제 결괏값의 오차를 계산하는 수식을 선언합니다.

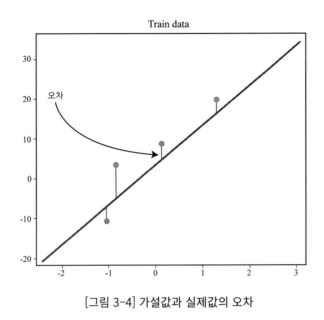

[그림 3-4] 가설값과 실제값의 오차

[그림 3-4]는 예측값과 실제 결괏값의 오차를 보여 주고 있습니다. 우리는 이런 오차가 최소가 되는 가설 수식을 찾아야 하는 것이 비용 함수 선언의 목표입니다. 최소 오차값을 찾는 방법 중에 평균 제곱 오차(Mean Square Error)을 사용하여 예측 값과 실제 결괏값 사이의 오차 제곱의 합을 수식으로 작성하여 비용 함수를 선언합 니다. 평균 제곱 오차의 수식은 다음과 같습니다.

$$MSE = \frac{\sum_{i=1}^{m}(h(x_i) - y_i)^2}{m}$$

h(x)는 예측값이며 y는 실제 결괏값입니다. 두 결괏값의 차에 제곱한 값을 모 두 더하고 평균을 구하는 식입니다. 이를 코드로 나타내면 tf.reduce_mean(tf. square(hypothesis−Y))로 선언할 수 있습니다. tf.reduce_mean()은 평균을 구하는 함수이며 tf.square()는 제곱을 구하는 함수입니다. 간단하게 tensorflow 함수를 이 용하여 비용 함수를 선언하였습니다. 여기서 오차를 제곱하는 이유는 음의 값을 가 지는 오차를 양의 오차로 변환하여 정확한 편차의 합을 구할 수 있습니다. 또한, 오 차를 제곱을 하면서 오차가 큰 요소들은 제곱을 할 경우 더 큰 오차가 되기 때문에 상대적으로 오차가 작은 데이터보다 오차에 대한 페널티가 크게 작용하게 되어 비

용 함수가 좀 더 신뢰할 수 있는 값을 찾을 수 있습니다.

다음 세 번째 단계는 비용 함수의 값이 최소가 되는 부분을 찾을 수 있도록 최적화 함수를 작성합니다. 최적화 함수는 미분을 이용하여 스스로 최저 비용을 찾아가게 됩니다. 학습이 진행되면서 최적화 함수를 통하여 W와 b의 변수를 변화시키고 오차가 최소가 되는 W와 b의 값을 찾아내는 과정을 통하여 최종적으로 가장 최적화된 모델을 만들게 됩니다.

tensorflow에서는 다양한 최적화 알고리즘을 제공하고 있습니다. 그중 가장 많이 사용하는 알고리즘인 경사하강법이라고 하는 Gradient decent 알고리즘 사용하겠습니다.

Gradient decent 알고리즘은 최적화하는 값들을 θ (예제에서는 W와 b 변수)라고 하였을때 최적화시킬 함수 $J(\theta)$ (예제에서는 costFunction)의 최솟값을 찾기 위하여 기울기(Gradient) $\nabla_\theta J(\theta)$를 이용합니다. θ에 대하여 기울기의 반대방향으로 일정 크기만큼 이동하는 것을 반복하여 $J(\theta)$의 값을 최소화하는 θ의 값을 찾게 됩니다. Gradient decent 알고리즘에서 θ의 변화식은 다음과 같습니다.

$$\theta = \theta - \eta\nabla_\theta J(\theta)$$

이제 Linear Regression에 적용하여 Gradient decent 알고리즘을 최적화 함수에 적용해 보도록 하겠습니다. 앞서 첫 번째 두 번째 단계에서 선언한 가설 수식과 비용 함수는 다음과 같이 정의할 수 있습니다.

$$H(x) = W * x + b$$

$$cost(\theta) = \frac{1}{m}\sum_{i=1}^{m}\left(H_\theta\left(x^{(i)}\right) - y^{(i)}\right)^2$$

여기서 θ는 W와 b로 최적화 함수에서 변수의 최적의 값을 찾을 것이며 가설 수식과 비용 함수를 이용하여 Gradient decent 알고리즘의 θ 변화식에 W 변수와 최적화시킬 비용 함수를 대입하도록 하겠습니다. 값을 W만 사용하는 이유는 b의 값은 변화식에 큰 영향을 주지 않기 때문에 수식을 간략하게 표현하기 위하여 생략하였습니다.

$$W := W - \alpha \frac{\partial}{\partial w} cost(w)$$

α는 학습률을 의미하며 최적화할 비용 함수의 편미분의 값과 곱하여 W값의 차를 계산하여 새롭게 W값을 업데이트합니다. 수식에서 우선 비용 함수를 편미분을 하여 수식에 적용하면 우리가 원하는 최적화 알고리즘의 경사를 구하는 수식을 구할 수 있습니다.

$$W := W - \alpha \frac{1}{m}\left(Wx^{(i)} - y^{(i)}\right)x^{(i)}$$

수식은 비용 함수와 W의 그래프에서 초기 W값 지점에서 기울기를 구하여 그 기울기에 음(-)의 값을 가지게 되면 초기 W값에서 음의 기울기 값을 빼기 때문에 W의 값은 커지게 됩니다. 반대로 기울기가 양(+)의 값을 가지게 되면 W의 값은 작아지게 됩니다. 수차례 학습을 하면서 최적화 과정을 거치면서 우리가 원하는 비용 함수의 최솟값을 가지게 되는 W의 값을 찾을 수 있습니다.

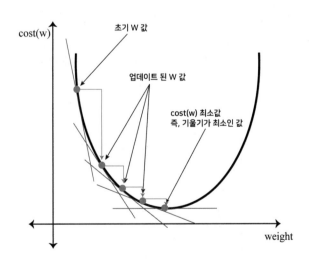

[그림 3-5] 비용 함수 최적화 과정

[그림 3-5]와 같이 최적화 과정을 통하여 기울기가 작아지는 쪽으로 경사를 타

고 내려가는 것처럼 보입니다. 최적화하는 계산 과정을 직접 수식으로 작성해도 되지만 tensorflow에서는 이런 알고리즘을 tf.train 모듈에서 제공하고 있습니다. Gradient decent 알고리즘은 tf.train.GradientDecentOptimizer() 함수로 선언합니다. learning_rate 파라미터는 학습 속도를 의미하며 W값의 움직임을 조절하며 예제에서는 0.01로 선언하였습니다. 최적화 함수를 선언한 후 값을 최소화하도록 최종적으로 train 변수에 최적화 함수를 정의합니다.

알아두기

■ Learning rate 와 Over shooting

Gradient decent 알고리즘에서 의 변화식은 η값과 Lineaer Regression에 맞게 적용한 식 $W := W - \alpha \frac{\partial}{\partial w} cost(w)$에서 α값을 Learning rate(학습률)이라고 합니다. 학습률은 학습 속도를 의미하는 값으로 Gradient decent 알고리즘에서 기울기가 변화하는 값을 조정할 수 있습니다. 학습률이 크면 W값이 변화가 커지게 되고 학습률이 작으면 W값의 변화가 작아지게 됩니다.

우리가 $W := W - \alpha \frac{\partial}{\partial w} cost(w)$ 정해진 횟수만큼 학습을 하면서 학습률에 따라서 비용 함숫값이 최소로 수렴하는 데 영향을 줄 수 있습니다. 학습 횟수를 늘리거나 학습률을 조정해서 최소로 수렴하게 할 수 있지만 학습 횟수를 늘리면 학습 시간이 많이 늘어날 수도 있는 문제가 발생하기도 합니다.

Learning rate를 큰 값으로 설정하게 되면 비용 함수가 최소로 수렴하지 않고 발산을 하여 비용 함수의 값이 무한대로 커지게 되는 Over shooting 문제가 발생할 수 있습니다.

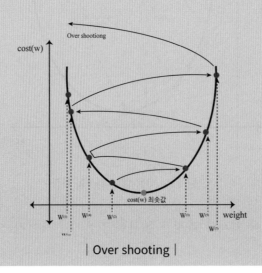

| Over shooting |

반대로 Learning rate 작은 값으로 설정하게 되면 학습이 완료될 때까지 비용 함수의 최솟값으로 수렴하지 못하고 학습이 끝날 수도 있습니다.

모델을 학습하면서 중간 단계마다 비용 함수의 값을 출력하여 확인을 하여 적절하게 learning rate 값을 수정하여 학습을 하여 최솟값으로 수렴할 수 있도록 다음과 같이 조정하면 Over shooting 문제를 해결할 수 있습니다.

– 비용 함숫값의 변화가 적을 때 : learning rate를 증가하거나 학습 횟수 증가
– 비용 함숫값의 변화가 크거나 혹은 수렴 안 될 때 : learning rate를 감소

Linear Regression 모델 생성을 위한 빌드 단계가 완료되었습니다. 이제 실행 단계로 넘어가도록 하겠습니다. 실행 단계에서는 빌드 단계에서 생성한 모델 그래프를 이용하여 세션으로 이를 그래프를 실행하여 모델을 학습하며 학습된 모델의 결과를 확인합니다.

```python
###################################################################
# [실행단계]
# 학습 모델 그래프를 실행
###################################################################
# 실행을 위한 세션 선언
sess = tf.Session()
# 최적화 과정을 통하여 구해질 변수 W, b 초기화
sess.run(tf.global_variables_initializer())

# 비용함수 그래프를 그리기 위한 변수 선언
WeightValueList = list()
costFunctionValueList = list()

print("-----------------------------------------------------------------------")
print("Train(Optimization) Start ")
# totalStep 횟수 만큼 학습
for step in range(totalStep):
    # X, Y에 학습 데이터 입력하여 비용함수, W, b, train을 실행
    cost_val, W_val, b_val, _ = sess.run([costFunction, W, b, train],
```

```
                                                    feed_dict={X: xTrainData,
                                                               Y: yTrainData})
        # 학습 결과값을 저장
        WeightValueList.append(W_val)
        costFunctionValueList.append(cost_val)
        # 학습 50회 마다 중간 결과 출력
        if step % 50 == 0:
            print("Step : {}, cost : {}, W : {}, b : {}".format(step,
                                                                cost_val,
                                                                W_val,
                                                                b_val))

            # 학습 100회 마다 중간 결과 Fitting Line 추가
            if step % 100 == 0:
                plt.plot(xTrainData,
                         W_val * xTrainData + b_val,
                         label='Step : {}'.format(step),
                         linewidth=0.5)
print("Train Finished")
print("---------------------------------------------------------------")
print("[Train Result]")
# 최적화가 끝난 학습 모델의 비용함수 값
cost_train = sess.run(costFunction, feed_dict={X: xTrainData,
                                               Y: yTrainData})
# 최적화가 끝난 W, b 변수의 값
w_train = sess.run(W)
b_train = sess.run(b)
print("Train cost : {}, W : {}, b : {}".format(cost_train, w_train, b_train))
print("---------------------------------------------------------------")
print("[Test Result]")
# 테스트를 위하여 x값 선언
testXValue = [2.5]
# 최적화된 모델에 x에 대한 y 값 계산
resultYValue = sess.run(hypothesis, feed_dict={X: testXValue})
# 테스트 결과값 출력
print("x value is {}, y value is {}".format(testXValue, resultYValue))
print("---------------------------------------------------------------")

# matplotlib 를 이용하여 결과를 시각화
# 결과 확인 그래프
plt.plot(xTrainData,
         sess.run(W) * xTrainData + sess.run(b),
```

```
        'r',
        label='Fitting Line',
        linewidth=2)
plt.plot(xTrainData,
        yTrainData,
        'bo',
        label='Train data')
plt.legend()
plt.title("Train Result")
plt.show()

# 비용함수 최적화 그래프
plt.plot(WeightValueList,costFunctionValueList)
plt.title("costFunction curve")
plt.xlabel("Weight")
plt.ylabel("costFunction value")
plt.show()

#세션종료
sess.close()
```

모델 그래프를 실행시키기 위하여 sess 변수에 tf.Session()을 선언합니다. tensorflow에서 모든 연산을 실행하기 위해서는 tf.Session.run()을 이용하여 실행을 해야 합니다. 앞서 빌드 2단계 모델 생성을 위한 변수 초기화 부분에서 선언한 변수 W, b의 변수를 초기화하기 위하여 sess.run(tf.global_variables_initializer())를 실행합니다.

학습을 하면서 계산된 결과를 저장하기 위한 변수를 선언합니다. WeightValueList 와 costFunctionValueList 변수를 리스트로 선언합니다. 저장한 결과는 학습이 완료된 후 비용 함수(costFunction)가 최적화되는 그래프를 그리는 데 사용됩니다.

이제 for문을 이용하여 totalStep만큼 학습을 시키도록 하겠습니다. totalStep은 예제 처음 부분에서 환경 설정 부분에서 값을 조정할 수 있으며, 예제에서는 1001번의 학습 횟수를 지정하였습니다.

sess.run()을 이용하여 학습 단계마다 costFunction(비용 함수), train(최적화 함수)를 실행시켜 비용 함수의 최적의 값을 찾도록 하며, 실행 단계마다 W, b의 값을 확인하기 위해 함께 실행하여 결과는 cost_val, W_val, b_bal에 저장을 합니다. 학습을 위해 입력할 학습용 데이터는 feed_dict을 이용하여 placeholder로 선언한 학습 데이터 변수 X, Y에 입력합니다. X 변수는 우리가 세운 모델의 가설 수식에 포함되어 있으며, Y 변수는 비용 함수 수식에 포함되어 있습니다. 학습이 진행되면서 중간 결과는 리스트에 저장하고 중간중간 결과를 확인하기 위하여 학습 50회마다 결과를 출력하며 100회마다 수정된 모델 그래프를 matplotlib를 이용하여 저장합니다.

모든 학습이 끝나고 최적화된 W, b의 값이 업데이트되었습니다. 학습이 완료된 모델의 결과를 확인하기 위하여 sess.run()을 이용하여 비용 함수의 값을 cost_train 변수에 저장하고 최적화된 W, b의 값을 W_train, b_train 변수에 저장하고 이를 출력합니다.

이 모델을 테스트하기 위하여 testXValue =[2.5]로 선언하고 hypothesis 가설 수식에 feed_dict을 이용하여 X 변수에 입력하여 예측값을 resultYValue에 저장하고 이를 출력합니다.

matplotlib를 이용하여 결과를 시각화합니다. 그래프 라이브러리는 matplotlib 공식 홈페이지에서 다양한 예제를 확인하시고 원하는 형태의 그래프를 가져다가 쓸 수 있습니다. 먼저 보여질 그래프는 전체 학습 데이터와 학습 중간에 저장된 학습 결과 모델을 그래프로 출력합니다. 두 번째 결과 그래프는 x축은 Weight 값이며 y축은 costFunction의 값으로 표현되는 비용 함수의 최적화되는 결과를 출력합니다.

간단한 Linear Regression 모델 생성을 완료하였습니다. 이제 작성한 예제를 실행하여 결과를 확인해 보도록 하겠습니다

다음과 같은 조건으로 모델을 학습하였습니다.

1. 학습 데이터 수 : 100개(정규 분포를 가지는 난수 생성)
2. 최적화 함수 : Gradient decent 알고리즘
3. 학습률 : 0.01
4. 학습 횟수 : 1,001회

학습 결과는 [그림 3-6]과 같이 출력되었습니다.

```
Train(Optimization) Start
Step : 0, cost : 94.79385375976562, W : [0.47239307], b : [0.63599426]
Step : 50, cost : 23.25467300415039, W : [5.9996414], b : [2.1302087]
Step : 100, cost : 10.796128273010254, W : [8.307192], b : [2.7502053]
Step : 150, cost : 8.626452445983887, W : [9.270514], b : [3.0076535]
Step : 200, cost : 8.2485990524292, W : [9.672644], b : [3.114627]
Step : 250, cost : 8.182793617248535, W : [9.840506], b : [3.1591008]
Step : 300, cost : 8.171333312988281, W : [9.910573], b : [3.1776006]
Step : 350, cost : 8.16933822631836, W : [9.939816], b : [3.1852984]
Step : 400, cost : 8.168990135192871, W : [9.952025], b : [3.1885042]
Step : 450, cost : 8.168930053710938, W : [9.95712], b : [3.1898384]
Step : 500, cost : 8.168920516967773, W : [9.9592495], b : [3.190394]
Step : 550, cost : 8.168917655944824, W : [9.960135], b : [3.1906257]
Step : 600, cost : 8.168917655944824, W : [9.9605055], b : [3.1907222]
Step : 650, cost : 8.168917655944824, W : [9.960658], b : [3.1907623]
Step : 700, cost : 8.168917655944824, W : [9.960721], b : [3.1907785]
Step : 750, cost : 8.168917655944824, W : [9.960744], b : [3.1907847]
Step : 800, cost : 8.168917655944824, W : [9.960744], b : [3.1907847]
Step : 850, cost : 8.168917655944824, W : [9.960744], b : [3.1907847]
Step : 900, cost : 8.168917655944824, W : [9.960744], b : [3.1907847]
Step : 950, cost : 8.168917655944824, W : [9.960744], b : [3.1907847]
Step : 1000, cost : 8.168917655944824, W : [9.960744], b : [3.1907847]
Train Finished

[Train Result]
Train cost : 8.168917655944824, W : [9.960744], b : [3.1907847]

[Test Result]
x value is [2.5], y value is [28.092644]
```

[그림 3-6] 학습 중간 결과

총 1,001회 학습을 하였으며 50회마다 중간 계산 결과를 확인할 수 있습니다. 변수로 설정하였던 초기 W와 b의 값은 W = 1.1187215, b = 0.9509115로 임의의 수로 설정되어 학습을 시작하였습니다. 학습을 진행하면서 최적화 함수는 비용 함수의 최솟값을 찾아가면서 W와 b의 값을 업데이트합니다.

학습 데이터를 생성시 선형적인 특성을 가진 학습 데이터를 만들기 위해 학습 데이터 x를 y=10*x+3+np.random.normal(0.0, 3) 식에 입력하여 학습 데이터 y를 생성하였습니다. 생성한 데이터는 $y=10x+3$의 1차 다항식 그래프의 주변에 학습 데이터가 분포되었습니다. 이러한 학습 데이터를 가지고 학습한 결과는 W=10, b=3으로 수렴하는 학습 모델이 만들어져야 하는 것입니다. 출력된 최종 결과 [Train Result]에서 W와 b의 값이 우리가 예상한 것과 비슷한 값이 출력되었으며 비용 함수의 최솟값은 8.1689…의 값을 가졌습니다.

비용 함숫값을 자세히 살펴보도록 하겠습니다. 어느 정도 학습이 진행되면 비용 함수의 값이 8.1689…으로 값이 수렴하는 것을 볼 수 있고 550번 학습이 된 후부터는 더 이상 변화가 없는 것을 확인할 수 있습니다. 비용 함수의 결괏값을 보고 우리는 Over shooting이 되는지 혹은 학습 횟수가 부족하여 값이 변화가 없는 것인지 판단하고 학습 횟수나 학습률의 값을 조정하여 성능을 개선시킬수 있습니다.

최적화된 비용 함수의 값이 항상 0이 될 수는 없습니다. 최적화 함수를 통해 비용 함수가 계산된 결과가 최소인 W와 b의 값을 찾아야 하는 것이 목표입니다. 비용 함수의 값이 0이 될 수 없는 이유는 학습 데이터에 맞는 모델을 만들기 때문에 모든 데이터를 다 만족하는 모델을 만들 수는 없습니다. 그러나 모든 데이터를 만족하는 모델을 만들게 되면 Overfitting 문제가 발생할 수 있습니다. Overfitting이란 학습 데이터에 치중한 모델을 생성하게 되면 테스트 데이터가 입력되었을 때 오류가 많이 발생되는 현상입니다. Overfitting 문제는 뒷부분에서 좀 더 자세히 알아보도록 하겠습니다.

마지막으로 학습이 완료된 모델에 x 데이터 2.5를 입력하여 예측되는 결괏값은 28.092644가 출력되었습니다. 학습 모델을 만들었던 y=10*x+3+np.random.normal(0.0, 3) 1차 다항식에 대입하면 대략적으로 28 정도의 결과를 예측할 수 있습니다

콘솔창에 출력된 결과를 확인하였고 이제 그래프를 이용하여 결과를 시각적으로 결과를 확인해 보도록 하겠습니다.

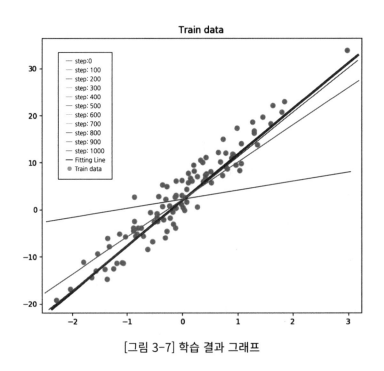

[그림 3-7] 학습 결과 그래프

[그림 3-7] 학습 결과 그래프는 학습용 데이터를 점들의 분포로 보여 주고 있으며 학습이 진행되면서 중간 결과 그래프를 100회마다 추가되었습니다. 최종적으로 완성된 모델의 그래프는 Fitting Line의 직선이 우리가 학습 결과 모델 그래프입니다. 처음 Step : 0에서는 임의의 W, b의 값으로 시작되었기 때문에 그래프가 학습 데이터와 많이 어긋나게 그려졌지만 학습이 진행되면서 점점 학습 데이터의 중앙을 가로지르는 그래프가 그려지고 있습니다.

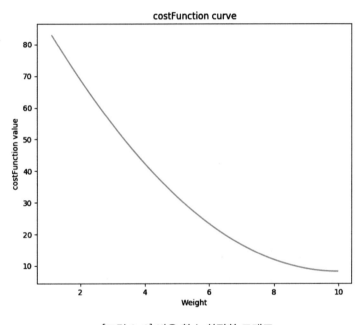

[그림 3-8] 비용 함수 최적화 그래프

[그림 3-8] 비용 함수의 최적화 그래프에서는 Gradient decent 알고리즘에 의해 비용 함수가 최적화되는 값을 확인할 수 있습니다. x축은 W(Weigth)값이며 y축은 비용 함수의 값입니다. 콘솔에 학습 단계별 출력된 결과와 같은 경향을 보여 주고 있습니다. W의 값이 최종적으로 10에 가까운 값에서 확인할 수 있으며 비용 함수의 값도 8 정도에서 최적화가 되었습니다.

3) Multi Variable Linear Regression

Single Variable Linear Regression은 독립변수 1개, 종속변수 1개를 가지는 가장 간단한 형태의 Linear Regression 모델을 살펴보았습니다. 이번 예제는 독립변수 2개, 종속변수 1개를 가지는 Linear Regression 모델을 만들어 보도록 하겠습니다.

```
###############################################################
# [학습에 필요한 모듈 선언]
###############################################################
import tensorflow as tf
import numpy as np
import matplotlib.pyplot as plt
# 3차원 공간에서 그래프 출력
from mpl_toolkits.mplot3d import Axes3D
from matplotlib import cm
```

학습에 필요한 모듈을 import합니다. Axes3D 모듈은 예제에서 사용하는 학습 데이터가 3차원 공간에서 표현이 가능한 학습 데이터로 구성하기 때문에 결과를 시각화하여 보여 주기 위하여 해당 모듈을 사용합니다. 나머지 tensorflow, numpy, matplotlib는 Single Variable Linear Regression 예제와 동일하게 사용됩니다.

```
###############################################################
# [환경설정]
###############################################################
# 학습 데이터 수 선언
trainDataNumber = 200
# 모델 최적화를 위한 학습률 선언
learningRate = 0.01
# 총 학습 횟수 선언
totalStep = 1001
```

이전 예제와 동일하게 trainDataNumber, learningRate, totalStep의 값을 세팅해

줍니다. 학습 데이터를 100개만 생성하지만 좀 더 많은 데이터를 생성하면 좀 더 정확한 모델을 만들 수 있습니다. 다만 훈련 시 계산의 양이 많아지기 때문에 시간이 오래 걸릴 수 있는 단점도 있습니다.

```
###############################################################
# [빌드단계]
# Step 1) 학습 데이터 준비
###############################################################
# 항상 같은 난수를 생성하기 위하여 시드설정
np.random.seed(321)

# 학습 데이터 리스트 선언
x1TrainData = list()
x2TrainData = list()
yTrainData = list()

# 학습 데이터 생성
x1TrainData = np.random.normal(0.0, 1.0, size=trainDataNumber)
x2TrainData = np.random.normal(0.0, 1.0, size=trainDataNumber)

for i in range(0, trainDataNumber):
    # y데이터 생성
    x1 = x1TrainData[i]
    x2 = x2TrainData[i]
    y = 10 * x1 + 5.5 * x2 + 3 + np.random.normal(0.0, 3)
    yTrainData.append(y)

# 학습 데이터 확인
fig = plt.figure()
ax = fig.add_subplot(111, projection='3d')
ax.plot(x1TrainData,
        x2TrainData,
        yTrainData,
        linestyle="none",
        marker="o",
        mfc="none",
        markeredgecolor="red")
plt.show()
```

빌드 단계 중 첫 번째는 학습 데이터를 준비합니다. 만약 실생활에서 얻을 수 있는 데이터가 있다면 학습 데이터를 준비하는 과정이 추가로 필요합니다. 이 과정을 '데이터 전처리'라고 합니다. 머신러닝 대부분의 작업은 데이터를 모으고 이를 학습할 수 있는 데이터를 가공하는 작업이 더 많은 시간이 들어갑니다. 이책의 다른 예제에서 실제 데이터를 가지고 데이터 전처리 과정을 학습할 것이며, 이번 예제에서는 선형적인 특성을 가진 데이터를 직접 만들어서 학습을 하도록 하겠습니다.

예제에서는 난수를 이용하여 학습 데이터를 만들고 있습니다. 책의 예제와 동일한 학습 데이터를 제공하기 위하여 np.random.seed(321)을 선언하여 난수를 발생시키도록 하겠습니다. Single Variable Linear Regression에서는 독립변수(x) 1개, 종속변수(y) 1개를 가지고 학습을 하였지만, Multiple Variable Linear Regression에서는 독립변수 2개, 종속변수 1개를 학습 데이터로 만들도록 하겠습니다. 독립변수와 종속변수의 수에 따라서 가설 수식이 달라지게 됩니다.

Multiple Variable Linear Regression의 이해를 돕기 위하여 3차원 공간에서 표현이 가능한 학습 데이터를 준비하겠습니다. x1, x2, y 총 독립변수2개, 종속변수 1개를 저장할 수 있는 학습 데이터 리스트(x1TrainData, x2TraingData, yTrainData)를 선언합니다.

먼저 x1, x2 데이터를 numpy의 난수 생성 함수인 np.random.normal()를 이용하여 평균이 0이고 편차는 1을 가지는 정규 분포를 가지는 데이터를 trainDataNumber 만큼 생성합니다. 정규 분포를 가지게 데이터를 생성하는 학습 데이터의 분포가 어느 정도 정규 분포를 따른다고 한다면 모델 학습 성능이 좀 더 좋게 나오는 경향이 있습니다. 학습 데이터값이 큰 차이를 가진다고 하면 이 데이터를 standardization 혹은 normalization을 통하여 데이터를 가공하여 학습을 합니다. 자세한 설명은 실제 데이터 가공하는 예제에서 자세히 설명하도록 하겠습니다.

x1과 x2의 데이터를 생성하였으면 이제 x1, x2 데이터를 이용하여 y 데이터를 생성하도록 합니다. 선형적인 특성을 가진 데이터를 만들기 위하여 $y=10*x1+5.5*x2+3+np.random.normal(0.03)$의 수식을 이용하여 y 데이터를 생성하고 for문을 이용하여 x1, x2 데이터를 수식에 대입하여 y 데이터를 생성합니다.

이제 생성한 학습 데이터는 matplotlib를 이용하여 데이터를 3차원 공간에서 확인하도록 합니다.

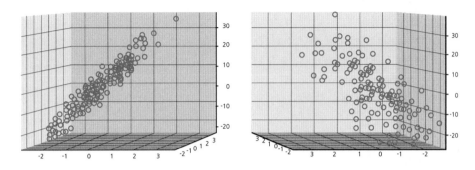

[그림 3-9] 학습용 데이터 분포

[그림 3-9]는 3차원 그래프로 마우스로 공간을 회전하여 확인할 수 있습니다. 학습 데이터 생성시 이용한 수식은 평편을 나타내는 수식으로 평면을 중심으로 학습 데이터가 생성되었습니다.

수식에서 $y=10*x1+5.5*x2+3+np.random.normal(0.03)$의 난수를 추가적으로 더해준 이유는 수식이 나타내는 평면 위에만 학습 데이터가 생성되지 않도록 하기 위하여 난수를 추가적으로 더해 주었습니다. 만약 난수를 더해주지 않고 학습 데이터를 생성하였다면 학습 데이터는 [그림 3-10]과 같이 평면 위에만 학습 데이터가 생성하게 됩니다.

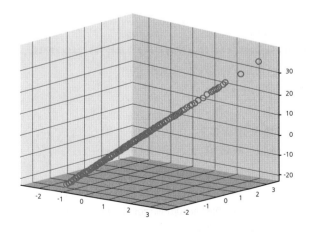

[그림 3-10] 난수 제거한 학습 데이터 분포

```
################################################################
# [빌드단계]
# Step 2) 모델 생성을 위한 변수 초기화
################################################################
# Weight 변수 선언
W1 = tf.Variable(tf.random_uniform([1]))
W2 = tf.Variable(tf.random_uniform([1]))
# Bias 변수 선언
b = tf.Variable(tf.random_uniform([1]))

# 학습 데이터 x1TrainData, x2TrainData가 들어갈 플레이스 홀더 선언
X1 = tf.placeholder(tf.float32)
X2 = tf.placeholder(tf.float32)
# 학습 데이터 yTrainData가 들어갈 플레이스 홀더 선언
Y = tf.placeholder(tf.float32)
```

학습 데이터가 준비되었습니다. 이제 빌드 단계 중 두 번째는 모델 생성을 위하여 변수를 초기화합니다. 학습 데이터는 독립변수 2개에 해당하는 W1, W2를 선언하고 b 변수를 선언해 줍니다. W와 b는 모델을 학습하면서 값이 변경되기 때문에 tf.Variable로 선언합니다. 학습 데이터가 들어갈 변수 X1, X2, Y를 tf.placeholder()를 이용하여 선언합니다.

```
################################################################
# [빌드단계]
# Step 3) 학습 모델 그래프 구성
################################################################
# 3-1) 학습 데이터를 대표 하는 가설 그래프 선언
hypothesis = W1 * X1 + W2 * X2 + b

# 3-2) 비용함수(오차함수,손실함수) 선언
costFunction = tf.reduce_mean(tf.square(hypothesis - Y))

# 3-3) 비용함수의 값이 최소가 되도록 하는 최적화함수 선언
optimizer = tf.train.GradientDescentOptimizer(learning_rate=learningRate)
train = optimizer.minimize(costFunction)
```

빌드 단계 중 마지막 세 번째는 학습 모델 그래프를 구성합니다. 두 번째 단계에서 선언한 변수를 이용하여 가설 수식을 작성하고 비용 함수를 선언합니다. 마지막으로 비용 함수의 값이 최적화할 수 있도록 최적화 함수를 선언합니다.

가설 수식은 '독립변수 2개에 종속변수 1개에 대한 평면을 나타낼 것이다'라는 가설을 세우고 hypothesis = W1*X1+W2*X2+b로 선언합니다. 예제에서는 종속변수가 몇 개 안 되기 때문에 간단하게 4칙연산을 이용하여 가석 수식을 선언하였지만 종속변수의 수가 무수히 많이 늘어날 경우에는 행렬 곱셈(Matrix Multiplication)을 이용하여 간단하게 수식을 작성할 수가 있습니다.

📝 알아두기

▪ Matrix Multiplication

tensorflow에서는 행렬 곱셈은 tf.matmul() 함수를 사용합니다.
다음 수식은 행렬 곱셈의 과정입니다.

$$\begin{pmatrix} x_{11} & x_{12} & x_{13} \\ x_{21} & x_{22} & x_{23} \\ x_{31} & x_{32} & x_{33} \end{pmatrix} \times \begin{pmatrix} w_{11} & w_{12} \\ w_{21} & w_{22} \\ w_{31} & w_{32} \end{pmatrix}$$

$$=$$

$$\begin{pmatrix} x_{11} \times w_{11} + x_{12} \times b_{21} + x_{13} \times b_{31} & x_{11} \times w_{12} + x_{12} \times w_{22} + x_{13} \times w_{32} \\ x_{21} \times w_{11} + x_{22} \times b_{21} + x_{23} \times b_{31} & x_{21} \times w_{12} + x_{22} \times w_{22} + x_{23} \times w_{32} \\ x_{31} \times w_{11} + x_{32} \times b_{21} + x_{33} \times b_{31} & x_{31} \times w_{12} + x_{33} \times w_{32} + x_{33} \times w_{32} \end{pmatrix}$$

행렬 x는 3x3, 행렬 w 차원은 3x2이며 두 행렬을 곱하면 3x2 차원 행렬이 출력됩니다. 두 행렬의 곱을 tensorflow로 표현하면 tf.matmul(x,w)으로 표현됩니다.

▪ Broadcasting

행렬의 연산은 행렬의 차원이 맞아야 연습이 가능합니다. 예를 들어 3x3 행렬과 3x2 행렬은 연산이 가능하지만, 3x2 행렬과 1x1 행렬은 차원이 다르기 때문에 연산을 할 수 없습니다. Broadcasting은 행렬 연산(덧셈, 뺄셈, 곱셈)에서 차원이 맞지 않으면 행렬을 자동으로 늘려서 차원을 맞춰 주는 개념입니다. 반대로 차원을 줄이는 것은 불가능합니다.

$$\begin{pmatrix} xw_{11} & xw_{12} \\ xw_{21} & xw_{22} \\ xw_{31} & xw_{32} \end{pmatrix} + (b) \rightarrow 행렬 연산 불가능$$

Broadcasting 적용 되면 1x1인 b 행렬이 xw 행렬과 같은 차원으로 늘어납니다.

$$\begin{pmatrix} xw_{11} & xw_{12} \\ xw_{21} & xw_{22} \\ xw_{31} & xw_{32} \end{pmatrix} + \begin{pmatrix} b & b \\ b & b \\ b & b \end{pmatrix}$$

$$=$$

$$\begin{pmatrix} xw_{11} + b & xw_{12} + b \\ xw_{21} + b & xw_{22} + b \\ xw_{31} + b & xw_{32} + b \end{pmatrix}$$

Matrix Multiplication와 Broadcasting을 이용하게 되면 독립변수, 종속변수의 수와 상관없이 간단하게 가설 수식을 선언할 수 있습니다.

가설 수식의 오차를 계산하는 비용 함수를 작성하도록 하겠습니다. 비용 함수는 Simple Variable Linear Regression와 동일한 평균 제곱 오차(Mean Square Error)를 사용하겠습니다. costFunction 변수에 tf.reduce_mean(tf.square(hypothesis−Y))의 수식을 선언합니다. 학습 모델 그래프를 구성하는 마지막 단계로 비용 함수를 최적화하는 최적화 함수를 선언합니다. 최적화 함수는 Gradient decent 알고리즘을 사용하겠습니다.

빌드 단계에서는 Simple Variable Linear Regression 예제와 다른 점은 학습 데이터의 특성이 다르기 때문에 특성에 따라 변수를 선언하고 가설 수식이 변경되었습니다. 가설 수식은 행렬 곱셈으로 표현한다면 좀 더 유연하게 모델을 작성할 수 있습니다.

빌드 단계를 완료하였습니다. 이제 실행 단계에서 모델을 학습하도록 하겠습니다.

```
##################################################################
# [실행단계]
# 학습 모델 그래프를 실행
##################################################################
# 실행을 위한 세션 선언
sess = tf.Session()
# 최적화 과정을 통하여 구해질 변수 W,b 초기화
sess.run(tf.global_variables_initializer())


# 학습 데이터와 학습 결과를 matplotlib를 이용하여 결과 시각화
fig = plt.figure()
ax = fig.add_subplot(111, projection='3d')
ax.plot(x1TrainData,
        x2TrainData,
        yTrainData,
        linestyle="none",
        marker="o",
        mfc="none",
        markeredgecolor="red")


Xs = np.arange(min(x1TrainData), max(x1TrainData), 0.05)
Ys = np.arange(min(x2TrainData), max(x2TrainData), 0.05)
Xs, Ys = np.meshgrid(Xs, Ys)


print("---------------------------------------------------------------------------")
print("Train(Optimization) Start")
# totalStep 횟수 만큼 학습
for step in range(totalStep):
    # X, Y에 학습데이터 입력하여 비용함수, W, b, train을 실행
    cost_val, W1_val, W2_val, b_val, _ = sess.run([costFunction, W1, W2, b, train],
                                          feed_dict={X1: x1TrainData,
                                                     X2: x2TrainData,
                                                     Y: yTrainData})

    # 학습 50회 마다 중간 결과 출력
    if step % 50 == 0:
        print("Step : {}, cost : {}, W1 : {}, W2 : {}, b : {}".format(step,
                                                                      cost_val,
                                                                      W1_val,
```

```
                                                          W2_val,
                                                          b_val))
        # 학습 단계 중간결과 Fitting Surface 추가
        if step % 100 == 0:
            ax.plot_surface(Xs,
                            Ys,
                            W1_val * Xs + W2_val * Ys + b_val,
                            rstride=4,
                            cstride=4,
                            alpha=0.2,
                            cmap=cm.jet)
print("Train Finished")
print("-----------------------------------------------------------------")
# 결과 확인 그래프
plt.show()

#세션종료
sess.close()
```

학습을 실행하기 위하여 session을 선언하고 학습을 통하여 값이 조정될 W와 b 변수의 값의 초기화를 합니다. 다음은 학습된 결과를 확인하기 위하여 matplotlib를 이용하여 3차원 그래프 환경을 설정해 줍니다.

본격적인 학습을 위하여 환경 설정에서 정한 총 학습 횟수(totalStep) 1,001번을 for문을 이용하여 학습을 진행합니다. sess.run()으로 costFunction(비용 함수), train(최적화 함수)를 실행하여 W와 b의 값을 최적화합니다. 학습 단계마다 결과는 cost_val, W1_val, W2_val, b_val 변수에 저장합니다. 50회마다 중간 학습 결과를 출력하며 100회마다 수정된 그래프를 matplotlib를 이용하여 저장합니다. 학습이 완료되면 마지막으로 학습된 결과를 시각화한 그래프를 출력하여 확인합니다.

Multiple Variable Linear Regression 모델 생성을 완료하였습니다. 실행 결과를 확인해 보도록 하겠습니다.

다음과 같은 조건으로 모델을 학습하였습니다.

1. 학습 데이터 수 : 100개(정규 분포를 가지는 난수 생성)

2. 최적화 함수 : Gradient decent 알고리즘

3. 학습률 : 0.01

4. 학습 횟수 : 1,001회

학습 결과는 [그림 3-11]과 같이 출력되었습니다.

```
Train(Optimization) Start
Step : 0, cost : 135.67445373535156, W1 : [0.40116325], W2 : [0.58713955], b : [0.52120167]
Step : 50, cost : 27.280153274536133, W1 : [6.2737875], W2 : [3.982579], b : [2.1778917]
Step : 100, cost : 11.898796081542969, W1 : [8.582164], W2 : [5.1055026], b : [2.762643]
Step : 150, cost : 9.669946670532227, W1 : [9.494222], W2 : [5.4696126], b : [2.9672873]
Step : 200, cost : 9.339807510375977, W1 : [9.856352], W2 : [5.584425], b : [3.0381536]
Step : 250, cost : 9.289814949035645, W1 : [10.000801], W2 : [5.619148], b : [3.0623662]
Step : 300, cost : 9.282081604003906, W1 : [10.058669], W2 : [5.6289535], b : [3.0704947]
Step : 350, cost : 9.280861854553223, W1 : [10.0819435], W2 : [5.6313806], b : [3.07316]
Step : 400, cost : 9.28066635131836, W1 : [10.091336], W2 : [5.631803], b : [3.0740042]
Step : 450, cost : 9.280634880065918, W1 : [10.09514], W2 : [5.6317697], b : [3.0742583]
Step : 500, cost : 9.280630111694336, W1 : [10.096688], W2 : [5.631682], b : [3.0743284]
Step : 550, cost : 9.280628204345703, W1 : [10.097318], W2 : [5.631621], b : [3.0743444]
Step : 600, cost : 9.280628204345703, W1 : [10.09757], W2 : [5.6315866], b : [3.0743444]
Step : 650, cost : 9.280627250671387, W1 : [10.09768], W2 : [5.6315646], b : [3.0743444]
Step : 700, cost : 9.280628204345703, W1 : [10.097727], W2 : [5.631562], b : [3.0743444]
Step : 750, cost : 9.280628204345703, W1 : [10.097727], W2 : [5.631562], b : [3.0743444]
Step : 800, cost : 9.280628204345703, W1 : [10.097727], W2 : [5.631562], b : [3.0743444]
Step : 850, cost : 9.280628204345703, W1 : [10.097727], W2 : [5.631562], b : [3.0743444]
Step : 900, cost : 9.280628204345703, W1 : [10.097727], W2 : [5.631562], b : [3.0743444]
Step : 950, cost : 9.280628204345703, W1 : [10.097727], W2 : [5.631562], b : [3.0743444]
Step : 1000, cost : 9.280628204345703, W1 : [10.097727], W2 : [5.631562], b : [3.0743444]
Train Finished
```

[그림 3-11] 학습 결과

총 1,001회 학습을 하였으며 50회마다 중간 계산 결과를 확인할 수 있습니다. 초기 W와 b의 값은 임의의 난수로 설정되어 학습을 하였습니다. 학습을 진행하면서 최적화 함수는 비용 함수의 최솟값을 계산하여 최적의 W와 b의 값을 업데이트 합니다.

학습 데이터 생성 시 $y=10*x1+5.5*x2+3+np.random.normal(0.03)$수식으로 선형적인 특성을 가지도록 데이터를 생성하였습니다. 학습을 통하여 우리는 W=10, W2=5.5, b=3의 값으로 수렴하면 학습 모델은 어느 정도 신뢰되는 모델이 생성되는 것입니다. 직접 생성한 학습 데이터로 모델을 만들었기 때문에 학습된 모델이 신뢰성을 가지고 있다고 판단을 할 수 있습니다. 그러나 실제 수집된 데이터를 가지고 학습을 하게 되면 W와 b의 값을 예상할 수 없기 때문에 테스트 데이터를 이용하여 모델의 신뢰성을 검증하면 됩니다.

비용 함수의 값을 보면 초기에는 135.6744…의 값을 가지고 있으며 학습이 진행되면서 어느 정도 학습이 진행된 후 더 이상의 변화가 없이 값이 수렴하는 모습을 확인할 수 있습니다. 마지막 1,000번째 학습 결과를 보면 W1, W2, b의 값이 우리가 예상한 값으로 어느 정도 수렴되는 것을 확인할 수 있습니다.

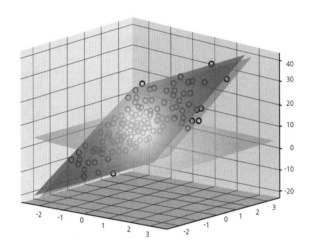

[그림 3-12] 학습 결과 3차원 그래프 1

[그림 3-12] 학습 결과 그래프를 확인하면 3차원 공간속에 학습 데이터와 최적화된 그래프(평면)를 확인할 수 있습니다. 학습 중간 그래프를 ax.plot_surface(Xs, Ys, W1_val * Xs + W2_val * Ys + b_val, rstride = 4, cstride = 4, alpha = 0.2, cmap = cm.jet)와 같이 선언하였습니다. 그래프를 그릴 때 alpha 값을 설정하여 투명도를 설정하였습니다. 조금 연하게 보이는 그래프와 진하게 보이는 그래프를 확인할 수 있습니다. 최적화된 모델 그래프는 몇 번씩 겹쳐서 표현되어 진하게 보이고 있습니다. 그래프를 조금 회전하여 학습 데이터와 최적화된 모델 그래프를 확인하면 [그림 3-13]과 같습니다.

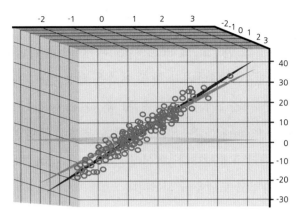

[그림 3-13] 학습 결과 3차원 그래프 2

학습 데이터들 사이를 최적화된 모델이 자리 잡고 있는 것을 확인할 수 있습니다. 이번 예제에서는 3차원 공간에서 표현이 가능한 학습 모델을 생성하여 학습을 하였습니다. 그러나 독립변수가 늘어나게 되면 그래프로 표현하기 어려울 수 있습니다. 학습된 결과를 시각화하는 방법은 그래프 라이브러리를 이용하거나 tensorflow에서 제공하는 tensorboard를 이용하여 확인할 수 있습니다.

2. Logistic Regression

1) Classification Analysis

Classification Analysis(분류 분석)이란 미리 정의되어 있는 클래스의 라벨(종류) 중 하나를 예측하는 것입니다. 분류에는 두 개로 분류하는 Binary Classification(이진 분류)과 셋 이상의 종류를 분류하는 다중 분류(Multiclass Classification)가 있습니다. 이진 분류는 0 아니면 1, Yes 아니면 No와 같이 미리 정의된 결과 2개 중 하나로 분류되며 그 외의 여러 클래스의 종류를 가지고 분류하는 것을 다중 분류라고 할 수 있습니다.

2) Binary Classification Logistic Regression

Logistic Regression 또한 Linear Regression과 같이 독립변수와 종속변수 간의 관계를 구체적인 함수로 나타내고 향후 예측을 하는 것이 목적입니다. Binary Classification(이진 분류)는 2가지 라벨(종류) 중 하나를 고르는 방법으로 Binary Classification Logistic Regression은 이진 분류를 이용하여 독립변수와 종속변수 간에 구체적인 관계를 나타내게 됩니다. 머신러닝에서는 Logistic Regression은 보통 1과 0의 값의 라벨을 가지고 모델을 구성됩니다.

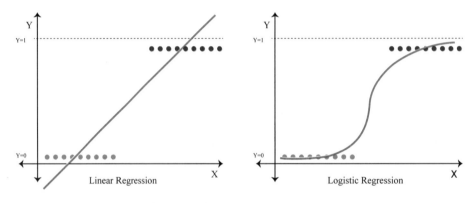

[그림 3-14] 선형회귀와 로지스틱회귀

[그림 3-14]의 학습 데이터는 두 가지 종류의 특성을 가진 데이터로 볼 수 있습니다. 학습 데이터에 먼저 선형회귀를 적용하면 [그림 3-15]의 왼쪽과 같은 모델처럼 보일 것이며 테스트 데이터를 적용하여 결과를 예측한다면 오차가 크게 발생할 수 있습니다. 오른쪽 그림은 로지스틱회귀를 적용한 것이며 학습 데이터를 선형회귀보다 좀 더 적은 오차를 가질 것으로 예상됩니다. Logistic Regression에 대하여 예제를 통하여 자세히 알아보도록 하겠습니다.

```
################################################################
# [학습에 필요한 모듈 선언]
################################################################
import tensorflow as tf
import numpy as np
from numpy.random import multivariate_normal, permutation
import pandas as pd
from pandas import DataFrame
from matplotlib import pyplot as plt
```

학습에 필요한 모듈을 import하도록 하겠습니다. 새롭게 사용되는 라이브러리가 있습니다. Pandas(https://pandas.pydata.org/)는 Python을 이용하여 데이터 분석을 할 때 사용하며 행과 열로 이루어진 데이터 객체를 만들어 다룰 수 있고 대용량 데이터를 처리하는데 매우 편리한 라이브러리입니다. 예제에서는 Pandas의 자료구조 중 DataFrame을 사용하여 학습 데이터를 가공할 것입니다.

```
################################################################
# [환경설정]
################################################################
# 학습 데이터 수 선언
# y = 0 인 클래스
Y_0 = 20
# y = 1 인 클래스
Y_1 = 15
# 모델 최적화를 위한 학습률 선언
learningRate = 0.01
# 총 학습 횟수
totalStep = 20001
```

Logistic Regression 모델을 만들기 위하여 환경 설정 변수를 선언합니다. 예제에서는 학습 데이터를 직접 만들어서 사용하기 위하여 y=0, y=1인 라벨(데이터 결과 종류)을 가지는 데이터를 생성할 개수를 지정하였습니다. 그리고 학습률과 총 합습 횟수를 지정합니다.

```
################################################################
# [빌드단계]
# Step 1) 학습 데이터 준비
################################################################
# 항상 같은 난수를 생성하기 위하여 시드설정
np.random.seed(321)

# 확률(y)이 1 인 학습 데이터 생성
# 데이터 수
dataNumber_y0 = Y_0
# 데이터 평균 값
mu_y0 = [10,11]
# 데이터 분산된 정도
variance_y0 = 20
# 난수 생성
data_y0 = multivariate_normal(mu_y0, np.eye(2) * variance_y0, dataNumber_y0)
df_y0 = DataFrame(data_y0, columns=['x1', 'x2'])
df_y0['y'] = 0

# 확률(y)이 1 인 학습 데이터 생성
# 데이터 수
dataNumber_y1 = Y_1
# 데이터 평균 값
mu_y1 = [18,20]
# 데이터 분산된 정도
variance_y1 = 22
# 난수 생성
data1 = multivariate_normal(mu_y1, np.eye(2)*variance_y1, dataNumber_y1)
df_y1 = DataFrame(data1, columns=['x1', 'x2'])
df_y1['y'] = 1
```

학습 데이터는 항상 같은 난수 생성을 위하여 시드를 설정합니다. 이전 예제에서 설명했던 것처럼 테스트할 때 동일한 결과를 보여 주기 위하여 시드를 설정하여 데이터를 생성합니다.

난수를 생성하여 학습 데이터를 생성하도록 합니다. 학습 데이터의 형태는 x-y

평면에 있는 좌표처럼 x 학습 데이터를 생성하고 생성된 x 학습 데이터의 결괏값 y 학습 데이터를 0 혹은 1의 값으로 생성합니다.

난수를 생성하기 위하여 numpy random 라이브러리에 multivariate_normal() 기능을 사용합니다. multivariate_normal 은 다변수 정규 분포(다중 정규 분포)에서 난수를 생성하는 기능으로 1차원 정규 분포를 더 높은 차원으로 일반화한 것입니다. 다변수 정규 분포로 난수를 생성하기 위하여 multivariate_normal() 함수의 파라미터로 데이터의 평균값, 데이터의 형태, 크기를 입력합니다.

📝 **알아두기**

■ **Numpy multivariate_normal를 이용한 다변수 난수 생성**

np.random.multivate_normal(mu, cov[, size, check_valid, tol]) : 다변수 정규분포로 난수 생성
- mu(mean) : 생성되는 차원 분포의 평균
- cov(shape) : 분포의 공분산 행렬
- size : 난수의 개수

■ **Numpy 배열 생성**

np.zeros(shape, dtype=float, order='C') : 0을 초기값으로 설정한 배열 생성
- shape : 배열의 크기(int 혹은 int 튜플)
- dtype : 데이터 유형

np.ones(shape, dtype=float, order='C') : 1을 초기값으로 설정한 배열 생성
- shape : 배열의 크기(int 혹은 int 튜플)
- dtype : 데이터 유형

np.full(shape, fill_value, dtype=None, order='C') : 지정한 값으로 초기값을 설정한 배열 생성
- shape : 배열의 크기(int 혹은 int 튜플)
- fill_value : 초기값
- dtype : 데이터 유형

np.eye(N, M=None, k=0, dtype=<class 'float'>, order='C') : 1을 대각선으로 가지며 나머지 부분을 0으로 설정한 배열 생성
- N : row 수
- M : column 수
- K : 대각선의 위치 변경(가운데 대각선을 중심으로 값이 0보다 크면 위쪽, 작으면 아래쪽의 값으로 대각선 값을 1로 생성)
- dtype : 데이터 유형

확률(Y) 값이 0인 학습 데이터를 20개를 생성하는데 데이터의 평균값은 mu_y0 변수의 값을 가지게 설정하며, 데이터가 분산된 정도를 variance_y0 변수에 값을 설정합니다. 최종적으로 data _y0 변수에 multivariate_normal(mu_y0, np.eye(2) * variance_y0, dataNumber_y0)로 난수를 20개 생성하여 저장합니다. np.eye(2) 는 [[1, 0] [0,1]] 의 형태의 배열을 생성하고 이 배열에 데이터의 분산된 정도의 값을 곱하여 생성된 난수의 분포를 결정합니다.

생성한 data_y0은 [그림 3-15]와 같은 배열 형태로 되어 있습니다.

```
[[10.77153052 18.31410024]
 [10.16697347  7.0459624 ]
 [ 4.88748881  8.22116659]
 [ 3.96865571  7.33405137]
 [ 9.39959831 18.15362887]
 [ 8.73168599  8.7355795 ]
 [10.30816784 17.49470195]
 [ 2.6697416   9.60174447]
 [ 6.10357808  8.95765424]
 [ 9.45231216  8.98278804]
 [ 5.11515863  4.90814729]
 [ 9.25768371 13.88626774]
 [13.6451196  10.91699853]
 [11.93813731 12.67632009]
 [ 6.02399842 12.84374652]
 [ 5.39225161  9.47410083]
 [ 0.85990814  7.70118206]
 [16.07450422  9.6498648 ]
 [ 8.0680102  10.38059055]
 [11.62867054 15.61288145]]
```

[그림 3-15] data_y0 배열 데이터

생성한 데이터를 결과 y 데이터를 설정하기 위하여 Pandas Dataframe을 이용하여 데이터를 df_y0 변수에 DataFrame(data_y0, columns=['x1', 'x2']) 선언하여 변환합니다. 데이터의 컬럼은 x1, x2로 지정하였습니다. 결과 데이터를 매칭시켜 주기 위하여 df_y0['y'] = 0을 선언하여 y 컬럼의 값을 0으로 지정합니다.

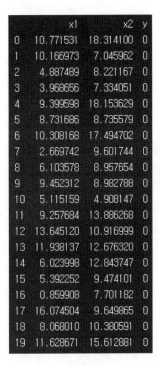

[그림 3-16] df_y0 Dataframe 형태

[그림 3-16]을 보면 결괏값이 0으로 생성된 df_y0의 형태를 볼 수 있습니다. 엑셀의 테이블 형태로 데이터를 구성하게 됩니다. Pandas Dataframe을 이용하면 데이터를 쉽게 다룰 수 있어 데이터 처리 분야에서 많이 쓰이는 라이브러리입니다.

이제 결과 y 데이터가 1인 학습 데이터를 생성합니다. 동일한 방법으로 데이터를 생성합니다. 생성되는 학습 데이터는 평균값은 [18,20]으로 선언하고 데이터가 분산된 정도 22로 선언하여 학습 데이터 15개를 생성하여 df_y1 변수에 Pandas Dataframe 데이터 형태로 변환합니다.

```
# 확률(y)이 0, 1로 생성한 데이터를 하나의 DataFrame으로 합치기
df = pd.concat([df_y0, df_y1], ignore_index=True)
# 순서에 상관없이 데이터 정렬
df_totalTrainData = df.reindex(permutation(df.index)).reset_index(drop=True)

# 데이터 확인
print("===== Data =====>")
print(df_totalTrainData)
# 학습 데이터 shape 확인
print("df_totalTrainData Shape : {}\n".format(df_totalTrainData.shape))

# 학습 데이터 리스트로 변환
xTrainData = df_totalTrainData[['x1', 'x2']].as_matrix()
yTrainData_temp = df_totalTrainData['y'].as_matrix()
print("xTrainData shape : {}".format(xTrainData.shape))
print("yTrainData shape : {}".format(yTrainData_temp.shape))
# yTrainData를 (35,1)의 shape로 변경
yTrainData = yTrainData_temp.reshape([len(df_totalTrainData), 1])
print("yTrainData reshape : {}".format(yTrainData.shape))
```

결괏값에 따라서 df_y0, df_y1을 생성하였습니다. 이제 두 데이터를 하나의 Dataframe으로 합치는 작업을 합니다. 두 데이터를 하나로 합치는 방법은 Pandas 의 concat()을 이용하는데 합칠 Dataframe을 리스트에 넣어서 처리합니다. 합쳐질 때 리스트에 들어간 순으로 데이터가 합쳐지기 때문에 결과 데이터 0,1이 순서대로 들어가게 됩니다. 이 데이터를 순서에 상관없이 다시 재정렬하기 위하여 reindex() 를 이용하여 정렬합니다. df_totalTrainData에 정렬된 데이터를 [그림 3-17]과 같이 저장됩니다. 총데이터의 형태는 35개이며 학습 데이터 변수는 x1, x2, y 3개로 데이터가 생성되었습니다.

이제 전체 학습 데이터를 준비하였습니다. 이제 학습을 위하여 x, y 데이터를 리스트 형태로 변환하도록 합니다. Pandas에서 제공하는 as_matrix() 기능을 이용하여 Datafream 형태에서 리스트 형태로 쉽게 변환할 수 있습니다. df_totalTrainData[['x1', 'x2']].as_matrix()은 df_totalTrainData Dataframe의 x1, x2 컬럼을 추출하여 리스트로 변환하여 xTrainData 변수에 저장합니다. 동일한 방법으로 결과 데이터를 추출하는데 df_totalTrainData['y'].as_matrix()로 yTrainData_temp 에 y 컬럼 데이터(결과 데이터)를 리스트로 변환합니다.

추출한 학습 데이터의 shape을 출력하면 xTrainData는 (35,2)의 형태를 가지고 있으며 yTrainData_temp는 (35,) 형태를 가지게 됩니다. 학습 모델 그래프를 구성할 때 가설 수식과 비용 함수를 계산할 때 행렬 곱셈(Matrix Multiplication) 형태로 구성하게 되는데 이때 학습 데이터들의 shape가 다르다면 계산 수식에서 에러가 발생하게 됩니다. 그래서 reshape() 기능을 이용하여 yTrainData = yTrainData_temp. reshape([len(df_totalTrainData), 1]) 로 선언하여 (35,) 형태를 (35, 1)의 shape로 변경하여 학습 데이터 준비를 완료합니다.

[그림 3-17] 순서에 상관없이 정렬한 학습 데이터

```
###############################################################
# [빌드단계]
# Step 2) 모델 생성을 위한 변수 초기화
###############################################################
# 학습 데이터(x1,x2)가 들어갈 플레이스 홀더 선언
X = tf.placeholder(tf.float32, shape=[None, 2])
# 학습 데이터(y)가 들어갈 플레이스 홀더 선언
Y = tf.placeholder(tf.float32, shape=[None, 1])

# Weight 변수 선언
W = tf.Variable(tf.zeros([2,1]), name='weight')
# Bias 변수 선언
b = tf.Variable(tf.zeros([1]), name='bias')
```

다음은 단계는 모델 생성을 위한 변수 초기화입니다. 생성한 학습 데이터가 입력
될 수 있도록 X, Y 변수를 tf.placeholder()를 이용하여 공간을 생성합니다. 생성할
때 학습 데이터의 shape와 동일한 shape를 가질 수 있도록 생성해야 합니다. X 변
수에는 x1, x2 학습 데이터를 입력하고, Y 변수에는 y 학습 데이터를 입력합니다.

예제에서는 학습 데이터를 난수를 사용하여 정해진 개수만큼 생성하였기 때문에
[35, 2] 형태([데이터 개수, 데이터 종류 개수])로 생성할 수 있습니다. 그러나 학습
데이터의 수를 정확하게 모를 경우 데이터 개수를 'None'으로 하면 데이터 개수가
상관없이 입력되어도 에러를 발생하지 않습니다.

W(Weight)와 b(bias) 변수는 모델을 생성하기 위하여 학습을 통해 갱신되어 최
적의 값으로 변경됩니다. W 변수는 X의 데이터 종류의 개수만큼 생성되며 b 변수
는 1개로 생성합니다. tf.zeros()를 이용하여 초깃값이 0으로 된 [2,1] 형태의 W와 [1]
형태의 b로 초기화합니다.

```
################################################################
# [빌드단계]
# Step 3) 학습 모델 그래프 구성
################################################################
# 3-1) 학습 데이터를 대표 하는 가설 그래프 선언
hypothesis = tf.sigmoid(tf.matmul(X, W) + b)

# 3-2) 비용함수(오차함수,손실함수) 선언
costFunction = -tf.reduce_mean(Y * tf.log(hypothesis) + (1 - Y) * tf.log(1 - hypothesis))

# 3-3) 비용함수의 값이 최소가 되도록 하는 최적화함수 선언
optimizer = tf.train.GradientDescentOptimizer(learning_rate=learningRate)
train = optimizer.minimize(costFunction)
```

학습 모델 그래프를 구성하기 위하여 가설 수식을 작성하고 비용 함수를 선언하여 비용 함수의 값이 최적으로 계산할 수 있도록 최적화 함수를 선언합니다.

Binary Classification은 종속변수(결과) Y의 값이 0 혹은 1로 분류되는 이분법적으로 데이터를 분류하는 모델을 만드는 것입니다. Linear Regression의 가설 수식($Y=W{\times}X+b$)을 이용하여 Binary Classification 수식을 만들어 보도록 하겠습니다.

$Y=W{\times}X+b$의 $[-\infty, +\infty]$의 범위의 가지는 됩니다. Binary Classification의 가설 수식은 종속변수(Y) 값이 0부터 1 사이 값이 나온다고 가정합니다. 변환한 가설 수식의 종속변수를 P(확률−0부터 1 사이의 값을 가짐)라고 하면 변환한 가설 수식은 다음과 같은 범위를 가지게 됩니다.

$$P = W \times X + b$$
$$0.1 \neq [-\infty, +\infty]$$

좌변(종속변수 P)은 [0, 1]의 범위를 가지게 되고 우변의 가설 수식은 $[-\infty, +\infty]$의 범위를 가지게 됩니다. 그런데 변환한 가설 수식은 등호를 성립하지 않습니다. 이제 좌변과 우변이 같은 범위의 값을 가지도록 좌변의 범위를 우변의 범위와 같이

[− ∞, +∞] 로 변환하겠습니다. 그리고 우리는 가설 수식을 종속변수 P에 수식으로 정리하면 가설 수식은 완성됩니다.

좌변의 수식을 환하기 위하여 Logit 변환을 이용하여 수식의 범위를 변경할 수 있습니다. Logistic Function이란 독립변수가 [− ∞, +∞]의 어느 숫자이든 상관없이 종속변수(결과) 값이 항상 0부터 1 사이에 있도록 하는 것이며 odds를 logit 변환을 수행함으로써 얻어지게 됩니다.

Odds란 어떤 이벤트가 일어날 확률이 일어나지 않을 확률의 몇 배인지를 의미합니다. 일어날 확률을 P, 일어나지 않을 확률을 확률을 1−P라고 할 때 수식은 다음과 같이 표현됩니다.

$$odds = \frac{P\ (y = 1 \mid x)}{1 - P\,(y = 1 \mid x)}$$

주사위 던지는 확률의 예를 들어보면 주사위의 1이 나올 확률(P)은 1/6이 되고 1이 나오지 않을 확률(1−P)은 5/6일 때 odds는 (1/6)/(5/6)가 되며 0.2의 값이 나옵니다. 즉 주사위가 1이 나올 확률 나오지 않을 확률에 0.2배입니다.

Odds의 그래프를 확인해 보도록 하겠습니다.

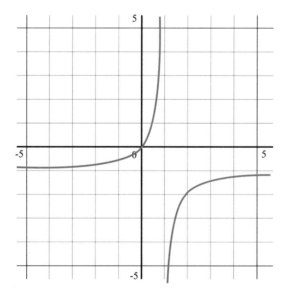

[그림 3-18] odds 그래프

[그림 3-18] odds 그래프는 0부터 1 사이의 값의 범위가 [0, +∞]임을 확인할 수 있습니다. 그럼 우리 가설 수식의 좌변을 odds를 이용하여 좌변값의 범위를 변환하도록 하겠습니다.

$$\ln(\frac{P}{1-P}) = W \times X + b$$

$$[0, +\infty] \neq [-\infty, +\infty]$$

변환한 좌변의 범위는 [0,+ ∞]로 변경되었지만 아직까지도 좌변과 우변은 동일한 범위를 가지고 있지 않습니다. 이제 다음 단계로 0을 − ∞로 변경하면 Log 함수를 이용하여 변환 합니다. Log함수의 특징은 [그림 3-19]처럼 0에 가까운 수를 넣으면 − ∞로 수렴하는 것을 볼 수 있습니다.

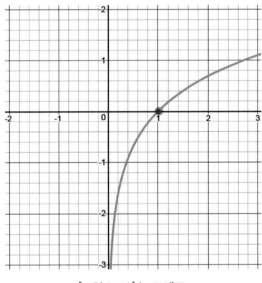

[그림 3-19] ln 그래프

Odds를 이용하여 변환한 좌변을 자연 로그를 이용하여 변환합니다.

$$\ln(\frac{P}{1-P}) = W \times X + b$$

$$[-\infty, +\infty] = [-\infty, +\infty]$$

최종적으로 변환된 가설 수식의 좌변과 우변의 값의 범위가 같아졌습니다. 이렇게 logit 변환을 이용하여 범위를 변경하였습니다. [그림 3-20]은 logit 변환을 한 함수 그래프입니다. 그래프를 확인해 보면 범위가 $[-\infty, +\infty]$로 범위가 되는 것을 확인할 수 있습니다.

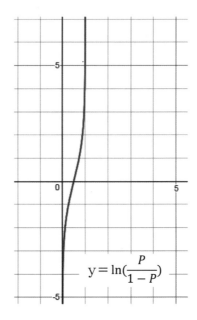

[그림 3-20] log(odds) 그래프

가설 수식을 종속변수 P로 정리하면 다음과 같이 정리가 됩니다.

$$\ln(\frac{P}{1-P}) = W \times X + b$$

ln을 지우기 위하여 e를 양변에 취합니다.

$$\frac{P}{1-P} = e^{(W \times X + b)}$$

좌면에 종속변수 P만 남기고 이항을 합니다.

$$P = e^{(W \times X + b)} * (1 - P)$$

$$P = e^{(W \times X + b)} - e^{(W \times X + b)} \times P$$

$$P + e^{(W \times X + b)} \times P = e^{(W \times X + b)}$$

$$P(1 + e^{(W \times X + b)}) = e^{(W \times X + b)}$$

$$P = \frac{e^{(W \times X + b)}}{(1 + e^{(W \times X + b)})} = \frac{1}{1 + e^{-(W \times X + b)}}$$

[그림 3-21]은 정리한 가설 수식 그래프를 보면 독립변수에 어떤 수가 들어와도 결과는 0과 1 사이의 결과가 나오게 됩니다. 이 수식을 Logistic Function 혹은 Sigmoid 함수라고 부릅니다.

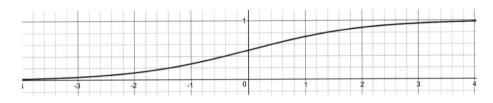

[그림 3-21] 가설 수식 그래프

가설 수식을 코드로 작성해 보도록 하겠습니다. 가설 수식을 바탕으로 직접 수식을 만들어서 넣을 수도 있지만 tensorflow에서는 이 수식을 미리 정의한 tf.sigmoid() 함수를 이용하여 계산하게 됩니다. 처음 가설의 출발은 Linear Regression 가설 수식을 logit 변환을 이용하여 수정하였습니다. 이 방법을 코드로 나타내면 가장 먼저 Linear Regression 가설 수식을 행렬 곱셈 형식으로 나타냅니다. 그리고 tf.sigmoid() 함수의 입력값으로 넣어 주어 우리가 원하는 가설 수식은 hypothesis = tf.sigmoid(tf.matmul(X, W) + b)으로 선언합니다.

가설 수식을 이용하여 비용 함수를 선언하겠습니다. 이전에 배웠던 Linear Regression의 비용 함수 구하는 방법인 평균 제곱 오차를 사용하여 Binary Classification 비용 함수를 계산하도록 하겠습니다. 먼저 평균 제곱 오차 방법으로 비용 함수의 결과 그래프로 표현하면 [그림 3-22]와 같은 Convex function(볼록 함수) 그래프를 확인할 수 있습니다. Convex function 그래프는 우리가 원하는 Global minimum(최소점)이 하나가 존재하여 최적화 함수를 이용하여 계산을 하면 정상적으로 Global minimum을 찾을 수 있습니다.

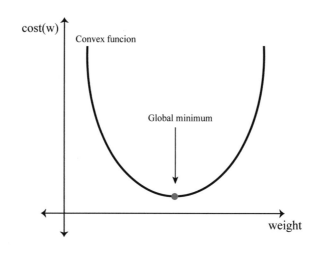

[그림 3-22] 평균 제곱 오차를 사용한 Linear Regression 비용 함수 그래프

그러나 Logistic Function을 이용한 가설 수식을 평균 제곱 오차 방법으로 비용 함수 결과를 그래프로 표현하면 [그림 3-23]처럼 Non-Convex function의 형태의 울퉁불퉁한 그래프를 확인할 수 있습니다. Non-Convex function은 그래프에 Local minimum(극소점)을 많이 가지고 있습니다. 이런 형태를 가지게 되는 이유는 가설 수식 ($hypothesis : P = \frac{1}{1+e^{-(W \times X+b)}}$)에 들어가 있는 'e' 때문에 울퉁불퉁한 모양이 생기며 최적화 함수를 이용하여 최적화를 하게 되면 Local minimum을 Global minimum으로 판단하여 Local minimum값을 최소점으로 계산하여 학습에 오류가 발생합니다. 이러한 오류를 없애기 위하여 비용 함수에 log 함수를 사용하면 Non-Convex function 형태를 Convex function 형태로 바꿀 수 있게 됩니다.

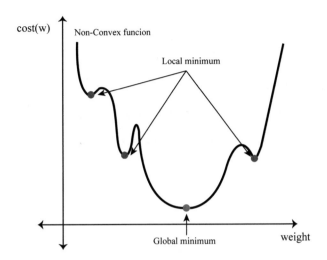

[그림 3-23] 평균 제곱 오차를 사용한 Binary Classification비용 함수 그래프

비용 함수를 구하기 위하여 Linear Regression의 비용 함수를 가져다 쓰는 것은 불가능하고 log를 이용하여 Local minimum을 제거한 비용 함수를 만들어야 합니다. 오차 함수의 목표는 우리가 세운 가설 수식의 값에서 실제값의 차이를 최소화하는 것입니다. 우리 코드에서 가설 수식(hypothesis = tf.sigmoid(tf.matmul(X,W)+b))를 H(X)라고 하고 실제값을 Y라고 했을 때 비용 함수는 C 함수에 대한 평균으로 다음과 같이 정리할 수 있습니다.

$$C \text{ 함수} : \ C(H(X), Y)$$

$$\text{비용 함수} : \mathrm{cost}(W) = \frac{1}{m} \sum C(H(X), Y)$$

C 함수는 비용 함수의 한 지점에서 우리가 예측한 가설 수식의 값에서 학습 데이터의 실제값의 차를 구하는 함수이며 비용 함수(cost(W))는 C 함수의 결괏값을 모두 더한 평균으로 표현합니다.

Linear Regression에서는 연속적인 결괏값을 가졌지만 Binary classification의 결과는 0과 1일 이산적인 결과가 나오기 때문에 비용 함수는 실제 결괏값 Y가 0과 1일 때로 나눠서 C 함수를 정의합니다.

$$C(H(X), Y) = \begin{cases} -\log\big(H(X)\big) & : Y = 1 \\ -\log\big(1 - H(X)\big) & : Y = 0 \end{cases}$$

결괏값 Y가 1일 때 예측값(가설 수식값) H(X)이며, Y가 0일 때 예측값은 1−H(X)로 수식을 작성합니다. 그리고 비용 함수의 형태를 Convex function로 바꾸기 위하여 −log 함수를 이용하여 울퉁불퉁한 형태를 제거합니다.

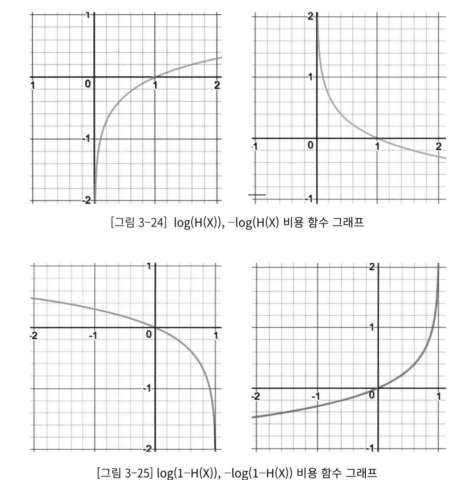

[그림 3-24] log(H(X)), −log(H(X) 비용 함수 그래프

[그림 3-25] log(1−H(X)), −log(1−H(X)) 비용 함수 그래프

[그림 3-24, 25] 그림의 왼쪽 그래프는 log−(H(X)), log(1−H(X))이며 오른쪽 그래프는 −log(H(X)), −log(1−H(X)) 그래프입니다. x축은 가설 수식 H(X)의 값이며 0부터 1 사이의 값을 가지게 되고 y축은 비용 함수의 결괏값을 나타냅니다. 비용 함

수 그래프에서 우리가 원하는 최소 비용을 찾기 위해서는 비용 함수는 는의 범위를 가져야 최소 비용을 찾을 수 있기 때문에 log 함수(범위 : $[-\infty, 0]$)가 아닌 $-$log 함수를 이용합니다.

앞에서 정의한 비용 함수를 케이스에 맞게 확인하도록 하겠습니다.

실제값 Y	예측값(가설 수식 값) H(X)	비용 함수 cost(H(X), Y)
1	0	∞
1	1	0
0	0	0
0	1	∞

실제값이 Y=1일 때 $-$log(H(X)) 그래프를 이용하여 비용 함수를 확인하도록 하겠습니다. 가설 수식에서 계산된 값 H(X)가 0일 때 그래프에서 비용 함수는 ∞로 값이 수렴하게 잘못 예측에 대한 패널티를 받게 됩니다 반대로 가설 수식에서 계산된 값 H(X)가 1이면 비용 함수는 0으로 수렴하게 되어 최솟값이 0을 얻을 수 있습니다.

실제값이 Y=0일 때 $-$log(1$-$H(X)) 그래프를 이용하여 비용 함수를 확인하도록 하겠습니다. 가설 수식에서 계산된 값 H(X)가 0일 때 그래프에서 비용 함수는 0으로 수렴하게 되어 최솟값을 0을 얻을 수 있지만 반대로 가설 수식에서 계산된 값 H(X)가 1이면 비용 함수는 ∞로 값이 수렴하게 되어 잘못된 예측에 대한 패널티를 받게 됩니다.

이제 실제 Y=1, 0일 때로 나누어서 비용 함수를 정의하였습니다. 조건에 맞게 코드로 수식을 옮기려고 하면 조건문을 이용하여 표현해야 합니다. 이런 불편한 점을 없애기 위하여 하나의 수식으로 표현할 수 있습니다.

$$c(H(X), Y) = Y * (-\log(H(X)) + (1 - Y)(-\log(1 - H(X))$$

$$\text{cost}(W) = \frac{1}{m}\sum\left(Y * (-\log(H(X)) + (1 - Y)(-\log(1 - H(X)))\right)$$

$$cost(W) = -\frac{1}{m}\sum\big(Y\log\big(H(X)\big) + (1 - Y)(\log(1 - H(X)))\big)$$

정리된 비용 함수를 코드로 나타내면 costFunction =−tf.reduce_mean(Y * tf.log(hypthesis)+(1−Y) * tf.log(1−hypothesis)) 로 선언할 수 있습니다.

비용 함수 최소 비용을 찾기 위한 최적화 함수를 선언합니다. 비용 함수를 Convex function 형태로 만들었기 때문에 Linear Regression에서 사용하던 Gradient decent 알고리즘을 사용할 수 있습니다. Gradient decent 알고리즘을 이용하여 비용 함수를 미분하여 W와 b의 값을 구하게 구합니다.

$$W := W - \alpha\frac{\partial}{\partial w}cost(w)$$

$$W := W - \alpha\frac{\partial}{\partial w}\left(-\frac{1}{m}\sum\big(Y\log\big(H(X)\big) + (1 - Y)\big(\log\big(1 - H(X)\big)\big)\big)\right)$$

Gradient decent 알고리즘은 위의 수식처럼 계산이 됩니다. 이 수식을 직접 구현하지 않고 tensorflow를 이용하여 다음과 같이 선언합니다.

optimizer=tf.train.GradientDescentOptimizer(learning_rate=learningRate) 로 수식을 계산하고 비용 함수의 최솟값을 계산하기 위하여 optimizer. minimize(costFunction) 최솟값을 구하는 코드를 선언합니다.

여기까지 Binary Classification의 빌드 단계를 완료하였습니다. 이제 실행 단계에서는 앞서 선언한 모델을 이용하여 학습을 진행합니다.

```
####################################################################
# [실행단계]
# 학습 모델 그래프를 실행
####################################################################
# 실행을 위한 세션 선언
sess = tf.Session()
# 최적화 과정을 통하여 구해질 변수 W,b 초기화
```

```
sess.run(tf.global_variables_initializer())

# 예측값, 정확도 수식 선언
predicted = tf.equal(tf.sign(hypothesis-0.5), tf.sign(Y-0.5))
accuracy = tf.reduce_mean(tf.cast(predicted, tf.float32))

# 학습 정확도를 저장할 리스트 선언
train_accuracy = list()

print("------------------------------------------------------------------------")
print("Train(Optimization) Start")
for step in range(totalStep):
    # X, Y에 학습데이터 입력하여 비용함수, W, b, accuracy, train을 실행
    cost_val, acc_val, _ = sess.run([costFunction, accuracy, train],
                                    feed_dict={X: xTrainData,
                                               Y: yTrainData})

    train_accuracy.append(acc_val)

    if step % 2000 == 0:
        print("step : {}. cost : {}, accuracy : {}".format(step, cost_val, acc_val))
print("Train Finished")
print("------------------------------------------------------------------------")
print("[Train Result]")
# 최적화가 끝난 W, b 변수의 값
W_val, b_val = sess.run([W,b])
W1Value, W2Value, b_Value, = W_val[0][0], W_val[1][0], b_val[0]
print("W1 value : {}, W2 value : {}, b Value : {}".format(W1Value, W2Value, b_Value))
h_val, p_val, a_val = sess.run([hypothesis, predicted, accuracy],
                               feed_dict={X: xTrainData,
                                          Y: yTrainData})
print("\nHypothesis : {} \nPrediction : {} \nAccuracy : {}".format(h_val,p_val,a_val))
print("------------------------------------------------------------------------")
```

```python
# matplotlib 를 이용하여 결과를 시각화
trainData_y0 = df_totalTrainData[df_totalTrainData['y'] == 0]
trainData_y1 = df_totalTrainData[df_totalTrainData['y'] == 1]

fig = plt.figure(figsize=(6, 6))
subplot = fig.add_subplot(1, 1, 1)
subplot.set_ylim([0, 30])
subplot.set_xlim([0, 30])
subplot.scatter(trainData_y1.x1, trainData_y1.x2, marker='x')
subplot.scatter(trainData_y0.x1, trainData_y0.x2, marker='o')

linex = np.linspace(0, 30, 10)
liney = - (W1Value*linex/W2Value + b_Value/W2Value)
subplot.plot(linex, liney)

field = [
        [
            (1 / (1 + np.exp(-(b_Value + W1Value*x1 + W2Value*x2))))
                for x1 in np.linspace(0, 30, 100)
        ]
            for x2 in np.linspace(0, 30, 100)
    ]

subplot.imshow(field,
            origin='lower',
            extent=(0, 30, 0, 30),
            cmap=plt.cm.gray_r,
            alpha=0.5)
plt.show()

# 정확도 결과 확인 그래프
plt.plot(range(len(train_accuracy)),
        train_accuracy,
        linewidth=2,
```

```
        label='Training')
plt.legend()
plt.title("Accuracy Result")
plt.show()

#세션종료
sess.close()
```

　모델 그래프를 실행시키기 위하여 sess 변수에 tf.Session()을 선언합니다. tensorflow에서 모든 연산을 실행하기 위해서는 tf.Session.run()을 이용하여 실행을 해야 합니다. 앞서 빌드 2단계 모델 생성을 위한 변수 초기화 부분에서 선언한 변수 W, b의 변수를 초기화하기 위하여 sess.run(tf.global_variables_initializer())를 실행합니다.

　학습 결과를 계산하기 위하여 가설 수식의 예측값 그리고 예측한 결과와 실제값의 결과가 맞는지 확인하는 수식을 작성합니다. predicted 변수는 예측값을 저장하게 됩니다. 가설 수식을 통해 나온 예측값에서 Decision boundary(결정 경계) 값인 0.5를 뺀 값의 부호와 실제값에서 Decision boundary 값을 뺀 값의 부호가 같은지를 판단하여 predicted 변수의 값을 결정합니다. tf.sign(n) 함수는 파라미터로 입력된 n의 부호를 리턴하며 tf.equal(a,b) 함수는 파라미터로 입력된 a와 b의 값이 동일하면 True, 다르면 False의 Boolean 값을 리턴합니다. Decision boundary(결정 경계)는 가설 수식 그래프 [그림 3-22]에서 0.5가 넘으면 1로 판단하고 0.5가 되지 않으면 0으로 판단하게 됩니다. 여기서 0.5는 Decision boundary라고 하며 두 가지 분류로 나누는 기준값입니다. accuracy 변수는 예측값의 평균을 계산하여 저장하는 변수로 predicted 변수의 boolean 값을 tf.cast() 함수를 이용하여 True 값을 1, False 값을 0으로 캐스팅하여 평균을 구할 수 있게 합니다.

　train_accuracy는 정확도 결과를 저장하기 위한 리스트를 선언하며 학습이 완료된 후 학습 진행 단계마다 정확도 그래프로 표현합니다. 이제 for문을 이용하여 totalStep만큼 학습을 시키도록 하겠습니다. sess.run()을 이용하여 학습 단계마다 costFunction, accuracy, train 실행시켜 계산을 하고 비용 함수 결과는 cost_val 변수에 저장하고 정확도 결과는 acc_val에 결과를 반환합니다. acc_val은 train_accuracy 리스트에 저장합니다. 학습 진행 상태를 확인하기 위하여 2,000번에 한 번씩 중간 결과를 콘솔에 출력하고 totalStep만큼 학습을 완료하면 최종적으로 최적화한 W의 값(W1, W2)와 b의 값을 콘솔에 출력합니다. 최적화된 모델에 다시 학습 데이터를 입력하여 가설 수식 값 예측값, 정확도를 콘솔에 출력하여 확인하고 2개의 그래프를 출력하여 결과를 시각화합니다.

Binary Classification Logistic Regression 모델 생성을 완료하였습니다. 실행 결과를 확인해 보도록 하겠습니다.

다음과 같은 조건으로 모델을 학습하였습니다.

1. 학습 데이터 수 : 총 30개(결과가 0인 데이터 20개, 결과가 1인 데이터 15개)
2. 최적화 함수 : Gradient decent 알고리즘
3. 학습률 : 0.01
4. 학습 횟수 : 20,001 회

학습 결과는 [그림 3-26]과 같이 출력되었습니다.

```
Train(Optimization) Start
step : 0. cost : 0.6931471824645996, accuracy : 0.0
step : 2000. cost : 0.3803124725818634, accuracy : 0.9142857193946838
step : 4000. cost : 0.28600645065307617, accuracy : 0.9428571462631226
step : 6000. cost : 0.23830272257328033, accuracy : 0.9714285731315613
step : 8000. cost : 0.20899467170238495, accuracy : 0.9714285731315613
step : 10000. cost : 0.1888035386800766, accuracy : 0.9714285731315613
step : 12000. cost : 0.17383189499378204, accuracy : 0.9714285731315613
step : 14000. cost : 0.16215457022190094, accuracy : 1.0
step : 16000. cost : 0.15270663797855377, accuracy : 1.0
step : 18000. cost : 0.14484789967536926, accuracy : 1.0
step : 20000. cost : 0.13816888630390167, accuracy : 1.0
Train Finished

[Train Result]
W1 value : 0.3284957706928253, W2 value : 0.2278052419424057, b Value : -8.206147193908691
```

[그림 3-26] 학습 중간 결과와 최종 결과

학습 중간 2,000번에 한 번씩 비용 함수와 정확도를 확인해 보면 14,000번째에는 정확도가 1로 100%의 정답을 예측하게 되었으며, 학습 완료 후 최소 비용은 0.1381…의 결과를 보였습니다. 궁극적으로 우리가 구한 W와 b의 결괏값은 각각 W1 = 0.3284… , W2 = 0.2278.., b = −8.2061… 을 값으로 출력되었습니다.

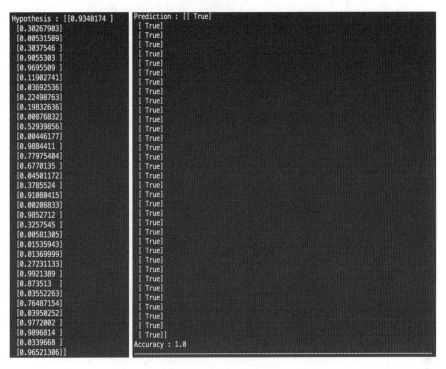

[그림 3-27] 학습 결과(가설 수식, 예측값, 정확도)

[그림 3-27]은 학습 데이터를 입력하여 가설 수식의 결괏값, 예측값, 정확도를 콘솔에 출력하였습니다. 가설 수식은 Logistic Function을 이용하여 0부터 1 사이의 값으로 결과가 계산된 것을 확인할 수 있으며 최종 학습 모델의 예측값과 정확도를 확인할 수 있습니다.

그래프는 총 2가지로 출력합니다. 첫 번째 그래프는 학습 데이터의 분포와 2가지 결과로 분류한 모습을 [그림 3-28]에서 확인할 수 있습니다. 두 번째 그래프 [그림 3-29]은 정확도를 나타낸 그래프입니다. Binary Classification 결과 그래프는 학습을 위하여 어느 정도 분류할 수 있는 학습 데이터를 직접 생성하여 학습을 하였기 때문에 분류가 잘 된 것을 확인할 수 있습니다.

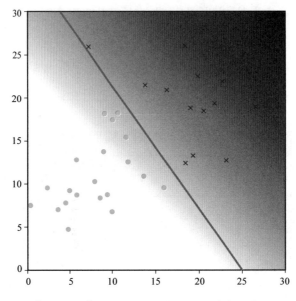

[그림 3-28] Binary classification 결과 그래프

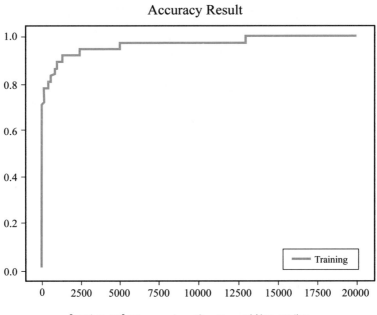

[그림 3-29] Binary classification 정확도 그래프

3) Bank Marketing Logistic Regression

Regression Analysis의 한 종류인 Logistic Regression에 대하여 알아보았습니다. 이번 예제에서는 직접 만든 학습 데이터가 아닌 실제 데이터를 이용하여 Logistic Regression을 이용하여 학습 모델을 만들어 보도록 하겠습니다.

데이터를 수집하는 방법으로는 직접 데이터를 기록하고 모을 수 있지만 구글 검색창에서 '데이터셋' 혹은 'datasets'으로 검색하면 학습 데이터를 구할 수 있는 검색 결과가 나옵니다. 검색 결과로 나온 사이트에서 원하는 데이터를 구할 수도 있습니다.

국내에서 사용 가능한 공공 데이터는 행정안전부와 한국정보화진흥원에서 제공하는 공공 데이터 포탈(https://www.data.go.kr/) 사이트에서 데이터를 구할 수 있습니다. 다른 방법으로는 구글 데이터 서치(https://toolbox.google.com/datasetsearch)에서 원하는 종류의 데이터를 검색하여 데이터를 얻을 수 있습니다.

[그림 3-30] 데이터 검색(공공 데이터 포탈, 구글 데이터 서치)

데이터 사이언스 경진대회를 통하여 유명해진 캐글(Kaggle : https://www.kaggle.com/)에서도 데이터셋을 얻을 수 있습니다. 캐글은 2010년 설립된 예측 모델 및 분석 대회 플랫폼으로 기업 및 단체에서 데이터와 해결 과제가 등록되면, 데이터 과학자들이 이를 해결하는 모델을 개발하고 이를 공유하고 있으며 2017년 3월에 구글에 인수되었습니다.

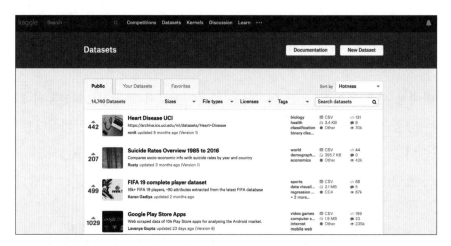

[그림 3-31] Kaggle Datasets

[그림 3-32] 학습 데이터 다운로드

[그림 3-31] Kaggle에서 데이터셋 검색할 수 있는 화면입니다. 다양한 필터를 이용하여 원하는 형식의 데이터 타입, 크기, 라이센스 등을 검색 조건으로 주고 검색을 하면 원하는 데이터를 찾을 수 있습니다.

예제에서 사용하는 데이터는 캐글에 등록된 데이터로서 Bank Marketing (주소 : https://www.kaggle.com/henriqueyamahata/bank-marketing)의 제목으로 등록되어 있으며 [그림 3-32]와 같이 화면 중간에 학습 데이터를 선택하고 다운로드 버튼을 이용하여 데이터를 CSV 파일 형식으로 다운받을 수 있습니다. 학습 데이터는 포르투갈 금융기관의 직접 마케팅(전화 통화)을 통하여 수집된 데이터입니다.

다운로드받은 데이터를 열어 보면 [그림 3-33]과 같이 첫 번째 줄은 데이터 컬럼들의 제목이며 두 번째 줄부터는 실제 데이터가 CSV 파일 형식인 ' , '로 구분되어 있습니다.

	A	B	C	D	E	F	G	H	I	J	K	L	M	N	O	P	Q	R	S	T	U
1	age;"job";"marital";"education";"default";"housing";"loan";"contact";"month";"day_of_week";"duration";"campaign";"pdays";"previous";"poutcome";"emp.var.rate";"cons.price.idx";"cons.conf.idx";"euribor3m";"nr.employed";"y"																				
2	56;"housemaid";"married";"basic.4y";"no";"no";"no";"telephone";"may";"mon";261;1;999;0;"nonexistent";1.1;93.994;-36.4;4.857;5191;"no"																				
3	57;"services";"married";"high.school";"unknown";"no";"no";"telephone";"may";"mon";149;1;999;0;"nonexistent";1.1;93.994;-36.4;4.857;5191;"no"																				
4	37;"services";"married";"high.school";"no";"yes";"no";"telephone";"may";"mon";226;1;999;0;"nonexistent";1.1;93.994;-36.4;4.857;5191;"no"																				
5	40;"admin.";"married";"basic.6y";"no";"no";"no";"telephone";"may";"mon";151;1;999;0;"nonexistent";1.1;93.994;-36.4;4.857;5191;"no"																				
6	56;"services";"married";"high.school";"no";"no";"yes";"telephone";"may";"mon";307;1;999;0;"nonexistent";1.1;93.994;-36.4;4.857;5191;"no"																				
7	45;"services";"married";"basic.9y";"unknown";"no";"no";"telephone";"may";"mon";198;1;999;0;"nonexistent";1.1;93.994;-36.4;4.857;5191;"no"																				
8	59;"admin.";"married";"professional.course";"no";"no";"no";"telephone";"may";"mon";139;1;999;0;"nonexistent";1.1;93.994;-36.4;4.857;5191;"no"																				
9	41;"blue-collar";"married";"unknown";"unknown";"no";"no";"telephone";"may";"mon";217;1;999;0;"nonexistent";1.1;93.994;-36.4;4.857;5191;"no"																				
10	24;"technician";"single";"professional.course";"no";"yes";"no";"telephone";"may";"mon";380;1;999;0;"nonexistent";1.1;93.994;-36.4;4.857;5191;"no"																				
11	25;"services";"single";"high.school";"no";"yes";"no";"telephone";"may";"mon";50;1;999;0;"nonexistent";1.1;93.994;-36.4;4.857;5191;"no"																				
12	41;"blue-collar";"married";"unknown";"unknown";"no";"no";"telephone";"may";"mon";55;1;999;0;"nonexistent";1.1;93.994;-36.4;4.857;5191;"no"																				
13	25;"services";"single";"high.school";"no";"yes";"no";"telephone";"may";"mon";222;1;999;0;"nonexistent";1.1;93.994;-36.4;4.857;5191;"no"																				

[그림 3-33] bank-additional-full.csv 파일의 학습 데이터

여기까지 예제에서 필요한 학습 데이터를 구하는 방법에 대하여 알아보았습니다. 실제 데이터는 지금까지 앞선 예제에서처럼 숫자로만 되어 있지 않고 문자와 함께 사용되는 것이 일반적입니다. 이런 상태의 데이터를 이용하여 바로 학습을 하는 것은 불가능합니다. 모든 데이터는 학습을 위한 데이터 형태(숫자 형태)로 변환을 해야 되는데 변환하는 과정을 '데이터 전처리'라고 합니다.

알아두기

■ 데이터 전처리

대부분의 데이터 분석 업무는 반드시 데이터 전처리 과정을 거쳐야 합니다. 데이터의 품질과 데이터에 담긴 정보량에 따라 머신러닝에서는 학습 모델의 정확도에 영향을 주게 됩니다. 실제 데이터는 학습 데이터로 사용할 수 없을 정도로 지저분한 상태인 데이터가 많습니다. 이러한 데이터를 분석이 가능한 상태로 만들기 위해 데이터 전처리 과정을 통하여 데이터를 다시 가공합니다.

– 데이터 전처리 과정
1. 결측값(Missing Value)을 제거하거나 다른 값으로 대치
2. 범주형 자료는 정수형 데이터로 매핑
3. 변수 표준화 : 측정 단위에 따라 머신러닝 알고리즘이 왜곡되는 현상을 방지하기 위하여
   변수를 정규화, 표준화 척도를 조정

■ Feature Scaling

데이터의 값이 너무 크거나 작아서 변수의 영향이 제대로 반영 안 될 수 있기 때문에 변수를 같은 크기의 척도로 조정하여 학습에 동일한 영향을 주도록 합니다.

1. Min, Max Normalization
– 데이터를 일반적으로 0~1 사이의 값으로 변환
– 식 : (X – X의 최솟값) / (X의 최댓값 –X의 최솟값)
– 데이터의 최솟값, 최댓값을 알 경우 사용

2. Standardization
– 기존 변수에 범위를 정규 분포로 변환
– 식 : (X – X의 평균값) / (X의 표준편차)
– 데이터의 최솟값, 최댓값을 모를 경우 사용

이번 예제에서는 실제 데이터를 이용하여 Logistic Regression 모델을 만들어 보도록 하겠습니다. 전체적인 모델 생성 과정 중에서 학습 데이터를 만드는 데이터 전처리 과정에 대하여 자세히 알아보도록 하겠습니다.

이번 학습의 최종 목표는 수집한 데이터를 이용하여 고객이 정기예금을 등록할

것인지를 예측하는 것입니다.

```
################################################################
# [학습에 필요한 모듈 선언]
################################################################
import tensorflow as tf
import numpy as np
import pandas as pd
from matplotlib import pyplot as plt
# sklearn import error 발생시  pip install sklearn 로 설치
from sklearn.utils import shuffle
from sklearn.preprocessing import minmax_scale, MinMaxScaler, StandardScaler
```

　학습에 필요한 모듈을 import합니다. 이전 예제와 같은 방식으로 tensorflow, numpy, pandas 라이브러리를 사용하여 학습 모델을 생성합니다. 새롭게 추가된 라이브러리는 sklearn입니다. sklearn(scikit-learn)은 머신러닝 교육을 위한 파이썬 패키지로 벤치마크용 데이터셋 예제, 데이터 전처리(Preprocessing), 지도 학습(Supervised learning), 비지도 학습(Unsupervised learning), 모형 평가 및 선택(Evaluation and Selection)의 내용을 포함하고 있습니다. 다양한 머신러닝 모형, 즉 알고리즘을 하나의 패키지에서 모두 제공하는 장점을 가지고 있습니다. 예제에서는 전처리 기능을 이용하여 학습 데이터 전처리 과정에서 활용합니다.

```
###############################################################
# [환경설정]
###############################################################
# 학습 데이터(훈련/검증/테스트) 비율
trainDataRate = 0.7
validationDataRate = 0.1
# 학습률
learningRate = 0.01
# 총 학습 횟수
totalStep = 10001
# 데이터 섞기
shuffleOn = True
# 학습 데이터 경로 지정
datasetFilePath = "./dataset/bank-additional-full.csv"
# 사용할 학습데이터 컬럼 지정
age_yn = True
job_yn = True
marital_yn = True
education_yn = True
default_yn = True
housing_yn = True
loan_yn = True
contact_yn = True
month_yn = True
day_of_week_yn = True
duration_yn = True
campaign_yn = True
pdays_yn = True
previous_yn = True
poutcome_yn = True
emp_var_rate_yn = True
cons_price_idx_yn = True
cons_conf_idx_yn = True
euribor3m_yn = True
nr_employed_yn = True
# Feature Scaling (1:사용안함, 2:Min-Max Normalization, 3:Standardization)
featureScaling = 2
```

학습을 위한 환경 설정 변수를 선언합니다. 훈련 데이터 비율은 0.7, 검증 데이터 0.1로 선언하여 전체 데이터를 훈련 데이터, 검증 데이터, 테스트 데이터를 7:2:1 비율로 나누고 학습 데이터를 이용하여 학습 모델을 만들고 학습 모델의 검증을 위하여 검증, 테스트 데이터를 사용합니다.

🖺 알아두기

■ 학습 데이터 나누기

학습 데이터는 훈련 데이터(Train Data), 검증 데이터(Validation Data), 테스트 데이터(Test Data) 3가지 혹은 2가지로 나눠서 사용합니다. 훈련 데이터는 우리가 생성한 학습 모델의 W, b의 변수를 최적화하여 모델을 학습할 때 사용하며 검증 데이터는 생성한 학습 모델의 성능을 평가하기 위해서 사용합니다. 테스트 데이터는 완성한 모델에 입력하여 결과를 확인하기 위하여 사용됩니다.

Train Data	Test Data

Train Data	Validation Data	Test Data

| 학습 데이터 나누기 |

학습 데이터가 많을 경우 위 그림처럼 2가지 혹은 3가지로 나눠서 학습 모델을 평가합니다. 그러나 학습 데이터가 적을 경우 검증 데이터를 생략하고 모델을 생성, 평가하기도 합니다.

■ 모델 성능 평가와 학습 데이터

학습 데이터를 어떻게 사용하느냐에 따라 모델의 성능의 차이가 나게 됩니다. 학습 모델의 성능을 확인하는 방법은 테스트 데이터를 이용한 정확도 결과를 확인합니다. 학습된 모델에 사용된 데이터 이외의 다른 데이터가 입력되었을 때 좋은 성능을 보여야 합니다.

예를 들어 훈련 데이터를 이용한 정확도 결과가 검증 데이터를 이용한 정확도보다 높게 나온다면 훈련 데이터에 의해 Overfitting이 일어났을 것으로 생각할 수 있습니다. 이렇게 모델의 검증을 위하여 검증 데이터를 이용하여 좋은 학습 모델을 만들 수 있습니다.

■ **검증 데이터와 테스트 데이터 차이점**

검증 데이터와 테스트 데이터는 모델의 성능을 평가하는데 사용되는 데이터로 비슷한 역할을
하는데 나눠서 사용하는지에 대한 의문이 들게 됩니다. 두 데이터가 사용되는 방법 차이는 다
음과 같습니다.

1. 검증 데이터는 학습(Optimization)에 사용되지만 테스트 데이터는 학습에 쓰이지 않음
2. 검증 데이터는 다양한 학습 모델 중 성능이 좋은 모델 하나를 결정하는 데 사용
3. 테스트 데이터는 최종적으로 선택된 모델의 성능을 평가하기 위하여 사용

즉 W, b의 최적값을 찾는 학습 단계에 검증 데이터를 사용하고 학습이 모두 끝난 후 최종적으
로 만들어진 모델에 테스트 데이터를 사용하여 모델의 성능을 평가합니다.

데이터 섞기 변수 shuffleOn은 학습 데이터를 불러올 때 데이터의 순서를 섞어서
읽어올지를 결정합니다. 데이터를 섞는 이유는 훈련 데이터에 Overfitting 되는 것을
방지하기 위해서입니다.

학습 데이터가 저장되어 있는 경로를 지정합니다. 학습을 하기 전에 미리 다운로
드받은 학습 데이터는 예제 파일이 작성되는 위치의 하위 폴더(폴더명 : dataset)에
파일을 복사하여 저장합니다.

학습을 위한 데이터를 선택할 수 있도록 사용 여부를 환경 변수로 선언하여 학습
을 할 수 있도록 하고 Feature Scaling의 종류를 선택할 수 있도록 합니다. 데이터 전
처리 과정에서 사용됩니다.

📝 알아두기

■ **Overfitting, Underfitting**

Overfitting(과접합)이란 한정된 학습 데이터를 과하게 잘 학습하여 특화된 모델이 생성되지
만 테스트 데이터나 다른 데이터가 입력되면 오차가 증가하는 현상입니다. 실제로 기존의 머
신러닝 알고리즘을 이용하여 데이터를 학습하면 Overfitting은 해결이 불가능한 수준의 문제
인 경우가 많습니다. 그 이유는 실제 데이터는 학습 데이터보다 큰 집합이며 실제 데이터를 모

두 수집하는 것은 불가능합니다. 또한, 학습 데이터만 가지고 실제 데이터의 오차가 증가하는 지점을 예측하는 것은 매우 어려운 일입니다.

Underfitting(과소접합)이란 학습 데이터에 대해서 충분히 학습하지 못하여 테스트 데이터 뿐만 아니라 학습 데이터에서도 성능이 낮게 나타나는 현상입니다.

아래 그래프에서 보면 왼쪽 Underfitting은 에러가 6개가 발생하며 Overfitting은 에러가 발생하지 않습니다. 가운데 Optimum에서는 에러가 2개 발생합니다. 그림과 같이 3가지로 모델이 완성되었을 때 테스트 데이터를 입력할 경우 Overfitting에서 에러가 발생할 확률이 높습니다. 그렇기 때문에 학습 데이터에 특화된 모델이 생성되지 않도록 학습을 해야 합니다.

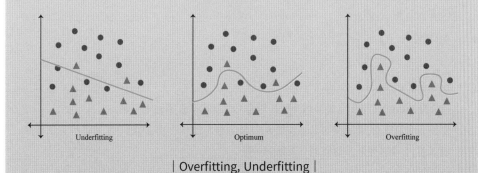

| Overfitting, Underfitting |

Overfitting이 발생했는지 알아보기 위해서는 훈련 데이터와 테스트 데이터의 정확도를 측정하여 훈련 데이터보다 테스트 데이터의 정확도가 떨어지는 현상을 보이고 훈련 데이터의 정확도가 100%가 될 경우 Overfitting이 발생한 것으로 예상할 수 있습니다.

■ **Overfitting 해결법**

다음과 세가지 방법을 이용하여 Overfitting 문제를 해결할 수 있습니다.

1. 학습 데이터의 수를 늘려 학습을 진행
2. 학습 데이터의 중복된 feature를 제거
3. Regularization(정규화)

■ **Regularization**

Overfitting 문제를 해결하기 위해 가장 확실한 방법은 학습 데이터의 수를 늘리는 방법입니다. 그러나 학습 데이터의 수가 늘어나게 되면 학습 시간에 늘어나는 문제가 발생하게 됩니다. 이때 사용하는 방식이 regularization을 사용하게 됩니다. Regularization(정규화 혹은 일반화)은 일종의 페널티라는 개념을 도입하여 특정 가중치(Weight)값들이 작아지도록 학습을 진행하게 되어 일반적인 특성을 갖도록 합니다.

Regularization은 비용 함수(costFunction)에서 정규화 가중치 파라미터의 합을 더하며 종류에는 L1 Regularization, L2 Regularization이 있습니다.

- L1 Regularization
  - 가중치(Weight)의 절댓값의 합에 비례하여 가중치에 페널티를 주는 정규화
  - 희소 특성(값이 0이거나 비어 있는 특성 벡터)에 의존하는 모델에서 L1 정규화는 관련성이 없거나 매우 낮은 특성의 가중치를 정확히 0으로 유도하여 모델에서 해당 특성을 배제하는 데 도움이 됨
  - 수식 : $C = C_0 + \frac{\lambda}{m}\sum|W|$

- L2 Regularization
  - 가중치(Weight) 제곱의 합에 비례하여 가중치에 페널티를 주는 정규화
  - 높은 긍정값 또는 낮은 부정값을 갖는 이상점 가중치를 0은 아니지만 0에 가깝게 유도하는 데 도움이 되며 선형 모델의 정규화를 개선함
  - 수식 : $C = C_0 + \frac{\lambda}{2m}\sum W^2$

Regularization을 통해 가중치(Weight)가 작아지도록 학습하는 것은 local noise가 학습에 큰 영향을 끼치지 않도록 하는 것이며 이상점의 영향을 적게 받도록 하는 것입니다.

수식에서 λ(람다)로 표시되는 Regularization rate(정규화율)은 스칼라값으로 정규화 함수의 상대적 중요도를 지정합니다. λ은 0보다 큰 값을 사용하여 정규화를 어느 정도로 할지를 정하게 되며 λ을 높이면 Overfitting은 감소하지만 모델의 정확성은 떨어질 수 있습니다.

이제 다운로드한 실제 데이터를 가지고 와서 학습에 맞는 형태로 데이터 전처리 과정을 통하여 학습에 맞는 데이터로 만들어 보도록 하겠습니다.

```
###############################################################
# [빌드단계]
# Step 1) 학습 데이터 준비(데이터 전처리)
###############################################################
### (1) 데이터 읽어오기
# pandas를 이용하여 CSV 파일 데이터 읽기
if shuffleOn:
    df = shuffle(pd.read_csv(datasetFilePath))
else:
    df = pd.read_csv(datasetFilePath)


# 학습 데이터 확인
print("===== Data =====>")
print(df.head())
print(df.tail())
# 학습데이터 shape 확인
print("df Shape : {}".format(df.shape))
```

미리 다운로드받아 놓은 학습 데이터를 Pandas의 CSV 파일을 읽어오는 pd.read_csv() 함수를 이용하여 읽어옵니다. 환경 설정에서 데이터를 섞어서 읽어오도록 설정 하였습니다. 데이터를 섞기 위하여 sklearn에서 제공하는 shuffle() 기능을 이용하여 데이터를 섞어서 Dataframe에 저장합니다. shuffleOn을 False로 지정하게 되면 shuffle()을 사용하지 않고 원본 데이터 순서대로 Dataframe에 저장합니다.

읽어 들인 학습 데이터를 확인하기 위하여 df.head(), df.tail() 함수를 이용하여 데이터의 처음과 끝의 5개 데이터를 출력하면 [그림 3-34]와 같이 콘솔에 출력이 됩니다. df.shape를 출력하면 읽어온 데이터의 shape을 확인할 수 있으며 총 41,188개의 레코드와 총 21개의 칼럼으로 이루어져 있습니다.

```
===== Data =====>
        age          job   marital              education default housing loan  \
35282    32   technician    single   professional.course      no     yes   no
12665    42   management  divorced      university.degree  unknown     no   no
12406    48       admin.   married      university.degree      no     yes  yes
5121     46     services   married            high.school      no     yes   no
4862     46       admin.  divorced      university.degree      no     yes   no

        contact month day_of_week ... campaign pdays previous  \
35282   cellular   may         fri ...        3   999        0
12665   cellular   jul         mon ...        2   999        0
12406   cellular   jul         mon ...        2   999        0
5121   telephone   may         fri ...        1   999        0
4862   telephone   may         wed ...        4   999        0

        poutcome emp.var.rate cons.price.idx cons.conf.idx euribor3m  \
35282 nonexistent        -1.8         92.893        -46.2     1.250
12665 nonexistent         1.4         93.918        -42.7     4.960
12406 nonexistent         1.4         93.918        -42.7     4.960
5121  nonexistent         1.1         93.994        -36.4     4.857
4862  nonexistent         1.1         93.994        -36.4     4.858

        nr.employed   y
35282       5099.1  no
12665       5228.1  no
12406       5228.1  no
5121        5191.0  no
4862        5191.0  no

[5 rows x 21 columns]
```

df.head()

```
        age          job   marital              education default housing loan  \
16175    37       admin.   married      university.degree      no     yes   no
33230    33  blue-collar    single              basic.6y      no     yes   no
32686    53       admin.   married      university.degree      no     yes   no
1757     44       admin.   married            high.school      no     yes   no
7578     36  blue-collar    single              basic.9y      no      no   no

        contact month day_of_week ... campaign pdays previous  \
16175  telephone   may         tue ...        3   999        0
33230   cellular   may         tue ...        8   999        0
32686   cellular   may         mon ...        3   999        1
1757   telephone   may         fri ...        2   999        0
7578   telephone   may         fri ...        1   999        0

        poutcome emp.var.rate cons.price.idx cons.conf.idx euribor3m  \
16175 nonexistent         1.4         93.918        -42.7     4.961
33230 nonexistent        -1.8         92.893        -46.2     1.291
32686     failure        -1.8         92.893        -46.2     1.299
1757  nonexistent         1.1         93.994        -36.4     4.855
7578  nonexistent         1.1         93.994        -36.4     4.864

        nr.employed   y
16175       5228.1  no
33230       5099.1  no
32686       5099.1  no
1757        5191.0  no
7578        5191.0  no

[5 rows x 21 columns]
df Shape : (41188, 21)
```

df.tail()

[그림 3-34] 학습 데이터 확인

```
### (2) 범주형 데이터 맵핑 선언
job_mapping = {
    "admin." : 1 ,
    "blue-collar" : 2,
    "entrepreneur" : 3,
    "housemaid" : 4,
    "management" : 5,
    "retired" : 6,
    "self-employed" : 7,
    "services" : 8,
    "student" : 9,
    "technician" : 10,
    "unemployed" : 11,
    "unknown" : np.nan
}
marital_mapping = {
    "divorced" : 1,
    "married" : 2,
    "single" : 3,
    "unknown" : np.nan
}
education_mapping = {
    "basic.4y": 1,
    "basic.6y": 2,
```

```python
    "basic.9y": 3,
    "high.school": 4,
    "illiterate": 5,
    "professional.course": 6,
    "university.degree": 7,
    "unknown": np.nan
}
default_mapping = {
    "no" : 0,
    "yes" : 1,
    "unknown" : np.nan
}
housing_mapping = {
    "no" : 0,
    "yes" : 1,
    "unknown" : np.nan
}
loan_mapping = {
    "no" : 0,
    "yes" : 1,
    "unknown" : np.nan
}
contact_mapping = {
    "cellular" : 1,
    "telephone" : 2
}
month_mapping = {
    "jan" : 1,
    "feb" : 2,
    "mar" : 3,
    "apr" : 4,
    "may" : 5,
    "jun" : 6,
    "jul" : 7,
    "aug" : 8,
    "sep" : 9,
    "oct" : 10,
    "nov" : 11,
    "dec" : 12
```

```python
}
day_of_week_mapping = {
    "mon" : 1,
    "tue" : 2,
    "wed" : 3,
    "thu" : 4,
    "fri" : 5
}
poutcome_mapping = {
    "failure" : 0,
    "success" : 1,
    "nonexistent" : 2
}
y_mapping = {
    "no" : 0,
    "yes" : 1
}

# 컬럼별로 맵핑
df['job'] = df['job'].map(job_mapping)
df['marital'] = df['marital'].map(marital_mapping)
df['education'] = df['education'].map(education_mapping)
df['default'] = df['default'].map(default_mapping)
df['housing'] = df['housing'].map(housing_mapping)
df['loan'] = df['loan'].map(loan_mapping)
df['contact'] = df['contact'].map(contact_mapping)
df['month'] = df['month'].map(month_mapping)
df['day_of_week'] = df['day_of_week'].map(day_of_week_mapping)
df['poutcome'] = df['poutcome'].map(poutcome_mapping)
df['y'] = df['y'].map(y_mapping)

# 맵핑 상태 확인
print("===== after mapping =====>")
print(df.head())
print(df.tail())
```

Dataframe에 데이터에 범주형 데이터가 포함되어 있습니다. 범주형 데이터는 가설 수식과 비용 함수, 최적화 함수 수식에 데이터를 입력하기 위하여 정수형으로 맵핑을 해야 합니다.

📋 **알아두기**

■ bank-additional-full.csv 컬럼 데이터 설명 및 범주형 데이터 맵핑

학습 데이터에 unknown으로 되어 있는 부분은 결측값을 의미하며 unknown이 존재할 경우 np.nan(numpy에서 사용하는 None)을 사용하여 결측값을 'NaN'으로 대체하고, 범주형 데이터로 구성되어 있는 컬럼은 정수로 맵핑하여 학습 데이터를 변경합니다.

순서	컬럼	설명	범주형 데이터 맵핑
1	age	나이	
2	Job	직업	"admin." : 1 , "blue-collar" : 2, "entrepreneur" : 3, "housemaid" : 4, "management" : 5, "retired" : 6, "self-employed" : 7, "services" : 8, "student" : 9, "technician" : 10, "unemployed" : 11, "unknown" : np.nan
3	marital	결혼 상태 divorced : 이혼 + 사별	"divorced" : 1, "married" : 2, "single" : 3, "unknown" : np.nan
4	education	교육 상태	"basic.4y" : 1, "basic.6y" : 2, "basic.9y" : 3, "high.school" : 4, "illiterate" : 5, "professional.course" : 6, "university.degree" : 7, "unknown" : np.nan

5	default	credit 유무	"no" : 0, "yes" : 1, "unknown" : np.nan
6	housing	주택 대출 유무	"no" : 0, "yes" : 1, "unknown" : np.nan
7	loan	개인 대출 유무	"no" : 0, "yes" : 1, "unknown" : np.nan
8	contact	연락 방법(핸드폰, 집 전화)	"cellular" : 1, "telephone" : 2
9	month	최근 연락한 달	"jan" : 1, "feb" : 2, "mar" : 3, "apr" : 4, "may" : 5, "jun" : 6, "jul" : 7, "aug" : 8, "sep" : 9, "oct" : 10, "nov" : 11, "dec" : 12
10	day_of_week	마지막으로 연락한 요일	"mon" : 1, "tue" : 2, "wed" : 3, "thu" : 4, "fri" : 5
11	duration	연락한 시간 단위(초), 결과에 큰 영향이 있음	
12	campaign	총 연락 횟수	
13	pdays	이전에 연락한 날부터 가장 최근 연락한 날까지 경과 일수 999는 처음 연락한 사람을 의미	
14	previous	이전 행사에 연락한 횟수	

15	poutcome	이전 행사에 결과	"failure" : 0, "success" : 1, "nonexistent" : 2
16	emp.var.rate	고용율	
17	cons.price.idx	소비자 물가지수(월 단위)	
18	cons.conf.idx	소비자 신뢰지수(월 단위)	
19	euribor3m	Euribor 3개월 비율	
20	nr.employed	종업원 수	
21	y	이번 행사 결과 (신규 계좌 개설 여부)	"no" : 0, "yes" : 1

Dataframe의 map()을 이용하여 범주형 데이터를 맵핑할 수 있습니다. 맵핑을 위하여 데이터를 딕셔너리 형태로 범주형 데이터를 정수형 데이터로 정의해야 합니다. 총 12개의 컬럼 데이터가 범주형 데이터 형태이기 때문에 각각의 컬럼을 딕셔너리 형태로 맵핑합니다. 컬럼별로 df['컬럼명'] = df['컬럼명'].map('맵핑 딕셔너리 변수') 형태로 맵핑을 하고 맵핑이 완료된 결과를 콘솔에 출력합니다.

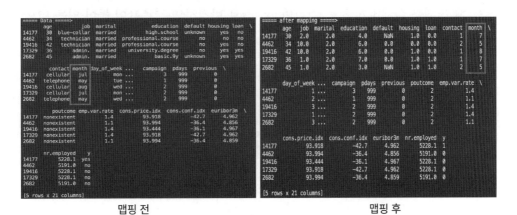

맵핑 전　　　　　　　　　　　　　　맵핑 후

[그림 3-35] 학습 데이터 맵핑

[그림 3-35]의 month 컬럼은 최근 연락한 달의 데이터입니다. 이 데이터를 맵핑

한 결과를 확인하면 7월은 정수 7로, 5월은 정수 5로 맵핑되었습니다. 이렇게 범주형 데이터는 정수형 데이터로 맵핑을 하여 학습에 필요한 데이터로 변경합니다.

```
### (3) 결측값 제거
# NaN(np.nan)가 포함된 데이터 행을 삭제
df_withoutNaN = df.dropna(axis=0)

# 결측값 제거 결과 확인
print("===== before remove missing value =====>")
print("shape : {}".format(df.shape))
print("===== after remove missing value =====>")
print("shape : {}".format(df_withoutNaN.shape))
```

데이터를 맵핑할 때 결측값을 np.nan(Nan으로 입력됨)으로 맵핑하여 데이터를 변경했습니다. 이제 변경된 결측값을 Dataframe의 dropna() 기능을 이용하여 제거합니다. 결측값을 제거하는 이유는 모델 학습 시 이상 점이 발생할 확률을 줄이기 위해서입니다.

df.dropna(axis=0)으로 결측값을 제거하며 제거한 새로운 데이터는 df_withoutNaN이란 새로운 Dataframe에 저장합니다. 여기서 axis=0은 결측값이 들어 있는 행 전체를 삭제하게 하는 것이며 axis=1로 변경하면 결측값이 들어 있는 열 전체를 삭제하게 됩니다. 콘솔에서 결측값 제거 후 학습 데이터의 수를 확인할 수 있도록 shape의 정보를 출력합니다. [그림 3-36]과 같이 처음 41,188개의 레코드에서 30,488개의 레코드로 줄어들었습니다.

```
===== before remove missing value =====>
shape : (41188, 21)
===== after remove missing value =====>
shape : (30488, 21)
```

[그림 3-36] 결측값 제거 후 학습 데이터 수

```
### (4) 학습을 위한 데이터를 추출
selected_column = list()

if age_yn: selected_column.append("age")
if job_yn: selected_column.append("job")
if marital_yn: selected_column.append("marital")
if education_yn: selected_column.append("education")
if default_yn: selected_column.append("default")
if housing_yn: selected_column.append("housing")
if loan_yn: selected_column.append("loan")
if contact_yn: selected_column.append("contact")
if month_yn: selected_column.append("month")
if day_of_week_yn: selected_column.append("day_of_week")
if duration_yn: selected_column.append("duration")
if campaign_yn: selected_column.append("campaign")
if pdays_yn: selected_column.append("pdays")
if previous_yn: selected_column.append("previous")
if poutcome_yn: selected_column.append("poutcome")
if emp_var_rate_yn: selected_column.append("emp.var.rate")
if cons_price_idx_yn: selected_column.append("cons.price.idx")
if cons_conf_idx_yn: selected_column.append("cons.conf.idx")
if euribor3m_yn: selected_column.append("euribor3m")
if nr_employed_yn: selected_column.append("nr.employed")

df_extraction_feature = df_withoutNaN[selected_column]
df_extraction_result = df_withoutNaN[['y']]
```

환경 설정에서 사용할 컬럼을 지정하였기 때문에 사용할 컬럼들은 selected_column 리스트에 저장이 됩니다. df_extraction_feature는 선택한 컬럼 데이터만 담은 Dataframe 변수입니다. df_extraction_result 는 실제 결과 데이터 컬럼을 담은 Dataframe 변수입니다.

```
### (5) Feature Scaling
# 결과데이터 리스트로 변환
result_dataList = df_extraction_result.as_matrix()

# Scaling을 한 학습데이터 리스트로 변환
feature_dataList = list()

if featureScaling == 1 :
    # feature scale 사용 안함
    feature_dataList = df_extraction_feature.as_matrix()
elif featureScaling == 2 :
    # Min-Max Normalization 사용
    df_extraction_feature.apply(minmax_scale)
    minmax_scale = MinMaxScaler(feature_range=[0, 1]).fit(df_extraction_feature)
    feature_dataList = minmax_scale.transform(df_extraction_feature)
elif featureScaling == 3 :
    # Standardization 사용
    df_extraction_feature.apply(lambda x: StandardScaler(x))
    std_scale = StandardScaler().fit(df_extraction_feature)
    feature_dataList = std_scale.transform(df_extraction_feature)
```

df_extraction_feature, df_extraction_result에 저장된 데이터를 Feature Scaling을 합니다. 환경 설정에서 Scaling 방법을 Min Max Normalization을 선택하였기 때문에 조건문에서 해당 코드를 실행하게 하였습니다. Feature Scaling은 sklearn 라이브러리에서 제공하는 preprocessing 함수를 이용하여 실행하였습니다.

Scaling을 한 데이터는 Dataframe의 as_matrix() 기능을 이용하여 Dataframe 데이터를 리스트 형태로 반환시켜 result_dataList, feature_dataList 변수에 데이터를 저장합니다.

```
### (6) 훈련, 검증, 테스트 데이터 나누기
# trainDataRate, validationDataRate 비율로 데이터 나눔
trainDataNumber = round(len(feature_dataList) * trainDataRate)
validationDataNumber = round(len(feature_dataList) * validationDataRate)
# 훈련 데이터 선언
xTrainDataList = feature_dataList[:trainDataNumber]
yTrainDataList = result_dataList[:trainDataNumber]
# 검증 데이터 선언
xValidationDataList = feature_dataList[trainDataNumber:trainDataNumber+validationDataNumber]
yValidationDataList = result_dataList[trainDataNumber:trainDataNumber+validationDataNumber]
# 테스트 데이터 선언
xTestDataList = feature_dataList[trainDataNumber+validationDataNumber:]
yTestDataList = result_dataList[trainDataNumber+validationDataNumber:]

print("[TrainData Size]\nx : {}, y : {}".format(len(xTrainDataList),
                                                len(yTrainDataList)))
print("[ValidationData Size]\nx : {}, y : {}".format(len(xValidationDataList),
                                                     len(yValidationDataList)))
print("[TestData Size]\nx : {}, y : {}".format(len(xTestDataList),
                                               len(yTestDataList)))
```

환경 설정에서 훈련 데이터, 검증 데이터, 테스트 데이터의 비율을 7:2:1의 비율로 설정하였습니다. 그 비율에 맞게 학습 데이터를 나누게 됩니다. trainDataNumber 변수에 훈련 데이터의 수를 계산하여 저장합니다. xTrainDataList와 yTrainDataList 에 훈련용 데이터를 리스트 슬라이싱을 이용하여 저장합니다. 검증 데이터는 훈련 데이터 이후에 정해진 수만큼 추출합니다. 테스트 데이터는 훈련 데이터와 검증 데이터를 제외한 나머지 부분은 xTestDataList, yTestDataList 변수에 저장합니다. 학습 데이터를 나누고 콘솔에 각각 데이터가 몇 개씩 들어갔는지 출력합니다. 총 학습 데이터(3,488개)를 나눈 결과 훈련 데이터 21,342 개, 검증 데이터 3,049개, 테스트 데이터 6,097개로 나누어서 사용하게 됩니다.

```
###############################################################
# [빌드단계]
# Step 2) 모델 생성을 위한 변수 초기화
###############################################################
# feature 로 사용할 데이터 갯수
feature_num = len(selected_column)

# 학습데이터(x : feature)가 들어갈 플레이스 홀더 선언
X = tf.placeholder(tf.float32, shape=[None, feature_num])
# 학습데이터(y : result)가 들어갈 플레이스 홀더 선언
Y = tf.placeholder(tf.float32, shape=[None, 1])

# Weight 변수 선언
W = tf.Variable(tf.random_uniform([feature_num, 1]), name='weight')
# Bias 변수 선언
b = tf.Variable(tf.random_uniform([1]), name='bias')
```

첫 번째 빌드 단계인 학습 데이터 준비 단계에서는 실제 데이터를 가져와서 학습을 위한 데이터로 변경하는 데이터 전처리 과정을 완료하였습니다. 두 번째 단계에서는 모델 생성을 위하여 변수를 초기화합니다.

데이터 전처리 단계를 거친 학습 데이터를 입력하기 위하여 X, Y 변수를 placeholder 타입으로 생성합니다. X는 학습 데이터의 feature(학습을 위해 선택한 데이터 종류)를 입력하며 Y는 실제 결과 데이터 컬럼 y의 값을 입력합니다. 두 변수가 입력되는 shape은 [데이터 개수(레코드), 데이터 종류 개수]의 형태를 가지게 되며 데이터가 훈련 데이터, 검증 데이터, 테스트 데이터의 비율에 따라 개수가 달라지기 때문에 'None'으로 지정하고 데이터 종류 개수는 selected_column에 들어간 컬럼의 개수로 지정하면 됩니다. feature_num = len(selected_column)으로 데이터 종류 개수를 구하여 X 변수의 shape은 [None, feature_num]으로 선언합니다. Y 변수에는 실제 결과(yes or no) 데이터 1개가 출력되기 때문에 [None, 1]로 선업합니다.

W(Weight)와 b(bias) 변수는 모델을 생성하기 위하여 학습을 통해 갱신되어 최

적의 값으로 변경됩니다. W 변수는 X의 데이터 종류의 개수만큼 생성되며 b는 결과 데이터의 종류가 1개이기 때문에 1개로 생성합니다.

```
################################################################
# [빌드단계]
# Step 3) 학습 모델 그래프 구성
################################################################
# Hypothesis using sigmoid: tf.div(1., 1. + tf.exp(tf.matmul(X, W)))
# 3-1) 학습데이터를 대표 하는 가설 그래프 선언
hypothesis = tf.sigmoid(tf.matmul(X, W) + b)

# 3-2) 비용함수(오차함수,손실함수) 선언
costFunction = -tf.reduce_mean(Y * tf.log(hypothesis) + (1 - Y) * tf.log(1 - hypothesis))

# 3-3) 비용함수의 값이 최소가 되도록 하는 최적화함수 선언
optimizer = tf.train.GradientDescentOptimizer(learning_rate=learningRate)
train = optimizer.minimize(costFunction)
```

빌드 단계의 마지막은 학습 모델 그래프를 구성합니다. 학습 모델 그래프는 가설 수식을 작성하고 비용 함수를 선언하여 비용 함수의 값이 최적으로 계산할 수 있도록 최적화 함수를 선언합니다.

예제에서는 Bank Marketing 학습 데이터로 마케팅을 통한 계좌 개설 여부를 판단하는 모델을 만드는 것입니다. 즉 Yes/No를 판단하는 Binary classification 모델과 동일한 모델을 사용하여 학습을 시키도록 하겠습니다. 이전 예제에서 사용하는 가설 수식과 비용 함수, 그리고 최적화 함수를 동일하게 사용하여 학습 모델 그래프를 구성합니다.

가설 수식, 비용 함수, 최적화 함수를 만드는 방법은 이전 Binary Classsification Logistic Regression의 내용을 다시 확인하시면 됩니다. 여기까지 빌드 단계를 완료하였습니다. 이제 구성한 학습 모델을 실행시키는 실행 단계로 넘어갑니다.

```
##############################################################
# [실행단계]
# 학습 모델 그래프를 실행
##############################################################
# 실행을 위한 세션 선언
sess = tf.Session()
# 최적화 과정을 통하여 구해질 변수 W,b 초기화
sess.run(tf.global_variables_initializer())

# 예측값, 정확도 수식 선언
predicted = tf.equal(tf.sign(hypothesis-0.5), tf.sign(Y-0.5))
accuracy = tf.reduce_mean(tf.cast(predicted, tf.float32))

# 학습, 검증 정확도를 저장할 리스트 선언
train_accuracy = list()
validation_accuracy = list()

print("-------------------------------------------------------------------------------")
print("Train(Optimization) Start ")
for step in range(totalStep):
    # X, Y에 학습데이터 입력하여 비용함수, W, b, accuracy, train을 실행
    cost_val, W_val, b_val, acc_val, _ = sess.run([costFunction, W, b, accuracy, train],
                                        feed_dict={X: xTrainDataList,
                                                   Y: yTrainDataList})
    train_accuracy.append(acc_val)

    if step % 1000 == 0:
        print("step : {}. cost : {}, accuracy : {}".format(step,
                                                            cost_val,
                                                            acc_val))

    if step == totalStep-1 :
        print("W : {}\nb:{}".format(W_val, b_val))
# matplotlib 를 이용하여 결과를 시각화
# 정확도 결과 확인 그래프
plt.plot(range(len(train_accuracy)),
         train_accuracy,
         linewidth=2,
         label='Training')
plt.legend()
```

```
plt.title("Train Accuracy Result")
plt.show()

print("Train Finished")
print("----------------------------------------------------------------------")
print("Validation Start")
for step in range(totalStep):
    # X, Y에 테스트데이터 입력하여 비용함수, W, b, accuracy, train을 실행
    cost_val_v, W_val_v, b_val_v, acc_val_v, _ = sess.run([costFunction, W, b, accuracy, train],
                                            feed_dict={X: xValidationDataList,
                                                       Y: yValidationDataList})

    validation_accuracy.append(acc_val_v)

    if step % 1000 == 0:
        print("step : {}. cost : {}, accuracy : {}".format(step,
                                                            cost_val_v,
                                                            acc_val_v))


    if step == totalStep-1:
        print("W : {}\nb:{}".format(W_val_v, b_val_v))


# matplotlib 를 이용하여 결과를 시각화
# 정확도 결과 확인 그래프
plt.plot(range(len(train_accuracy)),
         train_accuracy,
         linewidth=2,
         label='Training')
plt.plot(range(len(validation_accuracy)),
         validation_accuracy,
         linewidth=2,
         label='Validation')
plt.legend()
plt.title("Train and Validation Accuracy Result")
plt.show()

print("Validation Finished")
print("----------------------------------------------------------------------")
print("[Test Result]")
```

```
# 최적화가 끝난 학습 모델 테스트
h_val, p_val, a_val = sess.run([hypothesis, predicted, accuracy],
                               feed_dict={X: xTestDataList,
                                          Y: yTestDataList})
print("\nHypothesis : {} \nPrediction : {} \nAccuracy : {}".format(h_val, p_val, a_val))
print("---------------------------------------------------------------")

#세션종료
sess.close()
```

모델 그래프를 실행하기 위해서 tensorflow에서는 Session을 이용하여 실행을 합니다. sess 변수에 tf.Session()을 선언하고 최적화 과정을 통하여 구해질 변수를 초기화하기 위하여 sess.run(tf.global_variables_initializer())를 실행합니다.

학습 결과를 계산하기 위하여 예측값, 정확도 수식을 Binary Classification 모델과 동일하게 작성합니다. 모델의 정확도를 알아보기 위하여 train_accuracy, test_accuracy 리스트를 선언하여 학습 진행 단계마다 정확도를 저장합니다.

for문을 이용하여 totalStep만큼 학습을 시키도록 하겠습니다. sess.run()을 이용하여 costFunction, W, b, accuracy, train를 실행하며 이때 입력하는 데이터는 훈련 데이터 2만 1,342개를 feed_dict을 이용하여 데이터를 입력합니다. 학습의 정확도는 acc_val 저장되는데 train_accuracy 리스트에 저장하여 학습 완료 후 정확도 그래프를 그리기 위한 데이터로 이용됩니다. 학습이 진행되면서 1,000단계마다 중간 결괏값을 콘솔에 출력하고, 학습 마지막 단계에 최적화된 W와 b의 값을 콘솔에 출력합니다.

훈련 데이터로 학습된 모델이 완성되면 검증 데이터(3,029개)를 이용하여 학습된 모델을 동일한 방법으로 다시 학습을 시킵니다. 학습을 진행하면서 검증 데이터의 학습의 정확도는 validation_accuracy 리스트에 저장하여 테스트 완료 후 훈련 데이터, 검증 데이터의 정확도 비교 그래프로 출력합니다.

검증 데이터까지 학습을 완료하면 최종적으로 테스트 데이터를 이용하여 결과를 콘솔에 출력하면 Bank Marketing Logistic Regression 모델 생성을 완료하게 됩니다. 실행 결과를 확인해 보도록 하겠습니다.

다음과 같은 조건으로 모델을 학습하였습니다.

1. 학습 데이터 : 검증 데이터 : 테스트 데이터 = 7:2:1
2. 최적화 함수 : Gradient decent 알고리즘
3. 학습률 : 0.01
4. 학습 횟수 : 10,001
5. 학습 데이터 섞기 : True
6. 사용할 학습 데이터 컬럼 : 모두 사용
7. Feature Scaling 방법 : Min Max Normalization

먼저 훈련 데이터의 학습 결과는 [그림 3-37]로 출력되었습니다. 학습 초반에는 정확도는 12.69%를 보였으며 학습이 진행되면서 88.71% 올라갔습니다. 또한, 비용 함수의 값도 점점 줄어들고 있습니다. 최종 W의 값은 총 20개의 feature에 대한 값과 1개의 b의 값을 확인할 수 있습니다. 학습 중간 정확도가 증가하는 그래프는 [그림 3-38]로 출력되었습니다. 정확도는 10,001번의 학습을 통해 88%로 증가하는 결과를 확인할 수 있습니다.

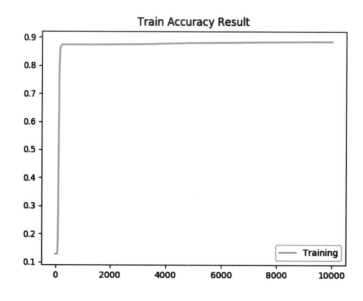

```
Train(Optimization) Start
step : 0. cost : 5.440560817718506, accuracy : 0.12697966396808624
step : 1000. cost : 0.3363201320171356, accuracy : 0.8731140494346619
step : 2000. cost : 0.32691189646720886, accuracy : 0.8732545971870422
step : 3000. cost : 0.32113972306251526, accuracy : 0.874754011631012
step : 4000. cost : 0.31725189089775085, accuracy : 0.8769093751907349
step : 5000. cost : 0.3144177198410034, accuracy : 0.8789241909980774
step : 6000. cost : 0.31221985816955566, accuracy : 0.8823915123939514
step : 7000. cost : 0.31043535470962524, accuracy : 0.8858588933944702
step : 8000. cost : 0.30893611907958984, accuracy : 0.8870771527290344
step : 9000. cost : 0.307644248008728, accuracy : 0.8874988555908203
step : 10000. cost : 0.30650967359542847, accuracy : 0.8871240019798279
W : [[ 0.33911687]
 [ 0.01849346]
 [-0.05859768]
 [ 0.22757128]
 [ 0.11938161]
 [-0.02366605]
 [ 0.02737154]
 [-0.29751417]
 [ 0.19968888]
 [ 0.04669753]
 [ 0.76143074]
 [ 0.01892631]
 [-0.96339226]
 [-0.08793849]
 [ 0.09783779]
 [-0.881538  ]
 [ 0.4056993 ]
 [ 0.59430605]
 [-0.66840655]
 [-1.2083042 ]]
b: [-0.21779874]
Train Finished
```

[그림 3-37] 훈련 데이터 학습 결과

Train Accuracy Result

[그림 3-38] 훈련 데이터 정확도 그래프

훈련 데이터의 학습이 완료된 모델을 이용하여 검증 데이터를 훈련한 결과는 [그림 3-39]로 출력되었습니다. 훈련 데이터로 완성된 모델을 기반으로 테스트 데이터를 훈련하였기 때문에 정확도는 88.55%부터 시작하여 88.75%로 조금 상승하였습니다. 훈련, 검증 데이터의 정확도 비교 그래프는 [그림 3-40]과 같이 비슷한 정확도를 가지는 것을 확인할 수 있으며 학습 모델은 Overfitting 되지 않은 모델로 판단할 수 있습니다

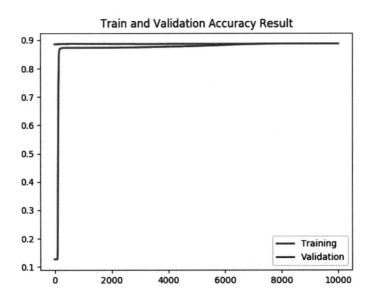

```
Validation Start
step : 0. cost : 0.30306488275527954, accuracy : 0.885536253452301
step : 1000. cost : 0.30148983001708984, accuracy : 0.8868481516838074
step : 2000. cost : 0.3001997768878937, accuracy : 0.8865201473236084
step : 3000. cost : 0.299090266222772217, accuracy : 0.8861922025680542
step : 4000. cost : 0.29810795187950134, accuracy : 0.8868481516838074
step : 5000. cost : 0.2972208261489868, accuracy : 0.8865201473236084
step : 6000. cost : 0.296407550573349, accuracy : 0.8865201473236084
step : 7000. cost : 0.29565373063087463, accuracy : 0.8865201473236084
step : 8000. cost : 0.2949487864971161, accuracy : 0.8871760964393616
step : 9000. cost : 0.294284850358963, accuracy : 0.8871760964393616
step : 10000. cost : 0.2936556041240692, accuracy : 0.8875041007995605
W : [[ 0.31920305]
 [ 0.1427647 ]
 [ 0.2184583 ]
 [ 0.23937333]
 [ 0.11938161]
 [-0.01144367]
 [-0.09476217]
 [-0.50135237]
 [-0.02827174]
 [ 0.15657647]
 [ 1.399554  ]
 [-0.01410185]
 [-1.2784543 ]
 [ 0.07380821]
 [ 0.41039085]
 [-0.941456  ]
 [ 0.5749582 ]
 [ 0.6493873 ]
 [-0.7655094 ]
 [-1.3660932 ]]
b:[-0.27177867]
Validation Finished
```

[그림 3-39] 검증 데이터 학습 결과

[그림 3-40] 훈련, 검증 데이터 정확도 비교 그래프

검증 데이터까지 학습한 모델의 테스트를 위하여 테스트 데이터를 입력하여 결과를 확인하면 [그림 3-41]과 같이 결과를 확인할 수 있습니다. 훈련 데이터의 정확도는 88.71%, 검증 데이터의 정확도는 88.75%, 테스트 데이터의 정확도는 88.86%의 결과를 확인하였습니다.

```
[Test Result]

Hypothesis : [[0.03330826]
 [0.64399874]
 [0.11263818]
 ...
 [0.31980595]
 [0.04467824]
 [0.03476169]] |
Prediction : [[ True]
 [ True]
 [ True]
 ...
 [False]
 [ True]
 [ True]]
Accuracy : 0.8886337280273438
```

[그림 3-41] 학습 결과(가설 수식, 예측값, 정확도)

환경 설정 부분에서 설정한 훈련용 데이터 비율, 학습률, 총 학습 횟수, 데이터, 학습 데이터로 사용할 컬럼, Feature Scaling의 값들을 변경하여 다양한 환경에서 모델을 학습시켜 볼 수 있습니다.

예를 들어 shuffleOn 변수를 False로 변경하여 모델을 학습하면 훈련 데이터의 학습 정확도는 93.38%로 나오지만, 검증 데이터를 이용하여 학습하면 정확도는 89.76%로 떨어지게 됩니다. 최종적으로 테스트 데이터를 이용하여 학습 모델의 정확도는 [그림 3-43]에서 보면 64.96%로 급격히 떨어진 결과를 보입니다. [그림 3-42] 그래프는 훈련, 검증 데이터의 정확도 비교 그래프로 학습 정확도가 조금 떨어진 것을 확인할 수 있습니다. 훈련 데이터에 모델이 Over ffitng 되었을 가능성이 있습니다.

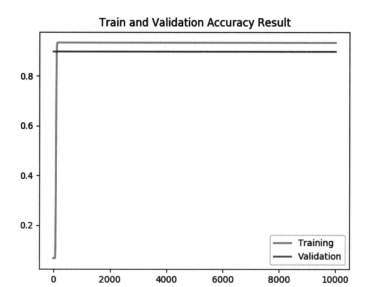

Train and Validation Accuracy Result

[그림 3-42] 데이터 섞기를 안 한 환경의 학습 정확도 그래프

```
[Test Result]

Hypothesis : [[0.09356054]
 [0.12751612]
 [0.10791831]
 ...
 [0.11631907]
 [0.12967303]
 [0.07873257]]
Prediction : [[ True]
 [False]
 [ True]
 ...
 [ True]
 [False]
 [ True]]
Accuracy : 0.6496637463569641
```

[그림 3-43] 데이터 섞기를 안 한 환경의 테스트 데이터 결과

3. Softmax Regression

1) Multinomial Classification Softmax Regression

Binary Classification은 2가지로 결과를 분류하는 것이며 Multinomial

Classification은 3가지 이상으로 결과를 분류할 수 있습니다.

Multinomial Classification의 기본 개념은 Binary Classification에서 출발합니다.

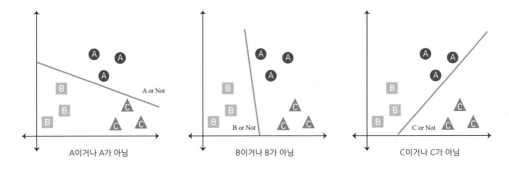

[그림 3-44] Binary Classification을 이용한 A, B, C 분류

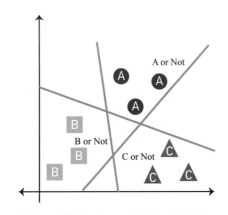

[그림 3-45] Multinomial Classification

[그림 3-44]의 그림은 A, B, C 세 가지 라벨을 Binary Classification을 이용하여 분류한 그래프입니다. 앞장에서 살펴본 2가지를 분류하는 방법을 Binary Classification을 이용하여 3가지 라벨을 분류할 수 있습니다. 먼저 A를 분류하기 위하여 왼쪽 그래프와 같이 A 라벨을 가진 것과 A 라벨이 아닌 것들로 구분할 수 있습니다. 왼쪽 그림처럼 분류한다면 A 라벨을 가진 것들은 쉽게 Binary Classification을 이용하여 분류할 수 있습니다. 가운데 그래프는 B 라벨을 분류하는 선을 그릴 수 있는데 이 선은 B 라벨을 가진 것과 아닌 것들을 구분합니다. 동일한 방법으로 오른쪽 그래프는 C 라벨을 구분할 수 있습니다. 각각의 A, B, C를 구분하는 Binary

Classification을 함께 이용한다면 3가지 라벨을 한 번에 분류할 수 있을 것이라는 생각에서 Multinomial Classification의 개념은 시작되면 Binary Classification을 Logistic Regression으로 불렀다면 Multinomial Classification은 Softmax Regression으로 부릅니다.

정리하자면 Logistic Regression에서는 2가지의 라벨(종류, 클래스)를 분류하는 방법이었다면 Softmax Regression은 여러 개의 라벨(종류)를 분류하는 방법을 말합니다. Logistic Regression과 Softmax Regression은 기본적인 과정은 비슷하지만 큰 차이는 Logistic Regression에서는 가설 수식에서 Logistic Function(Sigmoid Function)을 사용하여 예측값을 0과 1 사이의 값으로 출력하여 분류하고 Softmax Regression에서는 Softmax Function을 사용하여 여러 개의 라벨에 대한 확률값을 도출합니다. Softmax Function의 수식 아래와 같이 나타낼 수 있습니다.

$$S(y_i) = \frac{e^{y_i}}{\sum_i e^{y_i}}$$

Softmax Regression은 입력값을 넣은 후 도출된 여러 개의 확률(예측값)들 중에서 가장 큰 값을 라벨으로 분류합니다. 출력값은 0~1 사이의 실수이며 여러 개의 출력값의 총합은 1이 되며 이는 출력을 확률로 해설할 수 있어 문제를 확률적으로 풀수 있게 합니다. Softmax Fucntion을 사용하여도 각각의 입력값의 대소 관계는 변하지 않습니다.

다수의 라벨을 분류할 수 있는 Softmax에 대하여 예제를 통하여 자세히 알아보도록 하겠습니다.

```
##############################################################
# [학습에 필요한 모듈 선언]
##############################################################
import tensorflow as tf
import numpy as np
from numpy.random import multivariate_normal, permutation
import pandas as pd
from matplotlib import pyplot as plt
# seaborn import error 발생시  pip install seaborn 로 설치
import seaborn as sns
```

먼저 학습에 필요한 모듈을 import합니다. tensorflow, numpy, pandas, matplolib
를 사용하며 그래프를 그리는 seaborn(https://seaborn.pydata.org/) 라이브러리를
추가하여 학습 데이터의 시각화를 하도록 하겠습니다. seaborn 라이브러리는 'pip
install seaborn' 명령을 실행하여 설치를 할 수 있습니다. 자세한 설치 방법은 공식
홈페이지 https://seaborn.pydata.org/installing.html를 자세한 설명이 있으니 참고
하면 됩니다.

```
##############################################################
# [환경설정]
##############################################################
# 학습 데이터 수 선언
# y = class1 인 클래스
Y_class1 = 200
# y = class2 인 클래스
Y_class2 = 200
# y = class3 인 클래스
Y_class3 = 200
# 학습 데이터(훈련/검증/테스트) 비율
trainDataRate = 0.7
validationDataRate = 0.1
# 학습률
learningRate = 0.01
# 총 학습 횟수
totalStep = 10001
```

학습 모델을 만들기 위하여 환경 설정 변수를 선언합니다. 예제에서는 학습 데이터를 직접 만들어서 사용하도록 하겠습니다. 학습 데이터를 3가지 라벨에 맞춰서 생성합니다. class 1, class 2, class 3의 값을 가지는 데이터의 수를 지정합니다. 그리고 훈련 데이터, 검증 데이터, 테스트 데이터를 7:2:1 비율로 나누고 학습 데이터를 이용하여 학습 모델을 만들고 학습 모델의 검증을 위하여 검증, 테스트 데이터를 사용하기 위하여 비율을 선언하고 학습률과 총 학습 횟수를 지정합니다.

```
################################################################
# [빌드단계]
# Step 1) 학습 데이터 준비
################################################################
# 시드 설정 : 항상 같은 난수를 생성하기 위하여 수동으로 설정
np.random.seed(321)

### (1) 학습 데이터 생성
# y = class1 인 학습데이터 생성
# 데이터 수
dataNumber_y1 = Y_class1
# 데이터가 평균
mu_y1 = [1, 1, 1, 1, 1]
# 데이터 분산된 정도
variance_y1 = 4
# 난수 생성
data_y1 = multivariate_normal(mu_y1, np.eye(5) * variance_y1, dataNumber_y1)
df_y1 = pd.DataFrame(data_y1, columns=['x1', 'x2', 'x3', 'x4', 'x5'])
df_y1['y'] = 'class1'

# y = class2 인 학습데이터 생성
# 데이터 수
dataNumber_y2 = Y_class2
# 데이터가 평균
mu_y2 = [5, 5, 5, 5, 5]
```

```
# 데이터 분산된 정도
variance_y2 = 4
# 난수 생성
data_y2 = multivariate_normal(mu_y2, np.eye(5) * variance_y2, dataNumber_y2)
df_y2 = pd.DataFrame(data_y2, columns=['x1', 'x2', 'x3', 'x4', 'x5'])
df_y2['y'] = 'class2'


# y = class3 인 학습데이터 생성
# 데이터 수
dataNumber_y3 = Y_class3
# 데이터가 평균
mu_y3 = [10,10,10,10,10]
# 데이터 분산된 정도
variance_y3 = 4
# 난수 생성
data_y3 = multivariate_normal(mu_y3, np.eye(5) * variance_y3, dataNumber_y3)
df_y3 = pd.DataFrame(data_y3, columns=['x1', 'x2', 'x3', 'x4', 'x5'])
df_y3['y'] = 'class3'
```

학습 데이터는 동일한 결과를 보여 주기 위하여 시드를 설정하여 난수 데이터를 생성합니다. 난수로 학습 데이터를 생성하지만 학습 데이터는 어느 정도 분류가 가능한 분포를 가지는 데이터로 생성합니다. 3종류의 결과 5개의 특성을 가지는 데이터를 생성합니다.

class 1 라벨을 가지는 데이터는 200개를 생성하고 5개의 특성 데이터들의 평균값은 my_y1 변수에 선언하고 데이터들이 분산된 정도는 variance_y1의 변수에 설정합니다. numpy.random 라이브러리의 multivariate_normal()을 이용하여 np.eye(5)형태의 다변수 정규 분포를 가지는 난수를 리스트 data_y1에 저장합니다. 생성된 리스트 data_y1은 컬럼 정보(x1~x5)를 입력한 Dataframe으로 변경하고 난수들의 결과는 y컬럼에 'class 1'로 지정합니다.

class 2, class 3 라벨을 가지는 데이터 역시 동일한 방법으로 라벨에 따라 데이터의 평균, 분산된 정도를 설정하고 난수를 생성하여 Dataframe으로 변경합니다.

```
# 생성한 데이터를 하나의 DataFrame 으로 합치기
df = pd.concat([df_y1, df_y2, df_y3], ignore_index = True)
# 순서에 상관없이 데이터 정렬
df_totalTrainData = df.reindex(permutation(df.index)).reset_index(drop=True)

# 학습 데이터 확인
print("===== Data =====>")
print(df_totalTrainData.head())
print(df_totalTrainData.tail())
# 학습데이터 shape 확인
print("df_totalTrainData Shape : {}\n".format(df_totalTrainData.shape))

# 학습데이터 전체 그래프 확인
sns.pairplot(df_totalTrainData, hue="y", height=2)
plt.show()
```

다음 단계는 생성한 학습 데이터를 하나의 Dataframe으로 합치도록 합니다. df_totalTrainData 변수에 데이터의 순서에 상관없이 데이터를 정렬하여 하나의 학습 데이터 Dataframe으로 생성합니다.

```
===== Data =====>
          x1         x2         x3         x4         x5       y
0    8.129395  10.992341   8.104283  10.875429   9.732628  class3
1   10.030596   8.826777  10.414516   9.301360   8.819167  class3
2   13.194423   8.518136   8.749465  13.518546   7.343280  class3
3    6.367265   6.449413   4.547888   7.859430   2.725347  class2
4   11.547493  10.979799   9.752420  13.578842  11.388635  class3
          x1         x2         x3         x4         x5       y
595   5.083993   5.046393   3.870268   3.937826   1.947004  class2
596   3.060972  -2.289712  -1.257480   3.877043   3.532501  class1
597   5.246079   2.124267   7.474473   7.799916   3.584603  class2
598   8.334964  12.220503   8.737706  10.636006   6.780932  class3
599   4.887244   3.902188   4.692803   6.634168   3.967666  class2
df_totalTrainData Shape : (600, 6)
```

[그림 3-46] 학습 데이터 확인

생성한 학습 데이터를 확인합니다. 총 600개의 데이터를 모두 출력하지 않고 처음과 끝의 5개의 데이터만 출력하여 확인하면 [그림 3-46]과 같이 출력됩니다. 총 5개의 특성 데이터와 1개의 결과 데이터로 구성되어 있습니다. 특성 데이터들은 실수형 데이터로 생성되었기 때문에 그대로 사용이 가능하지만 결과 데이터 y 컬럼은

3가지 라벨을 가지는 범주형 데이터로 생성하였기 때문에 맵핑 작업을 통하여 실수형 데이터로 변경해야 합니다.

학습 데이터를 seaborn 그래프 라이브러리를 이용하여 출력합니다. seaborn은 그래프 출력을 위한 데이터 입력은 Dataframe을 입력받고 그래프 설정하는 방법이 matplotlib보다 쉽게 사용할 수 있습니다.

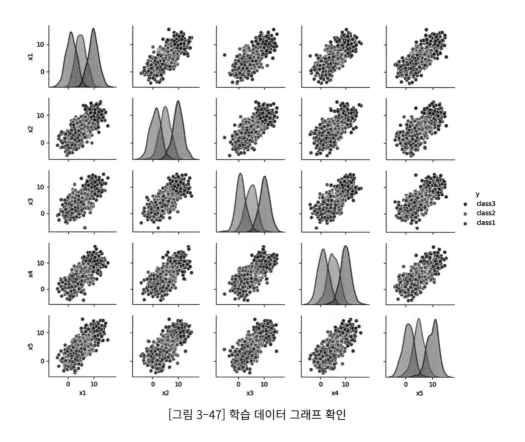

[그림 3-47] 학습 데이터 그래프 확인

[그림 3-47]은 생성된 600개의 데이터의 분포를 특성 데이터 항목별로 분포를 확인할 수 있습니다. 데이터 생성 시 정해준 평균값의 근처에 정규 분포를 따르는 난수가 생성되었기 때문에 학습 모델의 정확도는 높게 나올 것으로 예측됩니다.

```
### (2) 범주형 데이터 y컬럼 데이터 맵핑 선언
# y 컬럼 문자열 데이터를 리스트 형태로 변환
y_mapping = {
    "class1" : [1.0, 0.0, 0.0],
    "class2" : [0.0, 1.0, 0.0],
    "class3" : [0.0, 0.0, 1.0]
}
df_totalTrainData['y'] = df_totalTrainData['y'].map(y_mapping)


print("===== after mapping =====>")
print(df_totalTrainData.head())
print(df_totalTrainData.tail())
```

범주형 데이터인 결과 데이터를 리스트 형태의 실수형 데이터로 맵핑을 합니다. 우선 범주형 데이터를 딕셔너리 형태로 맵핑을 합니다. class 1은 [1.0, 0.0, 0.0] 으로 맵핑하고, class 2와, class 3의 값은 [0.0, 1.0, 0.0], [0.0, 0.0, 1.0]으로 맵핑합니다. Dataframe의 map() 기능을 이용하여 맵핑을 합니다. 콘솔에 맵핑한 데이터를 출력하면 [그림 3-48]과 같이 확인 가능합니다.

```
===== after mapping =====>
          x1         x2         x3         x4         x5                y
0   8.129395  10.992341   8.104283  10.875429   9.732628  [0.0, 0.0, 1.0]
1  10.030596   8.826777  10.414516   9.301360   8.819167  [0.0, 0.0, 1.0]
2  13.194423   8.518136   8.749465  13.518546   7.343280  [0.0, 0.0, 1.0]
3   6.367265   6.449413   4.547888   7.859430   2.725347  [0.0, 1.0, 0.0]
4  11.547493  10.979799   9.752420  13.578842  11.388635  [0.0, 0.0, 1.0]
           x1         x2         x3         x4        x5                y
595  5.083993   5.046393   3.870268   3.937826  1.947004  [0.0, 1.0, 0.0]
596  3.060972  -2.289712  -1.257480   3.877043  3.532501  [1.0, 0.0, 0.0]
597  5.246079   2.124267   7.474473   7.799916  3.584603  [0.0, 1.0, 0.0]
598  8.334964  12.220503   8.737706  10.636006  6.780932  [0.0, 0.0, 1.0]
599  4.887244   3.902188   4.692803   6.634168  3.967666  [0.0, 1.0, 0.0]
```

[그림 3-48] 학습 데이터 맵핑

```
### (3) 훈련, 검증, 테스트 데이터 나누기
# 결과데이터 리스트로 변환
resultColumnName = ['y']
yLabelList = ['class1', 'class2', 'class3']
yList = df_totalTrainData.as_matrix(resultColumnName)
result_dataList = np.array([element1 for element3 in yList
                                  for element2 in element3
                                      for element1 in element2]).reshape(len(yList), 3)


# 학습데이터 리스트로 변환
featureColumnName = ['x1', 'x2', 'x3', 'x4', 'x5']
feature_dataList = df_totalTrainData.as_matrix(featureColumnName)
# trainDataRate, validationDataRate 비율로 데이터 나눔
trainDataNumber = round(len(feature_dataList) * trainDataRate)
validationDataNumber = round(len(feature_dataList) * validationDataRate)
# 훈련 데이터 선언
xTrainDataList = feature_dataList[:trainDataNumber]
yTrainDataList = result_dataList[:trainDataNumber]
# 검증 데이터 선언
xValidationDataList = feature_dataList[trainDataNumber:trainDataNumber+validationDataNumber]
yValidationDataList = result_dataList[trainDataNumber:trainDataNumber+validationDataNumber]
# 테스트 데이터 선언
xTestDataList = feature_dataList[trainDataNumber+validationDataNumber:]
yTestDataList = result_dataList[trainDataNumber+validationDataNumber:]


print("[TrainData Size]\nx : {}, y : {}".format(len(xTrainDataList),
                                        len(yTrainDataList)))
print("[ValidationData Size]\nx : {}, y : {}".format(len(xValidationDataList),
                                        len(yValidationDataList)))
print("[TestData Size]\nx : {}, y : {}".format(len(xTestDataList),
                                        len(yTestDataList)))
```

범주형 데이터 맵핑 완료 후 학습을 위하여 모든 데이터를 리스트로 변환합니다. y 컬럼의 데이터를 result_dataList변수에 리스트 형태로 변환합니다. 먼저 Dataframe의 as_matrix() 기능을 이용하여 리스트 형태로 데이터를 yList 변수에 저장합니다.

yList는 [[list([0.0, 0.0, 1.0])] … [list([0.0, 1.0, 0.0])]] 형태로 저장됩니다. yList를 학습에 바로 사용한다면 matrix multiplication 시 shape가 다르기 때문에 에러가 발생합니다. 그래서 matrix multiplication을 위하여 yList 데이터를 result_dataList 변수에 reshape합니다. yList에 들어 있는 모든 값들을 1차원 배열에 모두 옮기고 이 데이터들을 3개의 원소들로 나눠서 reshape을 합니다. 특성 데이터도 리스트 형태로 변환하여 feature_dataList로 변환합니다.

리스트로 변환한 학습 데이터를 훈련 데이터, 검증 데이터, 테스트 데이터로 7:1:2의 비율로 각각 데이터 리스트 변수에 분할하여 저장합니다. 여기까지가 훈련 데이터를 준비하는 첫 번째 빌드 단계로 생성한 학습 데이터는 훈련 데이터 420개, 검증 데이터 60개, 테스트 데이터 120개를 준비합니다.

```
################################################################
# [빌드단계]
# Step 2) 모델 생성을 위한 변수 초기화
################################################################
# feature 로 사용할 데이터 갯수
feature_num = len(featureColumnName)
# result 로 사용할 종류 갯수
result_num = len(yLabelList)

# 학습데이터(x : feature)가 들어갈 플레이스 홀더 선언
X = tf.placeholder(tf.float32, shape=[None, feature_num])
# 학습데이터(y : result)가 들어갈 플레이스 홀더 선언
Y = tf.placeholder(tf.float32, shape=[None, result_num])

# Weight 변수 선언
W = tf.Variable(tf.zeros([feature_num, result_num]))

# Bias 변수 선언
b = tf.Variable(tf.zeros([result_num]))
```

모델 생성을 위한 변수 초기화 단계에서 학습 데이터가 입력될 수 있도록 X, Y 변수를 tf.placeholder()를 이용하여 공간을 생성합니다. 생성할 때 학습 데이터의 shape와 동일한 shape를 가질 수 있도록 생성해야 합니다. X 변수에는 특성 데이터 5개를 입력하고, Y 변수에는 결과 데이터의 종류의 개수만큼 입력합니다.

예제에서는 학습 데이터를 난수를 사용하여 정해진 개수만큼 생성하였기 때문에 [600, 2] 형태([데이터 개수, 데이터 종류 개수])로 생성할 수 있습니다. 그러나 학습 데이터의 수를 정확하게 모를 경우 데이터개수를 'None'으로 하면 데이터 개수가 상관없이 입력되어도 에러를 발생하지 않습니다.

W(Weight)와 b(bias) 변수는 모델을 생성하기 위하여 학습을 통해 갱신되어 최적의 값으로 변경됩니다. W 변수는 3개의 라벨을 분류하기 위하여 Linear Regression 3개가 함께 사용되었기 때문에 [5, 3]만큼 생성되며 b 변수는 결과 데이터의 종류의 개수만큼 생성되므로 [3]으로 생성합니다. W와 b의 초깃값은 tf.zeros()를 이용하여 0으로 설정합니다.

```
################################################################
# [빌드단계]
# Step 3) 학습 모델 그래프 구성
################################################################
# 3-1) 학습데이터를 대표 하는 가설 그래프 선언
hypothesis = tf.nn.softmax(tf.matmul(X, W) + b)

# 3-2) 비용함수(오차함수,손실함수) 선언
costFunction = tf.reduce_mean(-tf.reduce_sum(Y * tf.log(hypothesis), axis=1))

# 3-3) 비용함수의 값이 최소가 되도록 하는 최적화함수 선언
optimizer = tf.train.GradientDescentOptimizer(learning_rate=learningRate)
train = optimizer.minimize(costFunction)
```

빌드 단계의 마지막은 학습 모델 그래프를 구성합니다. 학습 모델 그래프는 가설 수식을 작성하고 비용 함수를 선언하여 비용 함수의 값이 최적으로 계산할 수 있도록 최적화 함수를 선언합니다.

Softmax Regression 가설 수식은 Logistic Regression을 출력값의 개수만큼 사용하고 출력값을 Softmax Fucntion을 이용하여 확률값으로 변경하면 됩니다.

Logistic Regression

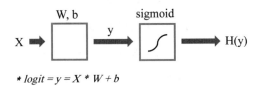

$* logit = y = X * W + b$

[그림 3-49] Logistic Regression 가설 도식화

Softmax Regression

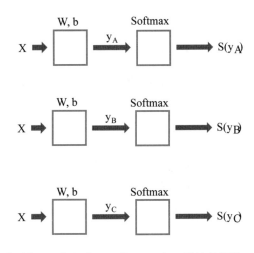

[그림 3-50] Softmax Regression 가설 도식화

[그림 3-49]와 [그림 3-50]은 Linear Regression, Softmax Regression의 가설 수식을 도식화하였습니다. 그림을 보면 3가지의 결괏값 라벨을 분류할 때 Linear Regression을 3개를 사용하면 A,B,C 라벨을 분류할 수 있습니다. Softmax Regression의 개념을 이제 수식으로 비교해 보도록 하겠습니다.

$$\begin{bmatrix} b, & W_1, W_2, & ..., W_n \end{bmatrix} \times \begin{bmatrix} 1 \\ X_1 \\ X_2 \\ \vdots \\ X_n \end{bmatrix} = \begin{bmatrix} b * 1 + W_1 X_1 + W_2 X_2, + \cdots + W_n X_n \end{bmatrix}$$

위의 수식은 Linear Regression을 Logit(log(odd)) 수식으로 나타낸 것입니다. 이 수식의 값을 Logistic Function(Sigmoid Function)에 입력하면 0 혹은 1의 2가지 결과로 분류합니다. 다음 수식은 Softmax Regression의 수식입니다. A, B, C 3가지 결괏값 라벨을 분류하기 위하여 3개의 수식으로 표현할 수 있습니다.

$$[b, W_{A1}, W_{A2}, ..., W_{An}] \times \begin{bmatrix} 1 \\ X_1 \\ X_2 \\ \vdots \\ X_n \end{bmatrix} = [b * 1 + W_{A1} X_1 + W_{A2} X_2 + \cdots + W_{An} X_n]$$

$$[b, W_{B1}, W_{B2}, ..., W_{Bn}] \times \begin{bmatrix} 1 \\ X_1 \\ X_2 \\ \vdots \\ X_n \end{bmatrix} = [b * 1 + W_{B1} X_1 + W_{B2} X_2 + \cdots + W_{Bn} X_n]$$

$$\begin{bmatrix} b, W_{C1}, W_{C2}, ..., W_{Cn} \end{bmatrix} \times \begin{bmatrix} 1 \\ X_1 \\ X_2 \\ \vdots \\ X_n \end{bmatrix} = [b * 1 + W_{C1} X_1 + W_{C2} X_2 + \cdots + W_{Cn} X_n]$$

3개의 Logit 수식은 Matrix Multiplication 형태로 다시 표현할 수 있습니다.

$$\begin{bmatrix} b, W_{A1}, W_{A2}, ..., W_{An} \\ b, W_{B1}, W_{B2}, ..., W_{Bn} \\ b, W_{C1}, W_{C2}, ..., W_{Cn} \end{bmatrix} \times \begin{bmatrix} 1 \\ X_1 \\ X_2 \\ \vdots \\ X_n \end{bmatrix} = \begin{bmatrix} b * 1 + W_{A1} X_1 + W_{A2} X_2 + \cdots + W_{An} X_n \\ b * 1 + W_{B1} X_1 + W_{B2} X_2 + \cdots + W_{Bn} X_n \\ b * 1 + W_{C1} X_1 + W_{C2} X_2 + \cdots + W_{Cn} X_n \end{bmatrix}$$

예를 들어 앞에서 설명한 3개의 Logit 수식을 코드로 옮길 수 있으나 코드로 구현할때 조건문을 사용해야 하기때문에 코드가 어려워지게 됩니다. 그러나 하나의 수식으로 변경하여 구현하면 좀 더 쉽게 가설 수식을 만들 수 있습니다. 하나의 수식으로 변경한 Logit 수식의 값을 Softmax Function에 입력하면 3가지 결괏값은 확률 값으로 변경되며 결괏값의 합은 1이 됩니다.

이제 Logit 수식을 Softmax Function에 입력하면 가설 수식은 완성됩니다. Softmax Function은 수식은 아래와 같습니다.

$$\text{Softmax Function}: S(y_i) = \frac{e^{y_i}}{\sum_i e^{y_i}}$$

Linear Regression의 Logit은 결괏값 2개를 분류하였지만 Softmax Regression의 Logit은 결괏값 K개를 분류합니다. 다음 수식은 Softmax Function 수식은 결괏값 K 개에 대한 Odd 수식입니다.

$$\frac{P(C_i|X)}{P(C_k|X)} = e^{(t_i)}$$

분모는 결괏값 k번째의 확률이며 분자는 i번째 확률입니다. 이제 양변에 1번째 부터 k-1번째까지 더해줍니다.

$$\sum_{i=1}^{k-1} \frac{P(C_i|X)}{P(C_k|X)} = \sum_{i=1}^{k-1} e^{(t_i)}$$

모든 경우의 수의 확률의 합은 1이기 때문에 1번째부터 k-1번째 결괏값(확률)의 합($\sum_{i=1}^{k-1} P(C_i|X)$)을 1에서 빼게 되면 k번째 결과의 확률이 되기 때문에 좌변의 분자를 다음과 같이 수식을 변경할 수 있습니다.

$$\frac{1 - P(C_k|X)}{P(C_k|X)} = \sum_{i=1}^{k-1} e^{(t_i)}$$

위 수식을 분자와 분모를 뒤집으면 Logit Odd($\frac{P}{1-P}$)의 형태로 바뀌며 k번째 결괏 값으로 정리합니다.

$$\frac{P(C_k|X)}{1 - P(C_k|X)} = \frac{1}{\sum_{i=1}^{k-1} e^{(t_i)}}$$

$$P(C_k|X) = \frac{1 - P(C_k|X)}{\sum_{i=1}^{k-1} e^{(t_i)}}$$

$$P(C_k|X) * \sum_{i=1}^{k-1} e^{(t_i)} = 1 - P(C_k|X)$$

$$P(C_k|X)\left(\sum_{i=1}^{k-1} e^{(t_i)} + 1\right) = 1$$

$$P(C_k|X) = \frac{1}{\sum_{i=1}^{k-1} e^{(t^i)} + 1}$$

최종적으로 i번째의 결괏값을 구하기 위하여 처음 정의한 k개의 Odd 식 $\frac{P(C_i|X)}{P(C_k|X)} = e^{(t_i)}$을 변형하여 $P(C_k|X) = \frac{P(C_i|X)}{e^{(t_i)}}$로 대입하여 i번째 결괏값 $P(C_i|X)$으로 정렬합니다.

$$\frac{P(C_i|X)}{e^{(t_i)}} = \frac{1}{\sum_{i=1}^{k-1} e^{(t^i)} + 1}$$

$$P(C_i|X) = \frac{e^{(t_i)}}{\sum_{i=1}^{k-1} e^{(t^i)} + 1}$$

분모의 1을 k번째 결괏값의 확률로 표현하면 $1 = \frac{P(C_k|X)}{P(C_k|X)} = e^{(t_k)}$로 표현 가능합니다. 분모의 1을 확률로 변경하여 분모를 정리하면 1부터 k-1의 확률을 모두 더하고 k번째 확률을 더하면 수식으로 정리가 됩니다. 분모를 한 번 더 정리하면 1부터 k번째 모든 확률을 더한 수식은 $\sum_{i=1}^{k} e^{(t^i)}$로 정리하여 수식을 표현하면 Softmax Function 의 수식이 됩니다.

$$\text{Softmax Function} : S(y_i) = \frac{e^{y_i}}{\sum_i e^{y_i}}$$

수식을 만드는 것은 어려운 작업입니다. tensorflow에서는 Softmax Function 수식을 tf.nn.softmax() 함수를 제공하기 때문에 실제로 코드로 구현할 때는 tf.nn.softmax()에 logit 수식을 입력하여 가설 수식 hypothesis = tf.nn.softmax(tf.matmul(X, W) + b)을 작성합니다.

다음은 가설 수식을 이용하여 실제 결과 데이터값의 차이를 구하는 비용 함수를 선언합니다. Softmax Regerssion의 비용 함수는 Cross Entropy(크로스 엔트로피)를 costFunction을 사용하며 다음과 같은 수식을 가지고 있습니다.

$$Cross\ Entropy : D(S, L) = -\sum_i L_i \log(S_i)$$

S는 Softmax Function으로 예측한 가설이고 L은 학습 데이터의 실제 결과 데이터를 의미합니다. 이 수식은 1개의 결괏값에 대한 Cross Entropy이고 N개의 결괏값을 가지도록 일반화 하면 다음과 같은 수식을 사용합니다.

$$costFunction = \frac{1}{N}\sum_i D(S(WX_i + b), L_i)$$

D(S,L)은 Softmax Function을 이용하여 세운 가설 수식으로 계산된 결과(예측값)과 학습 데이터의 실제 결과 데이터의 거리를 계산하는 함수입니다. 즉 결과가 맞을수록 적은 값이 나오게 되지만 맞지 않을 경우에는 높은 값이 나오게 됩니다. Cross Entropy의 수식을 조금 수정하여 다음과 같은 수식으로 변경합니다.

$$Cross\ Entropy : D(S, L) = \sum_i L_i * (-\log(S_i))$$

변경된 수식의 -log 함수는 Logistic Regression에서 사용하던 비용 함수와 같습니다. [그림 3-51]의 -log 함수 그래프에서 보면 값이 0에 가까울수록 비용 함수의 값은 ∞에 가까워지고 1에 가까울수록 0에 수렴하게 됩니다.

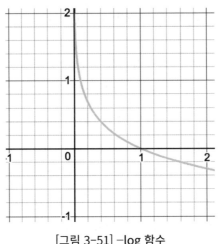

[그림 3-51] −log 함수

Cross Entropy를 이용하여 비용 함수를 만들었습니다. 생성한 비용 함수를 이용하여 A, B, C의 결괏값 라벨을 가지는 모델을 예를 들어 제대로 동작하는지 확인하겠습니다.

A를 결과로 가지는 실제 데이터는 $\begin{bmatrix} 1 \\ 0 \\ 0 \end{bmatrix}$ 형태의 확률값을 가지는 행렬로 나타내고 B와 C 는 $B = \begin{bmatrix} 0 \\ 1 \\ 0 \end{bmatrix}$, $C = \begin{bmatrix} 0 \\ 0 \\ 1 \end{bmatrix}$로 표현할 수 있습니다. 실제값(L)이 A를 가지는 데이터를 이용하여 costFunction을 계산할 때 총 3가지의 결과(예측값 S)값으로 나눠서 계산합니다.

$L = \begin{bmatrix} 1 \\ 0 \\ 0 \end{bmatrix}$ 일 때(실제값 : A) 각각의 결과 종류별로 예측값을 계산하면 다음과 같습니다.

1) B로 예측할 때 비용 함수(예측 실패)

$$S = \begin{bmatrix} 0 \\ 1 \\ 0 \end{bmatrix}, \quad L_i * (-\log(S_i)) = \begin{bmatrix} 1 \\ 0 \\ 0 \end{bmatrix} \odot -\log(s) = \begin{bmatrix} 1 \\ 0 \\ 0 \end{bmatrix} \odot \begin{bmatrix} \infty \\ 0 \\ \infty \end{bmatrix} = \begin{bmatrix} 1 * \infty \\ 0 * 0 \\ 0 * \infty \end{bmatrix} = \infty$$

B로 예측한 값(S)을 −log 함수의 그래프에 대입하여 수식을 계산하면 비용 함

수의 값은 ∞로 수렴하기 때문에 잘못 예측된 것입니다.

2) C로 예측할 때 비용 함수(예측 실패)

$$S = \begin{bmatrix} 0 \\ 0 \\ 1 \end{bmatrix}, \ L_i * (-\log(S_i)) = \begin{bmatrix} 1 \\ 0 \\ 0 \end{bmatrix} \odot -\log(s) = \begin{bmatrix} 1 \\ 0 \\ 0 \end{bmatrix} \odot \begin{bmatrix} \infty \\ \infty \\ 0 \end{bmatrix} = \begin{bmatrix} 1 * \infty \\ 0 * \infty \\ 0 * 0 \end{bmatrix} = \ \infty$$

C로 예측한 값(S)을 −log 함수의 그래프에 대입하여 수식을 계산하면 비용 함수의 값은 ∞로 수렴하기 때문에 잘못 예측된 것입니다.

3) A 로 예측할 때 비용 함수(예측 성공)

$$S = \begin{bmatrix} 1 \\ 0 \\ 0 \end{bmatrix}, \ L_i * (-\log(S_i)) = \begin{bmatrix} 1 \\ 0 \\ 0 \end{bmatrix} \odot -\log(s) = \begin{bmatrix} 1 \\ 0 \\ 0 \end{bmatrix} \odot \begin{bmatrix} 0 \\ \infty \\ \infty \end{bmatrix} = \begin{bmatrix} 1 * 0 \\ 0 * \infty \\ 0 * \infty \end{bmatrix} = \ 0$$

A로 예측한 값(S)을 −log 함수의 그래프에 대입하여 수식을 계산하면 비용 함수의 값은 0으로 수렴하여 A를 최소 비용으로 분류되기 때문에 예측에 성공한 것입니다.

Softmax Regression에서는 Cross Entropy를 이용하여 비용 함수를 정의합니다. 수식 $costFunction = \frac{1}{N} \sum_i D(S(WX_i + b), L_i)$을 코드로 구현하면 costFunction = tf.reduce_mean(-tf.reduce_sum(Y*tf.log(hypothesis), axis=1))로 선언할 수 있습니다. 비용 함수 최소 비용을 찾기 위하여 최적화 함수를 선언합니다. Logistic Regression과 동일한 Gradient decent 알고리즘을 이용하여 비용 함수 Cross Entropy를 미분하여 W와 b의 값을 구합니다.

빌드 단계를 완료하고 이제 생성한 모델을 학습하는 실행 단계로 넘어갑니다.

```python
################################################################
# [실행단계]
# 학습 모델 그래프를 실행
################################################################
# 실행을 위한 세션 선언
sess = tf.Session()
# 최적화 과정을 통하여 구해질 변수 W,b 초기화
sess.run(tf.global_variables_initializer())

# 예측값, 정확도 수식 선언
predicted = tf.equal(tf.argmax(hypothesis, axis=1), tf.argmax(Y, axis=1))
accuracy = tf.reduce_mean(tf.cast(predicted, tf.float32))

# 학습, 검증 정확도를 저장할 리스트 선언
train_accuracy = list()
validation_accuracy = list()


print("-----------------------------------------------------------------")
print("Train(Optimization) Start ")
for step in range(totalStep):
    # X, Y에 학습데이터 입력하여 비용함수, W, b, accuracy, train을 실행
    cost_val, W_val, b_val, acc_val, _ = sess.run([costFunction, W, b, accuracy, train],
                                                  feed_dict={X: xTrainDataList,
                                                             Y: yTrainDataList})

    train_accuracy.append(acc_val)

    if step % 1000 == 0:
        print("step : {}. cost : {}, accuracy : {}".format(step,
                                                           cost_val,
                                                           acc_val))

    if step == totalStep-1 :
        print("W : {}\nb:{}".format(W_val, b_val))

# matplotlib 를 이용하여 결과를 시각화
# 정확도 결과 확인 그래프
```

```python
plt.plot(range(len(train_accuracy)),
        train_accuracy,
        linewidth=2,
        label='Training')
plt.legend()
plt.title("Train Accuracy Result")
plt.show()


print("Train Finished")
print("--------------------------------------------------------------------------")
print("Validation Start")
for step in range(totalStep):
    # X, Y에 테스트데이터 입력하여 비용함수, W, b, accuracy, train을 실행
    cost_val_v, W_val_v, b_val_v, acc_val_v, _ = sess.run([costFunction, W, b, accuracy, train],
                                                feed_dict={X: xValidationDataList,
                                                            Y: yValidationDataList})

    validation_accuracy.append(acc_val_v)

    if step % 1000 == 0:
        print("step : {}. cost : {}, accuracy : {}".format(step,
                                                cost_val_v,
                                                acc_val_v))


    if step == totalStep-1:
        print("W : {}\nb:{}".format(W_val_v, b_val_v))



# matplotlib 를 이용하여 결과를 시각화
# 정확도 결과 확인 그래프
plt.plot(range(len(train_accuracy)),
        train_accuracy,
        linewidth=2,
        label='Training')
plt.plot(range(len(validation_accuracy)),
        validation_accuracy,
        linewidth=2,
        label='Validation')
plt.legend()
plt.title("Train and Validation Accuracy Result")
plt.show()
```

```
print("Validation Finished")
print("------------------------------------------------------------------------")
print("[Test Result]")
# 최적화가 끝난 학습 모델 테스트
h_val, p_val, a_val = sess.run([hypothesis, predicted, accuracy],
                                feed_dict={X: xTestDataList,
                                            Y: yTestDataList})
print("\nHypothesis : {} \nPrediction : {} \nAccuracy : {}".format(h_val,p_val,a_val))
print("------------------------------------------------------------------------")

#세션종료
sess.close()
```

모델 그래프를 실행을 하기 위해서 tensorflow에서는 Session을 이용하여 실행을 합니다. sess 변수에 tf.Session()을 선언하고 최적화 과정을 통하여 구해질 변수를 초기화하기 위하여 sess.run(tf.global_variables_initializer())를 실행합니다.

학습 결과를 계산하기 위하여 예측값, 정확도 수식을 선언합니다. tf.argmax() 함수는 one hot encoding을 위해 사용되는 함수이며 입력된 값에서 가장 큰 값의 인덱스를 반환합니다. tf.argmax(hypothesis, axis = 1)의 두 번째 파라미터 axis=0일 경우 행렬의 열에서 값을 비교하고 axis=1이면 행에서 값을 비교합니다. 첫 번째 파리미터는 입력값이며 가설 수식을 입력하여 계산 결괏값의 가장 큰 값의 인덱스를 반환합니다. 결괏값(예측값)과 실제값의 중 가장 값을 가지는 인덱스를 비교하여 서로 동일할 경우 predicted 변수에 True를 반환하고 다를 경우 False를 반환합니다. accuracy 변수는 예측값의 평균을 계산하여 저장하는 변수로 predicted 변수의 boolean값을 tf.cast() 함수를 이용하여 True 값을 1, False 값을 0으로 캐스팅하여 평균을 구할 수 있게 합니다.

모델의 정확도를 알아보기 위하여 train_accuracy, validation_accuracy 리스트를 선언하여 학습 진행 단계마다 정확도를 저장합니다. for문을 이용하여 totalStep만큼 학습을 시키도록 하겠습니다. sess.run()을 이용하여 학습 단계마다 costFunction, accuracy, train 실행시켜 계산을 하고 비용 함수 결과는 cost_val 변수에 저장하고 정확도 결과는 acc_val에 결과를 반환합니다. 학습 진행 상태를 확인하기 위하여 1,000번에 한 번씩 중간 결과를 콘솔에 출력하고 학습 중간에 계산된 acc_val 값은 train_accuracy 리스트에 저장합니다. totalStep 만큼 학습을 완료하면 최적화된 W와 b의 값을 콘솔에 출력하고 훈련 데이터(420개)를 이용한 학습 정확도 그래프를 출력합니다.

다음으로 훈련 데이터로 학습된 모델을 이용하여 검증 데이터(60개)를 입력하여 동일한 방법으로 다시 학습을 합니다. 학습을 진행하면서 가설 수식 값 예측값, 정확도를 콘솔에 출력하고 acc_val_v의 값을 validation_accuracy 리스트에 저장합니다. 검증 데이터로 학습된 W와 b의 값을 콘솔에 출력하고 훈련 데이터와 검증 데이터 정확도 비교 그래프를 출력합니다. 마지막으로 테스트 데이터를 이용하여 모델을 평가합니다.

Multinomial Classification Softmax Regression 모델 생성을 완료하였습니다. 실행 결과를 확인해 보도록 하겠습니다.

다음과 같은 조건으로 모델을 학습하였습니다.

1. 훈련용 데이터 수 : 총 600개
2. 최적화 함수 : Gradient decent 알고리즘
3. 학습률 : 0.01
4. 학습 횟수 : 10,001회

훈련 데이터로 학습한 결과는 [그림 3-52]와 같이 출력되었습니다. 처음 정확도는 33.09%로 시작하여 마지막에는 97.61%의 정확도까지 상승하였습니다.

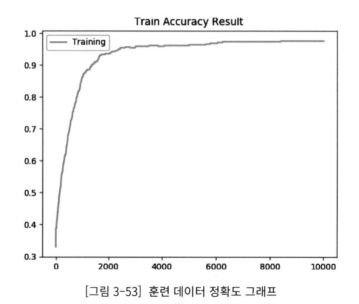

```
Train(Optimization) Start
step : 0. cost : 1.0986126661300066, accuracy : 0.33095237612724304
step : 1000. cost : 0.5333108901977539, accuracy : 0.8619047403335571
step : 2000. cost : 0.4115321934223175, accuracy : 0.9357143044471741
step : 3000. cost : 0.34549203515052795, accuracy : 0.9547619223594666
step : 4000. cost : 0.30216193199157715, accuracy : 0.9595237970352173
step : 5000. cost : 0.2709597051143646, accuracy : 0.961904764175415
step : 6000. cost : 0.24720239639282227, accuracy : 0.9690476059913635
step : 7000. cost : 0.22841595113277435, accuracy : 0.973809540271759
step : 8000. cost : 0.21314206719398499, accuracy : 0.973809540271759
step : 9000. cost : 0.2004544734954834, accuracy : 0.976190447807312
step : 10000. cost : 0.18973249197006226, accuracy : 0.976190447807312
W : [[-0.21759647  0.01524368  0.20235062]
 [-0.20482178  0.03833586  0.1664812 ]
 [-0.27348518  0.04942771  0.22405553]
 [-0.2634968   0.06629159  0.19720232]
 [-0.29177386  0.04855135  0.24321814]]
b:[ 4.607681    0.56815624 -5.1758313 ]
Train Finished
```

[그림 3-52] 훈련 데이터 학습 결과

Train Accuracy Result

[그림 3-53] 훈련 데이터 정확도 그래프

[그림 3-53] 그래프는 학습을 진행하면서 계산된 정확도 값을 train_accuracy 리스트를 이용하여 그래프를 출력하였습니다. 정확도는 거의 100%에 가까워지는 결과를 확인할 수 있습니다.

훈련 데이터의 학습이 완료된 모델을 이용하여 검증 데이터를 훈련한 결과는 [그림 3-54]로 콘솔에 출력되었습니다. 비용 함수의 값은 조금씩 감소하는 모습을 보여 주고 있으며 정확도는 98.33%를 유지하고 있습니다. 훈련 데이터와 검증 데이터의 정확도 비교 그래프는 [그림 3-55]처럼 출력되었으며 콘솔에 출력된 결괏값처럼

98%를 유지하면서 출력되었습니다.

```
Validation Start
step : 0. cost : 0.1819770783185959, accuracy : 1.0
step : 1000. cost : 0.15691377222537994, accuracy : 0.9833333492279053
step : 2000. cost : 0.14913706481456757, accuracy : 0.9833333492279053
step : 3000. cost : 0.1423015594482422, accuracy : 0.9833333492279053
step : 4000. cost : 0.13621042668819427, accuracy : 0.9833333492279053
step : 5000. cost : 0.13074064254760742, accuracy : 0.9833333492279053
step : 6000. cost : 0.12579694390296936, accuracy : 0.9833333492279053
step : 7000. cost : 0.12130295485258102, accuracy : 0.9833333492279053
step : 8000. cost : 0.11719690263271332, accuracy : 0.9833333492279053
step : 9000. cost : 0.11342794448137283, accuracy : 0.9833333492279053
step : 10000. cost : 0.10995392501354218, accuracy : 0.9833333492279053
W : [[-0.28798214  0.08255772  0.2054329 ]
 [-0.28869995  0.14267388  0.14601989]
 [-0.2692163  -0.04666025  0.31586772]
 [-0.30705068 -0.01053992  0.3175857 ]
 [-0.48737264  0.10172389  0.3856425 ]]
b:[ 6.1371307  0.7769367 -6.914061 ]
Validation Finished
```

[그림 3-54] 테스트 데이터 학습 결과

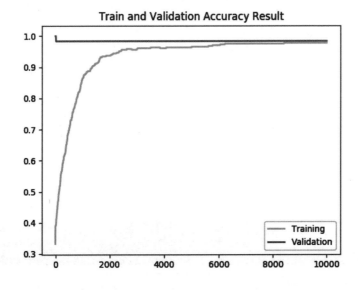

[그림 3-55] 훈련, 검증 데이터 정확도 비교 그래프

마지막으로 테스트 데이터를 이용하여 완료된 모델의 정확도를 출력한 결과를 확인하면 [그림 3-56]과 같이 출력되었습니다. 정확도는 98.33%로 학습이 완료되었습니다.

```
[Test Result]

Hypothesis : [[1.90917682e-03 6.57581806e-01 3.40508997e-01]
 [1.19474521e-06 8.05432051e-02 9.19455588e-01]
 [9.91785407e-01 8.20888113e-03 5.82922894e-06]
 [1.36894300e-06 2.29809389e-01 7.70189285e-01]
 [9.94809151e-01 5.18845720e-03 2.41954353e-06]
 [3.83183369e-08 5.29373027e-02 9.47062731e-01]
 [9.98996913e-01 1.00302976e-03 1.54608529e-07]
```

중간 생략

```
 [1.84504949e-02 6.67178333e-01 3.14371139e-01]
 [6.93267282e-07 1.23803474e-01 8.76195848e-01]
 [2.65607629e-02 8.64640415e-01 1.08798847e-01]]
Prediction : [ True  True  True  True  True  True  True  True  True  True  True  True
  True  True  True  True  True  True  True  True  True  True  True
  True  True  True  True  True  True  True  True  True  True  True
  True  True  True False  True  True  True  True  True  True  True
  True  True  True  True  True  True  True  True  True  True  True
  True  True  True  True  True  True  True  True  True  True  True
  True  True False  True  True  True  True  True  True  True  True
  True  True  True  True  True  True  True  True  True  True  True
  True  True  True  True  True  True  True  True  True  True True]
Accuracy : 0.9833333492279053
```

[그림 3-56] 학습 결과(가설 수식, 예측값, 정확도)

2) Iris Softmax Regression

Softmax Regression을 이용하여 Iris(붓꽃) 데이터를 이용하여 붓꽃 분류 모델
을 만들어 보도록 하겠습니다. 우선 Iris 데이터는 인터넷 검색을 이용하여 쉽게 구
할 수 있지만 머신러닝 데이터셋을 제공하는UCI(University of California : https://
archive.ics.uci.edu/ml/index.php) 대학교에서 Iris 데이터를 다운로드받아서 사용
하도록 하겠습니다.

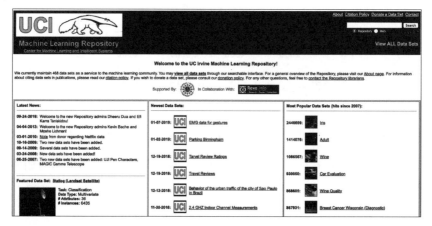

[그림 3-57] UCI Machine Learning Repository

[그림 3-57]은 UCI Machine Learning Repository 사이트입니다. 다양한 데이터 가 새롭게 업데이트되고 있으며 오른쪽 섹션을 보면 2007년부터 인기 있는 데이터 셋의 정보도 보여 주고 있습니다. Iris 데이터를 선택하여 제공하는 데이터의 내용은 [그림 3-58]와 같이 컬럼 정보가 없으며 결과 데이터의 종류로 정렬되어 제공되고 있습니다.

```
5.1,3.5,1.4,0.2,Iris-setosa
4.9,3.0,1.4,0.2,Iris-setosa
4.7,3.2,1.3,0.2,Iris-setosa
4.6,3.1,1.5,0.2,Iris-setosa
            중간 생략
5.0,3.3,1.4,0.2,Iris-setosa
7.0,3.2,4.7,1.4,Iris-versicolor
6.4,3.2,4.5,1.5,Iris-versicolor
6.9,3.1,4.9,1.5,Iris-versicolor
            중간 생략
5.7,2.8,4.1,1.3,Iris-versicolor
6.3,3.3,6.0,2.5,Iris-virginica
5.8,2.7,5.1,1.9,Iris-virginica
7.1,3.0,5.9,2.1,Iris-virginica
6.3,2.9,5.6,1.8,Iris-virginica
```

[그림 3-58] 데이터셋

이 데이터는 ',' 로 각각의 컬럼이 나눠져 있으며 1~4번째 컬럼은 특성 데이터이 며 마지막 5번째 컬럼은 범주형 데이터로 특성 데이터에 대한 결과를 나타내며 꽃 의 종류를 의미합니다. [그림 3-59]은 Iris 데이터셋의 컬럼에 대한 정보입니다.

sepallength (꽃받침 길이)	spealWidth (꽃받침 너비)	petalLength (꽃잎 길이)	petalWidth (꽃잎 너비)	species (꽃 종류)
5.1	3.5	1.4	0.2	Iris-setosa
4.9	3	1.4	0.2	Iris-setosa
4.7	3.2	1.3	0.2	Iris-setosa
4.6	3.1	1.5	0.2	Iris-setosa
5	3.6	1.4	0.2	Iris-setosa
5.4	3.9	1.7	0.4	Iris-setosa
4.6	3.4	1.4	0.3	Iris-setosa

[그림 3-59] Iris 데이터셋 컬럼

Iris-setosa   Iris-versicolor   Iris-virginica

[그림 3-60] Iris 꽃의 종류

[그림 3-60]은 Iris 꽃의 종류입니다. 우리가 사용할 데이터는 Iris 꽃의 종류별 꽃받침, 꽃잎의 길이와 너비 정보를 실수형 데이터 형태로 가지고 있으며 꽃의 종류를 나타내는 범주형 데이터 정보를 가지고 있습니다. 예제에서는 범주형 데이터의 결과 데이터를 정수형으로 맵핑하여 학습에 사용합니다. Iris 꽃의 종류마다 특성을 이용하여 꽃의 종류를 분류하는 모델을 만드는 것이 이번 예제의 목표입니다.

```
################################################################
# [학습에 필요한 모듈 선언]
################################################################
import tensorflow as tf
import pandas as pd
from sklearn.utils import shuffle
import matplotlib.pyplot as plt
import seaborn as sns
import os
# requests import error 발생시  pip install requests 로 설치
import requests
```

학습에 필요한 모듈을 선언합니다. tensorflow, pandas, sklearn, matplotlib, seaborn, os 라이브러리를 사용하며 Iris 데이터를 다운받기 위하여 request 라이브러리를 사용하도록 하겠습니다.

```
#############################################################
# [환경설정]
#############################################################
# 학습 데이터(훈련/테스트) 비율
trainDataRate = 0.7
# 학습률
learningRate = 0.01
# 총 학습 횟수
totalStep = 10001
# 데이터 섞기
shuffleOn = True
# 학습 데이터 파일명 지정
fileName = "IrisData.csv"
# 학습 데이터 경로 지정
currentFolderPath = os.getcwd()
dataSetFolderPath = os.path.join(currentFolderPath, 'dataset')
datasetFilePath = os.path.join(dataSetFolderPath, fileName)
```

학습 모델을 만들기 위하여 환경 설정 변수를 선업합니다. 훈련 데이터와 학습 데이터의 비율을 7:3의 비율로 나누기 위하여 trainDataRate를 0.7로 선언합니다. 학습률과 총 학습 횟수를 선언하고 학습 데이터를 읽을때 데이터를 섞어서 읽어올 것인지를 설정합니다. Iris 학습 데이터의 수는 총 150개입니다. 데이터의 수가 적어 검증 데이터는 사용하지 않고 훈련 데이터와 테스트 데이터로 나눠서 학습을 합니다.

학습 데이터를 다운로드하여 CSV 파일 형식으로 데이터를 저장하기 위하여 파일명과 저장될 경로를 설정합니다. 학습 데이터가 저장될 공간은 소스 코드가 있는 폴더의 하위 폴더에 dataset의 폴더에 저장됩니다.

```
##############################################################
# [빌드단계]
# Step 1) 학습 데이터 준비
##############################################################
### (1) 데이터 읽어오기
# 해당 경로에 학습 데이터가 없으면 다운로드
if os.path.exists(datasetFilePath) is not True:
    print("#===== Download Iris Data =====#")
    # iris 데이터 셋 다운로드
    url = "https://archive.ics.uci.edu/ml/machine-learning-databases/iris/iris.data"
    req = requests.get(url, allow_redirects=True)
    # 학습데이터 저장
    open(datasetFilePath, "wb").write(req.content)
    print("#===== Download Completed =====#")


# pandas를 이용하여 CSV 파일 데이터 읽기
allColumnName = ["sepalLength", "sepalWidth", "petalLength", "petalWidth",
                "species"]
# column이 없는 데이터라서 파일을 읽어올때 header 를 생성하지 않고 column을 추가
if shuffleOn:
    df = shuffle(pd.read_csv(datasetFilePath, header=None, names=allColumnName))
else:
    df = pd.read_csv(datasetFilePath, header=None, names=allColumnName)


# 학습 데이터 확인
print("===== Data =====>")
print(df.head())
print(df.tail())
# 학습 데이터 shape 확인
print("Shape : {}".format(df.shape))
# 학습 데이터 결과 갯수 확인
print("Specis : \n{}".format(df["species"].value_counts()))


# 학습 데이터 전체 그래프
sns.pairplot(df, hue="species", height = 2)
plt.show()
```

학습 데이터를 준비하기 위하여 첫 단계로 학습 데이터를 다운로드받고 그 데이터를 읽어 오는 작업을 합니다. 학습 데이터를 다운받을 공간에 학습 데이터가 존재하면 데이터를 다운받지 않도록 작성하였습니다. os 라이브러리를 이용하여 해당 경로에 파일을 체크하여 파일이 없을 경우 Iris 데이터를 다운받을 URL 주소를 request.get() 함수를 이용하여 학습 데이터를 읽어와 파일로 저장합니다.

파일로 저장된 학습 데이터는 [그림 3-58]과 같이 컬럼 정보가 없는 데이터입니다. pandas를 이용하여 불러올때 pd.read_csv(datasetFilePath, header = None, names = allColumnName)으로 선언하여 헤더(컬럼) 정보가 없는 데이터임을 알려주고 names에 컬럼 정보를 입력하여 Dataframe으로 저장합니다. header=None를 하는 이유는 데이터를 읽어올 때 pd.read_csv()는 첫 번째 줄의 데이터를 컬럼으로 인식하여 데이터를 읽기 때문에 학습 데이터가 컬럼으로 잘못 들어가는 것을 방지하기 위해서입니다. 그리고 컬럼 정보를 지정해서 넣는 이유는 뒷부분에서 데이터를 분류하고 맵핑 작업을 하기 위하여 컬럼 정보를 넣어 줍니다.

학습 데이터를 읽어 오는 작업을 완료하고 데이터를 확인하기 위하여 콘솔에 데이터의 첫 부분과 마지막 부분을 출력하고 총 데이터의 크기 및 결과 데이터의 종류를 [그림 3-61]과 같이 출력됩니다.

```
===== Data =====>
     sepalLength  sepalWidth  petalLength  petalWidth          species
116          6.5         3.0          5.5         1.8   Iris-virginica
77           6.7         3.0          5.0         1.7  Iris-versicolor
64           5.6         2.9          3.6         1.3  Iris-versicolor
90           5.5         2.6          4.4         1.2  Iris-versicolor
122          7.7         2.8          6.7         2.0   Iris-virginica
     sepalLength  sepalWidth  petalLength  petalWidth          species
99           5.7         2.8          4.1         1.3  Iris-versicolor
35           5.0         3.2          1.2         0.2      Iris-setosa
15           5.7         4.4          1.5         0.4      Iris-setosa
36           5.5         3.5          1.3         0.2      Iris-setosa
18           5.7         3.8          1.7         0.3      Iris-setosa
Shape : (150, 5)
Specis :
Iris-virginica      50
Iris-versicolor     50
Iris-setosa         50
Name: species, dtype: int64
```

[그림 3-61] Iris 학습 데이터 확인

학습 데이터는 Iris 꽃의 종류별로 50개씩 데이터를 가지고 있으면 4가지의 특성 데이터와 1가지의 결과 데이터의 구성으로 총 150개 데이터를 제공합니다.

seaborn 그래프 라이브러리를 이용하여 학습 데이터를 시각화하면 [그림 3-62] 로 출력됩니다. 150개의 데이터의 특성 데이터 항목별로 분포를 확인할 수 있습니다. 그래프를 보면 꽃의 종류에 따라 어느 정도 특성 데이터의 분포가 군집해 있는 것을 볼 수 있습니다.

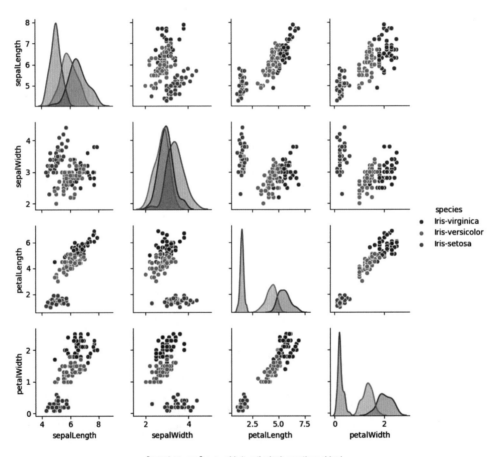

[그림 3-62] Iris 학습 데이터 그래프 확인

```
### (2) 범주형 데이터 맵핑 선언
# species 를 3가지 종류로 나눈 dataframe 으로 변환
df_one_hot_encoded = pd.get_dummies(df)

print("===== after mapping =====>")
print(df_one_hot_encoded.head())
print(df_one_hot_encoded.tail())
```

 읽어온 학습 데이터의 결과 데이터의 형태가 범주형 데이터였습니다. 이 범주형 데이터를 실수형 데이터로 맵핑하도록 하겠습니다. 이전 예제에서는 맵핑을 위하여 딕셔너리 형태로 맵핑할 데이터를 정의하여 Dataframe을 이용하여 데이터를 맵핑하였습니다. 이번 예제에서는 좀 더 간단한 방법으로 결과 데이터(species : 꽃의 종류)에 따라서 각각의 컬럼으로 나누어서 결과 데이터에 해당하는 꽃의 종류의 컬럼의 값을 1로 바꾸고 나머지 컬럼은 0으로 변경하는 방법을 사용하겠습니다. Pandas의 get_dummies() 함수를 이용하여 맵핑을 합니다. get_dummies() 함수를 사용하면 문자열로 된 값들만 변경하며 실수형 값들은 변경하지 않습니다.

 맵핑된 결과를 콘솔에 출력합니다. 출력된 결과는 [그림 3-63]과 같이 결과 데이터별로 컬럼이 생성되어 값이 맵핑되었습니다. 이전 예제와 달리 하나의 컬럼에 맵핑된 데이터가 들어가는 것이 아니라 결과 데이터 종류별로 결과가 맵핑되어 분리되었습니다.

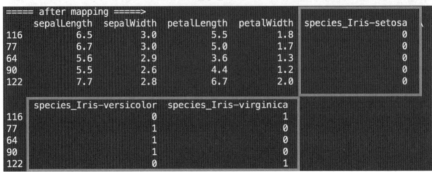

```
===== Data =====>
     sepalLength  sepalWidth  petalLength  petalWidth           species
116          6.5         3.0          5.5         1.8    Iris-virginica
77           6.7         3.0          5.0         1.7   Iris-versicolor
64           5.6         2.9          3.6         1.3   Iris-versicolor
90           5.5         2.6          4.4         1.2   Iris-versicolor
122          7.7         2.8          6.7         2.0    Iris-virginica
```

맵핑 전

```
===== after mapping =====>
     sepalLength  sepalWidth  petalLength  petalWidth  species_Iris-setosa
116          6.5         3.0          5.5         1.8                    0
77           6.7         3.0          5.0         1.7                    0
64           5.6         2.9          3.6         1.3                    0
90           5.5         2.6          4.4         1.2                    0
122          7.7         2.8          6.7         2.0                    0

     species_Iris-versicolor  species_Iris-virginica
116                        0                       1
77                         1                       0
64                         1                       0
90                         1                       0
122                        0                       1
```

맵핑 후

[그림 3-63] 학습 데이터 맵핑

```
### (3) 훈련, 테스트 데이터 나누기
# 학습 데이터 리스트로 변환
# 훈련 데이터를 정해진 비율만큼 추출
df_trainData = df_one_hot_encoded.sample(frac=trainDataRate)

# 훈련 데이터를 제거한 나머지 데이터를 테스트 테이터로 지정
df_testData = df_one_hot_encoded.drop(df_trainData.index)

# 학습데이터와 결과데이터의 컬럼 선언
featureColumnName = ['sepalLength', 'sepalWidth', 'petalLength', 'petalWidth']
resultColumnName = ['species_Iris-setosa', 'species_Iris-versicolor', 'species_Iris-virginica']
# 학습데이터 선언
xTrainDataList = df_trainData.filter(featureColumnName)
yTrainDataList = df_trainData.filter(resultColumnName)
# 테스트 데이터 선언
xTestDataList = df_testData.filter(featureColumnName)
yTestDataList = df_testData.filter(resultColumnName)
```

```
print("[TrainData Size] x : {}, y :{}".format(len(xTrainDataList),
                                               len(yTrainDataList)))
print("[TestData Size] x : {}, y :{}".format(len(xTestDataList),
                                              len(yTestDataList)))
```

환경 설정에서 훈련 데이터와 테스트 데이터의 비율을 7:3의 비율로 설정하였습니다. 이전 예제에서는 실제 데이터의 수에서 설정한 비율로 리스트 슬라이싱을 통하여 학습 데이터를 추출하였습니다. 이번 예제에서는 Dataframe을 sample(), drop() filter() 함수를 이용하여 데이터를 추출합니다.

먼저 훈련 데이터와 테스트 데이터를 나누어 Dataframe으로 저장합니다. 훈련 데이터는 sample() 함수를 이용하여 학습 데이터의 70%를 가져오는데 frac 파라미터는 데이터 추출 비율을 의미하며 1로 지정하면 전체 100%의 데이터를 가져오게 됩니다.

훈련 데이터를 저장한 후 테스트 데이터를 drop() 함수를 이용하여 df_testData에 저장합니다. drop() 함수의 입력되는 파라미터는 훈련 데이터(df_trainData)의 index 번호를 의미하며 입력된 index를 제외한 나머지 데이터를 추출합니다.

훈련 데이터와 테스트 데이터를 Dataframe에 분리하였고 Dataframe을 리스트 특성 데이터와 결과 데이터로 분리하여 리스트에 저장합니다. filter() 함수를 이용하여 리스트 저장하는데 추출할 컬럼 이름을 함수의 입력값으로 사용합니다. xTrainDataList, yTrainDataList에 훈련 데이터를 분리하여 저장하고 xTestDataList, yTestDataList에 테스트 데이터를 분리하여 저장합니다.

```
################################################################
# [빌드단계]
# Step 2) 모델 생성을 위한 변수 초기화
################################################################
# feature 로 사용할 데이터 갯수
feature_num = len(featureColumnName)
# result 로 사용할 종류 갯수
result_num = len(resultColumnName)
```

```
# 학습데이터가 들어갈 플레이스 홀더 선언
X = tf.placeholder(tf.float32, shape=[None, feature_num])
# 학습데이터가 들어갈 플레이스 홀더 선언
Y = tf.placeholder(tf.float32, shape=[None, result_num])

# Weight 변수 선언
W = tf.Variable(tf.zeros([feature_num, result_num]))
# Bias 변수 선언
b = tf.Variable(tf.zeros([result_num]))
```

학습 데이터 준비 과정을 완료하였습니다. 다음 단계는 빌드 단계의 두 번째인 모델 생성을 위하여 변수를 초기화합니다.

데이터 전처리 단계를 거친 학습 데이터를 입력하기 위하여 X, Y 변수를 placeholder 타입으로 선언합니다. X는 학습 데이터의 특성 데이터인 꽃받침, 꽃잎의 길이와 너비 데이터를 입력합니다. 입력되는 데이터의 shape은 [데이터 개수(레코드), 데이터 종류 개수]의 형태를 가지게 되며 데이터가 훈련 데이터와 테스트 데이터의 비율에 따라 개수가 달라지기 때문에 'None'으로 지정합니다. 데이터 종류 개수는 특성 데이터의 컬럼 정보를 저장한 featureColumnName 리스트의 크기를 feature_num 변수에 저장하고 이 값을 데이터 종류 개수로 선언합니다. Y는 결과 데이터 컬럼의 수를 이용하여 결과 데이터 컬럼 정보를 저장한 resultColumnName 리스트의 크기를 result_num 변수에 저장하여 shape을 선언합니다.

W(Weight)와 b(bias) 변수는 모델을 생성하기 위하여 학습을 통해 갱신되어 최적의 값으로 변경됩니다. W 변수는 3개의 라벨을 분류하기 위하여 Linear Regression 3개가 함께 사용되었기 때문에 [4,3]만큼 생성되며 b 변수는 결과 데이터의 종류의 개수만큼 생성되므로 [3]으로 생성합니다. W와 b의 초깃값은 tf.zeros()를 이용하여 0으로 설정합니다.

```
###############################################################
# [빌드단계]
# Step 3) 학습 모델 그래프 구성
###############################################################
# 3-1) 학습데이터를 대표 하는 가설 그래프 선언
hypothesis = tf.nn.softmax(tf.matmul(X, W) + b)

# 3-2) 비용함수(오차함수,손실함수) 선언
costFunction = tf.reduce_mean(-tf.reduce_sum(Y * tf.log(hypothesis), axis=1))

# 3-3) 비용함수의 값이 최소가 되도록 하는 최적화함수 선언
optimizer = tf.train.GradientDescentOptimizer(learning_rate=learningRate)
train = optimizer.minimize(costFunction)
```

빌드 단계의 마지막은 학습 모델 그래프를 구성합니다. 학습 모델 그래프는 가설 수식을 작성하고 비용 함수를 선언하여 비용 함수의 값이 최적으로 계산할 수 있도록 최적화 함수를 선언합니다. Iris 분류를 위하여 Softmax Regression을 사용할 것이며 이전 예제와 동일한 방법으로 가설 수식과 비용 함수, 그리고 최적화 함수를 선언하여 학습 모델 그래프를 구성합니다.

자세한 이론적인 내용은 이전 예제 Multinomial Classification Softmax Regression의 세 번째 빌드 단계를 참고하시면 됩니다.

```
###############################################################
# [실행단계]
# 학습 모델 그래프를 실행
###############################################################
# 실행을 위한 세션 선언
sess = tf.Session()
# 최적화 과정을 통하여 구해질 변수 W,b 초기화
sess.run(tf.global_variables_initializer())

# 예측값, 정확도 수식 선언
predicted = tf.equal(tf.argmax(hypothesis, axis=1), tf.argmax(Y, axis=1))
accuracy = tf.reduce_mean(tf.cast(predicted, tf.float32))

# 학습, 테스트 정확도를 저장할 리스트 선언
train_accuracy = list()

print("--------------------------------------------------------------------------------")
print("Train(Optimization) Start ")

for step in range(totalStep):
    # X, Y에 학습데이터 입력하여 비용함수, W, b, accuracy, train을 실행
    cost_val, W_val, b_val, acc_val, _ = sess.run([costFunction, W, b, accuracy, train],
                                                  feed_dict={X: xTrainDataList,
                                                             Y: yTrainDataList})

    train_accuracy.append(acc_val)

    if step % 1000 == 0:
        print("step : {}. cost : {}, accuracy : {}".format(step,
                                                            cost_val,
                                                            acc_val))

    if step == totalStep-1 :
        print("W : {}\nb:{}".format(W_val, b_val))

# matplotlib 를 이용하여 결과를 시각화
# 정확도 결과 확인 그래프
plt.plot(range(len(train_accuracy)),
         train_accuracy,
```

```
        linewidth=2,
        label='Training')
plt.legend()
plt.title("Train Accuracy Result")
plt.show()

print("Train Finished")
print("----------------------------------------------------------------------")
print("[Test Result]")
# 최적화가 끝난 학습 모델 테스트
h_val, p_val, a_val = sess.run([hypothesis, predicted, accuracy],
                                feed_dict={X: xTestDataList,
                                           Y: yTestDataList})
print("\nHypothesis : {} \nPrediction : {} \nAccuracy : {}".format(h_val,p_val,a_val))
print("----------------------------------------------------------------------")

#세션종료
sess.close()
```

빌드 단계를 완료하고 이제 생성한 모델을 학습하는 실행 단계로 넘어갑니다. 모델 그래프를 실행시키기 위하여 sess 변수에 tf.Session()을 선언합니다. tensorflow에서 모든 연산을 실행하기 위해서는 tf.Session.run()을 이용하여 실행을 해야 합니다. 앞서 빌드 2단계 모델 생성을 위한 변수 초기화 부분에서 선언한 변수 W, b의 변수를 초기화하기 위하여 sess.run(tf.global_variables_initializer())를 실행합니다.

학습 결과를 계산하기 위하여 이전 Multimonial Classificatio Softmax Regression 예제와 동일한 예측값, 정확도 수식을 사용합니다. 학습 진행 단계마다 정확도를 저장하기 위하여 훈련 데이터용 train_accuracy 리스트를 선언합니다.

학습을 위한 준비 작업을 마친 후 for문을 이용하여 totalStep만큼 학습을 시키도록 하겠습니다. totalStep만큼 학습을 진행하면서 costFunction, accuracy, train을 실행하고 비용 함수 결과는 cost_val 변수에 저장하고 정확도 결과는 acc_val에 결과를 반환합니다. 1,000번에 한 번씩 학습 중간 결과를 콘솔에 출력하고 계산된 acc_val 값은 train_accuracy 리스트에 저장하여 학습 결과를 정확도 그래프를 그리는 데 사용합니다. totalStep만큼 학습을 완료하면 최적화된 W와 b의 값을 콘솔에 출력하고 정확도 그래프를 출력합니다.

테스트 데이터를 이용하여 학습 모델의 최종 결과를 테스트하여 결과를 출력합니다.

Iris 학습 데이터를 이용하여 Softmax Regression 모델을 완성하였습니다. 이제 환경 설정에서 정의한 환경으로 실행 결과를 확인해 보도록 하겠습니다.

다음과 같은 조건으로 모델을 학습하였습니다.

1. 훈련용 데이터 : Iris 학습 데이터(총 150개)
2. 최적화 함수 : Gradient decent 알고리즘
3. 학습률 : 0.01
4. 학습 횟수 : 10,001회

훈련 데이터로 학습한 결과는 [그림 3-64]와 같이 출력되었습니다. 학습 처음 정확도는 35.23%의 정확도로 학습이 시작되었으며 10,000회 학습 후 99%의 정확도로 상승하였습니다.

```
Train(Optimization) Start
step : 0. cost : 1.0986120700836182, accuracy : 0.3523809611797333
step : 1000. cost : 0.3588559329509735, accuracy : 0.9714285731315613
step : 2000. cost : 0.2723434865474701, accuracy : 0.9809523820877075
step : 3000. cost : 0.2252206951379776, accuracy : 0.9809523820877075
step : 4000. cost : 0.19521349668502808, accuracy : 0.9809523820877075
step : 5000. cost : 0.1743469089269638, accuracy : 0.9809523820877075
step : 6000. cost : 0.15893900394439697, accuracy : 0.9904761910438538
step : 7000. cost : 0.147054985165596, accuracy : 0.9904761910438538
step : 8000. cost : 0.13758142292499542, accuracy : 0.9904761910438538
step : 9000. cost : 0.12983213365077972, accuracy : 0.9904761910438538
step : 10000. cost : 0.12336087226867676, accuracy : 0.9904761910438538
W : [[ 0.90809953  0.6953396  -1.6034315 ]
 [ 2.0654657  -0.14330748 -1.9221547 ]
 [-2.8290837  -0.13638029  2.9654355 ]
 [-1.2990803  -1.1405295   2.4396093 ]]
b:[ 0.4441536  0.6295711 -1.0737243]
Train Finished
```

[그림 3-64] 훈련 데이터 학습 결과

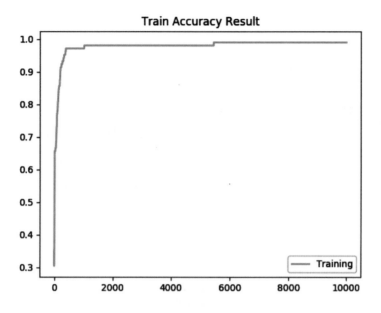

[그림 3-65] 훈련 데이터 학습 정확도 그래프

[그림 3-65] 그래프는 훈련 데이터를 이용하여 계산된 정확도 값을 나타낸 그래프입니다. 그래프상 정확도는 99%에 수렴하고 있는 것으로 보입니다.

테스트 데이터를 이용한 학습 모델 최종 결과는 [그림 3-66]처럼 97%의 확률의 정확도를 보여 주고 있습니다.

```
[Test Result]

Hypothesis : [[1.55100890e-03 3.76837194e-01 6.21611774e-01]
 [2.30081932e-05 3.18000056e-02 9.68177021e-01]
 [2.39924975e-02 9.51164842e-01 2.48426218e-02]
 [6.90674642e-05 1.16742425e-01 8.83188486e-01]
 [2.86685216e-04 1.59592390e-01 8.40120971e-01]
 [1.35160444e-05 8.20332766e-02 9.17953193e-01]
 [2.05565058e-02 9.52330828e-01 2.71126367e-02]
 [1.07099554e-02 9.69590485e-01 1.96995996e-02]
 [6.61427015e-03 9.51024532e-01 4.23611216e-02]
 [3.05886730e-03 9.15141106e-01 8.17999914e-02]
 [9.92067814e-01 7.93213397e-03 3.64008845e-09]
 [1.97639763e-02 9.25044894e-01 5.51911667e-02]
```

중간 생략

```
 [1.21808887e-06 4.04792419e-03 9.95950818e-01]
 [7.01073324e-04 2.73824573e-01 7.25474298e-01]
 [1.45584764e-02 9.57696497e-01 2.77450513e-02]]
Prediction : [ True  True  True  True  True  True  True  True  True  True  True  True
  True  True  True  True  True  True  True  True False  True  True  True
  True  True  True  True  True  True  True  True  True  True  True  True
  True  True  True  True  True  True  True  True  True]
Accuracy : 0.9777777791023254
```

[그림 3-66] 학습 결과(가설 수식, 예측값, 정확도)

4. Neural Network

1) 딥러닝(Deep Learning)

딥러닝(Deep Learning)은 여러 층을 가진 인공 신경망(Artificial Neural Network)을 사용하여 머신러닝 학습을 수행합니다. 머신러닝에서는 학습하려는 데이터의 여러 특징 중에서 어떤 특징을 추출할지를 사람이 직접 분석하고 판단하였습니다. 그러나 딥러닝에서는 기계가 자동으로 학습하려는 데이터에서 특징을 추출하여 학습하게 됩니다.

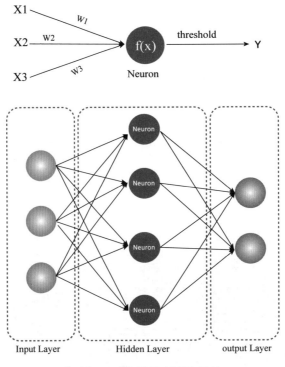

[그림 3-67] 뉴런과 신경망 구성

인공 신경망은 인간의 신경세포 뉴런(Neuron)과 같은 동작을 하게 됩니다. 뉴런들은 서로 연결되어 있고 서로의 입력 신호와 출력 신호를 이용하여 동작을 합니다. 이렇게 서로 연결되어 있는 구조를 보면 [그림 3-67]과 같이 간략하게 나타낼 수 있습니다. 인간의 뇌는 이러한 뉴런이 모여서 만든 신호의 흐름을 기반으로 사고를 할 수 있게 되며, 이러한 구조를 컴퓨터로 구현한 것이 바로 인공 신경망입니다.

뉴런은 다수의 입력 신호 X와 W를 이용하여 f(x)에서 학습을 하며 출력된 결과는 threshold(Decision boundary, 결정 경계, 임계값)를 기준으로 활성 함수(Active Function)로 판단하여 결괏값을 출력합니다. 인공 신경망은 Input Layer, Hidden Layer, Output Layer로 연결되어 있는 네트워크 구조이며 Input Layer(입력층)를 통해 학습하고자 하는 데이터를 입력받고 입력된 데이터들은 여러 단계의 Hidden Layer(은닉층)를 지나면서 계산을 하고 계산된 결과들이 Output Layer(출력층)를 통해 최종적인 결과가 출력됩니다.

신경망을 3단계 이상 중첩한 구조를 심층신경망(Deep Neural Network)이라고 하며 이를 이용하여 머신러닝을 하는 것을 딥러닝이라고 합니다.

2) Backpropagation 알고리즘

일반적인 머신러닝 알고리즘은 Gradient decent 알고리즘 이용하여 비용 함수를 미분하여 값을 최소화하여 최적화를 하였습니다. 신경망에서는 이런 미분값을 구하기 위하여 Backpropagation(역전파) 알고리즘을 사용합니다.

Backpropagation 알고리즘이 학습되는 과정은 가장 먼저 신경망의 W(Weight, 가중치)를 적당한 값으로 초기화하여 학습 데이터를 입력하여 Forwardpropagate(전방향) 연산을 수행합니다. 이 결과로 나온 신경망의 예측값과 실제값의 차이인 에러를 계산합니다. 계산된 에러를 신경망의 각각의 뉴런(노드)들에 역전파 (Backpropagate)합니다. [그림 3-68]는 Backpropagation 알고리즘의 과정을 나타낸 그림입니다.

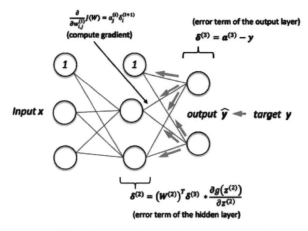

출처 https://sebastianraschka.com/faq/docs/visual-backpropagation.html

[그림 3-68] Backpropagation 알고리즘 과정

3) 퍼셉트론과 활성화 함수

퍼셉트론(Perceptron)은 가장 간단한 인공 신경망 구조입니다. 퍼셉트론은 다수의 신호(Input)를 입력받아서 하나의 신호(Output)를 출력합니다. 뉴런이 전기 신호를 내보내 정보를 전달하는 방식과 비슷합니다. W(Weight, 가중치)는 각각의 입력 신호에 부여되어 입력 신호와 계산을 하고 신호의 총합이 정해진 threshold(임계값)을 넘었을 때 1을 출력하고 넘지 못할 경우 0 혹은 -1을 출력합니다. 입력된 신호마다 고유한 W가 부여되는데 W가 클수록 해당 신호가 중요한 신호라고 판단하게 됩니다.

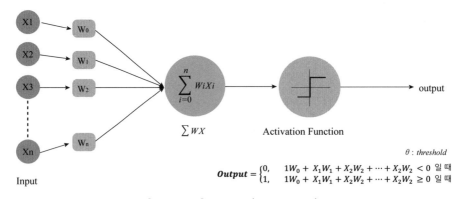

[그림 3-69] 퍼셉트론(Perceptron)

[그림 3-69]는 퍼셉트론의 동작 원리를 나타낸 그림입니다. 다수의 신호를 입력받고 각각의 W값과 계산된 결과를 모두 합친 결과를 활성화 함수(Activation Function) 입력되어 threshold값에 의하여 0과 1로 결과 신호를 출력하게 됩니다. 퍼셉트론에서 일반적으로 사용하는 활성화 함수는 헤비사이드 계단 함수(Heaviside step function)를 사용합니다.

$1W_0 + X_1W_1 + X_2W_2 + \cdots + X_2W_2 < \theta$ 의 수식의 θ 를 $-b$로 치환하여 좌변으로 넘기면 $b + 1W_0 + X_1W_1 + X_2W_2 + \cdots + X_2W_2 < \theta$ 의 수식으로 바꿀 수 있습니다. 변경한 수식은 다음과 같이 표현할 수 있습니다.

$$Output = \begin{cases} 0, & b + 1W_0 + X_1W_1 + X_2W_2 + \cdots + X_2W_2 < 0 \\ 1, & b + 1W_0 + X_1W_1 + X_2W_2 + \cdots + X_2W_2 \geq 0 \end{cases}$$

여기서 b를 편향(bias)라고 합니다. 편향은 θ 로 학습 데이터와 가중치와 계산되어 넘어야 하는 threshold로이 값이 높으면 1보다 0으로 분류되기 쉽기 때문에 분류의 기준이 엄격해지게 됩니다. 그래서 편향이 높을수록 학습된 모델이 간단해지는 경향이 있으며 Underfitting(과소 접합)이 될 수 있으며 반대로 편향이 낮을수록 threshold가 낮아지고 학습 데이터에만 잘 들어맞는 모델이 되어 Overfitting(과적합)이 될 가능성이 높아지고 학습 모델이 복잡해지게 됩니다.

W(Weight, 가중치)는 입력 신호가 결과 출력에 주는 영향을 조절하고 b(bias, 편향)은 퍼셉트론(혹은 뉴런)이 얼마나 쉽게 활성화(1로 출력)되느냐를 조정하는 변수 입니다.

퍼셉트론을 이용한 머신러닝의 동작 원리는 계산된 출력 신호(예측값)가 실제값과 다를 경우 다시 W(Weigth)값을 업데이트하고 출력 신호와 실제값이 같을 때까지 W값을 업데이트하는 과정을 계속하게 됩니다.

퍼셉트론은 인공지능 분야에서 큰 영향을 주었지만 단층 퍼셉트론은 복잡한 문제(XOR 논리)에 적용이 안 되는 한계점을 보이면서 선형적 문제만 풀 수 있습니다. 이러한 한계점을 극복하는 방법으로 단층 퍼셉트론을 여러 개 사용하여 다층 퍼셉트론(Multi Layer Perceptron, MLP)을 활용하면 어려운 문제를 풀게 될 수 있고 비선형적 문제까지 해결할 수 있습니다.

출력값을 결정하는 활성화 함수에 대하여 알아보도록 하겠습니다. 어떤 활성화 함수를 사용하느냐에 따라 출력값이 달라지기 때문에 적절한 활성화 함수를 사용하는 것이 중요합니다.

Step Function은 가장 기본이 되는 활성화 함수로 그래프의 모양은 [그림 3-70]과 같이 계단 형태를 가지고 있습니다. 이 함수는 threshold를 기준으로 활성화되거나 비활성화되는 형태를 가지게 됩니다.

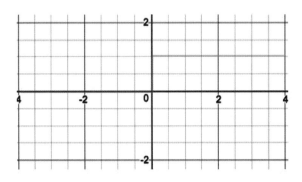

[그림 3-70] Step Function

Step Function 활성화 함수의 수식은 다음과 같이 정리됩니다.

$$Output = \begin{cases} 0, & x < 0 \\ 1, & x \geq 0 \end{cases}$$

Sigmoid Function 활성화 함수는 0과 1 사이의 값만 가질 수 있도록 하는 비선형 함수입니다. Logistic Regression에서 가설 수식에서 사용되었습니다. Step Function은 0과 1의 출력값만 가졌지만 0~1 사이의 연속적인 출력값을 가질 수 있으며 [그림 3-71]의 형태의 그래프를 가지고 있습니다.

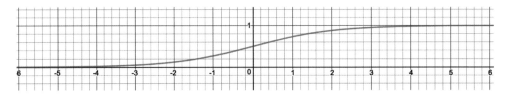

[그림 3-71] Sigmoid Function

신경망 초기에는 많이 사용되는 활성화 함수이지만 Gradient Vanishing 현상이 발생이 되어 최적화가 되지 않는 형상이 발생하게 됩니다. Sigmoid Function을 미분하게 되면 x가 0에서 최댓값 0.25를 가지고 입력값이 일정 이상 올라가면 미분값이 거의 0에 수렴하게 되어 x의 절댓값이 커질수록 Gradient Backpropagation 시 미분값이 소실될 가능성이 높아지게 됩니다. 또한, 함수의 중심이 0이 아니기 때문에 미분(최적화)을 할 경우 W의 미분값은 모두 같은 부호를 가지게 되어 같은 방향으로 W는 같은 방향으로 최신화되는데 이런 미분 과정에서 지그재그 형태로 만들어 최적화 과정이 느리게 만들 수 있습니다. 이러한 단점을 가지고 있어 최근에는 많이 사용하지 않습니다.

Sigmoid Function의 수식은 다음과 같습니다.

$$P = \frac{1}{1 + e^{-x}}$$

Hyperbolic Tangent Function(tanh)은 Sigmoid Function을 변형하여 얻을 수 있습니다. 함수의 중심값을 0으로 옮겨 sigmoid의 최적화 과정이 느려지는 문제를 해결 하였지만 Gradient Vanishin 현상은 여전히 남아 있습니다. 그래프의 형태는 [그림 3-72] 처럼 표현됩니다.

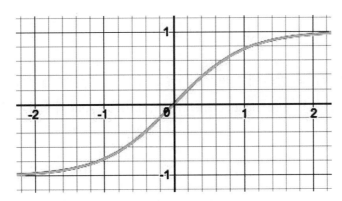

[그림 3-72] Hyperbolic Tangent Function(tanh)

Hyperbolic Tangent Function의 수식은 다음과 같습니다.

$$\tanh(x) = \frac{e^x - e^{-x}}{e^x + e^{-x}}$$

ReLU(Rectified Linear Unit) Function는 최근 가장 많이 사용되는 활성화 함수로 [그림 3-73]과 같은 형태를 가지고 있습니다. ReLU 함수는 x가 0보다 크면 기울기가 1인 직선을 가지고 0보다 작을 경우 0의 값을 가지게 됩니다. Sigmoid, tanh 함수보다 학습이 빠르게 되며 구현이 매우 간단합니다. 그러나 x가 0보다 작은 값들에 대해서는 기울기가 0이기 때문에 뉴런이 죽을 수 있는 단점이 있습니다.

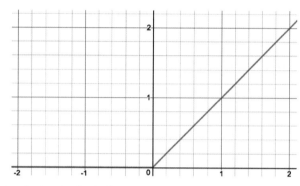

[그림 3-73] Rectified Linear Unit Function(ReLU)

ReLU의 수식은 다음과 같이 정리됩니다.

$$f(x) = \max(0, x)$$

이외 다른 활성화 함수에는 ReLU의 뉴런이 죽는 현상을 해결하기 위해 나온 Leakly ReLU, PReLU, Exponential Linear Unit(ELU), Maxout 함수가 있습니다.

4) MNIST Neural Network

MNIST(Modified National Institute of Standards and Technology database) 데이터셋은 손으로 쓴 숫자들로 이루어진 대형 데이터 베이스이며 다양한 화상 처리 시스템을 트레이닝하기 위해 일반적으로 사용합니다. National Institute of Standards and Technology(NIST)의 오리지널 데이터셋의 샘플을 재혼합하여 만들어졌으며

MNIST는 55,000개의 훈련 데이터와 10,000개의 테스트 데이터, 5,000개의 검증 데이터로 구성됩니다.

[그림 3-74] MNIST 테스트 데이터 샘플 이미지

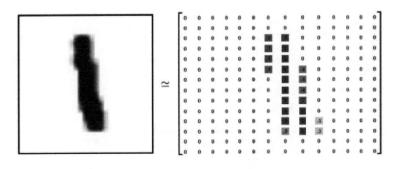

[그림 3-75] 손글씨 이미지를 픽셀 데이터로 표현

[그림 3-74] MNIST 테스트 데이터 샘플 이미지입니다. 수집한 데이터들은 손으로 쓰여진 숫자 이미지를 이용하여 학습에 사용할 수 있도록 픽셀 데이터로 변환하여 사용합니다. 손글씨 이미지는 28×28 픽셀로 구성되어 있습니다. [그림 3-75]는 이미지를 픽셀 데이터로 나타낸 배열입니다. 이 배열은 284개($28 \times 28 = 784$)의 벡터로 만들 수 있습니다. 변환한 벡터 데이터를 이용하여 학습에 사용할 수 있습니다.

신경망에는 다양한 종류의 신경망이 있지만 이번 예제에서는 간단한 인공 신경망을 구성하여 손글씨 인식 학습 모델을 만들어 보도록 하겠습니다.

```
###############################################################
# [학습에 필요한 모듈 선언]
###############################################################
import tensorflow as tf
from tensorflow.examples.tutorials.mnist import input_data
import numpy as np
from matplotlib import pyplot as plt
```

학습에 필요한 모듈을 선언합니다. tensorflow, numpy, matplotlib를 이용하여 모델을 만들 것이며 MNIST 학습 데이터를 다운받기 위하여 Tensorflow에서 제공하는 다운로드 모듈인 input_data를 이용합니다.

```
###############################################################
# [환경설정]
###############################################################
# 학습률
learningRate = 0.001

# 총 학습 횟수
totalEpochs = 20
# 학습데이터를 나누기 위한 값
# 학습데이터 총수 / batch_size = 한번의 epoch 쓰이는 데이터 수
batch_size = 200

# W, b 변수 생성 타입 (1 : random_normal, 2: truncated_normal, 3:  random_uniform)
randomVariableType = 1

# input Layer 크기
# 입력 데이터 크기 784 (손글씨 이미지는 28 * 28 픽셀로 총 784개)
inputDataSize = 28 * 28 # 입력 데이터 고정값(수정불가)

# hidden Layer 크기
hiddenLayer1Size = 1024
```

```
hiddenLayer2Size = 512
hiddenLayer3Size = 256

# output Layer 크기
# 출력값 크기 (Output Layer에서 출력되 데이터(0~9까지 숫자)
outputLayerSize = 128
outputDataSize = 10 # 출력값 크기 고정(수정불가)
```

학습 모델을 만들기 위하여 환경 설정 변수를 선업합니다. 최적화를 위한 최적화 함수의 학습률을 선언합니다. 학습을 위한 total Epoches, batch_size 변수를 선언합니다. 모델 학습을 위하여 배치 트레이닝을 이용합니다.

배치 트레이닝이란 학습 데이터를 일정 사이즈로 나누고 미니 배치(mini batch)를 통해 Gradient decent를 수행하는 방법입니다. 이전까지는 Gradient decent 최적화 방법은 전체 학습 데이터를 한번에 gradient를 구한 후 W, b를 한 번에 업데이트하는 방법이었습니다. 그러나 이 방법은 전체 계산량(computation cost)이 높게 나타납니다. 미니 배치를 사용할 경우 전체 학습 데이터의 샘플인 미니 배치를 통해 전체 데이터를 근사시키게 됩니다. 그리고 이것을 가지고 gradient를 계산하고 W, b를 업데이트하게 됩니다. 전체를 한 번에 업데이트하는 방법보다는 훨씬 빠르게 W, b를 업데이트할 수 있습니다. 이런 방법을 Stochastic Gradient Decent라고 부릅니다. 실제로 일반적인 Gradient decent보다 많이 사용됩니다. 배치 사이즈 메모리가 허용하는 범위 내에서 최대한 크게 잡는 것이 좋습니다. epoch은 전체 데이터를 보는 횟수를 의미합니다. 배치 사이즈와 epoch을 이용하여 한 번에 학습하는 데이터 수를 결정할 수 있습니다. 총 학습 데이터 수를 배치 사이즈로 나누게 되면 한 번의 epoch에 사용되는 데이터 수를 결정하게 됩니다.

다음은 Neural Network를 구성하는 노드(뉴런) 크기를 결정합니다. Input Layer, Hidden Layer, Output Layer의 크기를 변수로 지정하여 W, b 변수의 Shape을 결정하게 됩니다. mnist의 하나의 이미지 데이터는 28×28의 픽셀로 구성되어 있기 때문에 Input Layer에 입력되는 데이터의 크기는 784가 되며 고정된 값입니다. Hidden Layer는 총 3개로 구성하기 위하여 각각 Layer의 크기를 지정해 줍니다.

Output Layer의 크기와 출력 결과의 데이터 수를 지정합니다. 출력 결과 데이터 수는 0~9의 숫자를 판별하기 위하여 10의 크기를 지정하며 이 값은 고정된 값입니다.

randomVariableType은 W와 b의 초깃값을 생성하는데 예제에서는 총 3가지의 타입을 지정할 수 있습니다. random_normal 타입은 정규 분포를 따르는 난수들로 이루어진 텐서를 생성하고 truncated_normal은 평균에서 표준편차 이상의 값은 생성하지 않고 정규 분포에서 일부 구간을 잘라낸 분포를 따르는 난수 텐서를 생성합니다. random_uniform은 각각의 구간에서 동일한 확률로 표현되는 난수 텐서를 생성합니다. [그림 3-76]은 3가지 난수 텐서 생성되는 분포를 나타내는 그래프입니다.

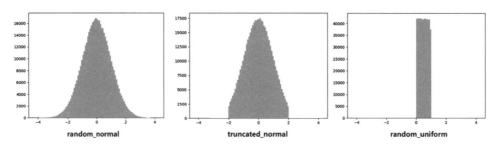

[그림 3-76] Tensorflow 난수 타입

```
###########################################################
# [빌드단계]
# Step 1) 학습 데이터 준비
###########################################################
# 공식 tensorflow github에서 제공하는 mnist dataset 다운로드
# 결과 데이터는 ont hot encoding을 적용
mnist = input_data.read_data_sets("./dataset", one_hot=True)

print("Train data num      : {}".format(mnist.train.num_examples))
print("Train data shape     : {}".format(mnist.train.images.shape))
print("Test data num       : {}".format(mnist.test.num_examples ))
print("Train data shape     : {}".format(mnist.test.images.shape))
print("Validation data num   : {}".format(mnist.validation.num_examples))
print("Validation data shape : {}".format(mnist.validation.images.shape))
```

```
# 손글씨 이미지 픽셀로 표현 방법
image = [[1, 2, 3, 4, 5],
         [5, 4, 3, 2, 1]]
plt.imshow(image, cmap='gray')
plt.show()
# 손글씨 이미지 그래프로 출력
batch = mnist.train.next_batch(1)
plotData = batch[0]
plotData = plotData.reshape(28, 28)
plt.imshow(plotData, cmap='gray')
plt.show()
```

학습 데이터를 준비하는 단계입니다. MNIST 데이터셋은 Tensorflow 공식 Github에서 제공하는 input_data 모듈을 이용하여 다운로드합니다. input_data. read_data_sets("./dataset", one_hot = True)를 실행하여 mnist 변수에 다운로드할 데이터를 연결합니다. 첫 번째 파리미터는 데이터가 다운로드될 위치를 지정합니다. 두 번째 파라미터 one_hot은 데이터셋의 결과 데이터의 값을 ont hot encoding을 적용할지를 입력합니다. 손글씨 이미지로 된 학습 데이터의 숫자가 무엇인지를 나타내는데 숫자로 표현하는 것이 아니고 0, 1로 표현된 배열의 값을 가지게 되며 one hot encoding이 적용된 숫자들은 [그림 3-77]으로 표현됩니다.

```
1 2 3 4 5 6 7 8 9 0
[ 1 0 0 0 0 0 0 0 0 0 ] : 1
[ 0 1 0 0 0 0 0 0 0 0 ] : 2
[ 0 0 1 0 0 0 0 0 0 0 ] : 3
[ 0 0 0 1 0 0 0 0 0 0 ] : 4
[ 0 0 0 0 1 0 0 0 0 0 ] : 5
[ 0 0 0 0 0 1 0 0 0 0 ] : 6
[ 0 0 0 0 0 0 1 0 0 0 ] : 7
[ 0 0 0 0 0 0 0 1 0 0 ] : 8
[ 0 0 0 0 0 0 0 0 1 0 ] : 9
[ 0 0 0 0 0 0 0 0 0 1 ] : 0
```

[그림 3-77] MNIST One hot encoding

mnist 데이가 다운로드가 되면 dataset 폴더에 4개의 데이터 파일을 확인할 수 있습니다.

train-images-idx3-ubyte.gz	training set images (9912422 bytes)
train-labels-idx1-ubyte.gz	training set labels (28881 bytes)
t10k-images-idx3-ubyte.gz	test set images (1648877 bytes)
t10k-labels-idx1-ubyte.gz	test set labels (4542 bytes)

images 데이터와 labels 데이터로 분류되어 있으면 훈련 데이터와 테스트 데이터가 다운로드된 것을 확인할 수 있습니다. 다운로드된 학습 데이터의 정보를 확인해 보기 위하여 정보를 출력합니다. 훈련 데이터 55,000개, 테스트 데이터 10,000, 검증 데이터 5,000개가 다운로드되었으며 각각의 shape은 (55000, 784), (10000, 784), (5000, 784)로 [그림 3-78]처럼 출력됩니다.

```
Train data num        : 55000
Train data shape      : (55000, 784)
Test data num         : 10000
Train data shape      : (10000, 784)
Validation data num   : 5000
Validation data shape : (5000, 784)
```

[그림 3-78] MNIST 학습 데이터 정보

손글씨 images 데이터 [그림 3-75]처럼 28×28의 픽셀 데이터로 구성되어 있으며 이 데이터를 matplotlib를 이용하여 출력할 수 있습니다. 784개의 픽셀 데이터는 색의 농도로 표현이 가능합니다. 예를 들어 데이터가 [[1 2 3 4 5] [5 4 3 2 1]] 이라면 [그림 3-79]처럼 표현 가능하며 실제 MNIST 학습 데이터 하나를 출력하면 [그림 3-80]처럼 확인 가능합니다.

[그림 3-79] 픽셀 데이터 표현 방법

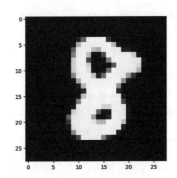

[그림 3-80] 784 픽셀 데이터 이미지 그래프 출력

```
###################################################################
# [빌드단계]
# Step 2) 모델 생성을 위한 변수 초기화
###################################################################
# 학습데이터가 들어갈 플레이스 홀더 선언
X = tf.placeholder(tf.float32, [None, inputDataSize])
# 학습데이터가 들어갈 플레이스 홀더 선언
Y = tf.placeholder(tf.float32, [None, outputDataSize])

# 임의의 난수를 선언하여 W,b 변수의 초기값을 선언 및 Neural Network Layer 구성
```

```
if randomVariableType == 1:
    # 1 : random_normal
    # Input Layer
    W_input = tf.Variable(tf.random_normal([inputDataSize, hiddenLayer1Size]),
                          name='Weight_input')
    b_input = tf.Variable(tf.random_normal([hiddenLayer1Size]),
                          name='bias_input')
    # Hidden Layer
    # Layer1
    W_hidden1 = tf.Variable(tf.random_normal([hiddenLayer1Size, hiddenLayer2Size]),
                            name='Weight_hidden1')
    b_hidden1 = tf.Variable(tf.random_normal([hiddenLayer2Size]),
                            name='bias_hidden1')
    # Layer2
    W_hidden2 = tf.Variable(tf.random_normal([hiddenLayer2Size, hiddenLayer3Size]),
                            name='Weight_hidden2')
    b_hidden2 = tf.Variable(tf.random_normal([hiddenLayer3Size]),
                            name='bias_hidden2')
    # Layer3
    W_hidden3 = tf.Variable(tf.random_normal([hiddenLayer3Size, outputLayerSize]),
                            name='Weight_hidden3')
    b_hidden3 = tf.Variable(tf.random_normal([outputLayerSize]),
                            name='bias_hidden3')
    # Output Layer
    W_output = tf.Variable(tf.random_normal([outputLayerSize,outputDataSize]),
                           name='Weight_output')
    b_output = tf.Variable(tf.random_normal([outputDataSize]),
                           name='bias_output')

elif randomVariableType == 2:
    # 2 : truncated_normal

    # Input Layer
    W_input = tf.Variable(tf.truncated_normal([inputDataSize, hiddenLayer1Size]),
                          name='Weight_input')
    b_input = tf.Variable(tf.truncated_normal([hiddenLayer1Size]),
                          name='bias_input')
    # Hidden Layer
    # Layer1
```

```
            W_hidden1 = tf.Variable(tf.truncated_normal([hiddenLayer1Size,
                                                          hiddenLayer2Size]),
                              name='Weight_hidden1')
            b_hidden1 = tf.Variable(tf.truncated_normal([hiddenLayer2Size]),
                              name='bias_hidden1')
            # Layer2
            W_hidden2 = tf.Variable(tf.truncated_normal([hiddenLayer2Size,
                                                          hiddenLayer3Size]),
                              name='Weight_hidden2')
            b_hidden2 = tf.Variable(tf.truncated_normal([hiddenLayer3Size]),
                              name='bias_hidden2')
            # Layer3
            W_hidden3 = tf.Variable(tf.truncated_normal([hiddenLayer3Size,
                                                          outputLayerSize]),
                              name='Weight_hidden3')
            b_hidden3 = tf.Variable(tf.truncated_normal([outputLayerSize]),
                              name='bias_hidden3')
            # Output Layer
            W_output = tf.Variable(tf.truncated_normal([outputLayerSize, outputDataSize]),
                              name='Weight_output')
            b_output = tf.Variable(tf.truncated_normal([outputDataSize]),
                              name='bias_output')

    elif randomVariableType == 3:
        # 3 : random_uniform
        # Input Layer
        W_input = tf.Variable(tf.random_uniform([inputDataSize, hiddenLayer1Size]),
                          name='Weight_input')
        b_input = tf.Variable(tf.random_uniform([hiddenLayer1Size]),
                          name='bias_input')
        # Hidden Layer
        # Layer1
        W_hidden1 = tf.Variable(tf.random_uniform([hiddenLayer1Size, hiddenLayer2Size]),
                          name='Weight_hidden1')
        b_hidden1 = tf.Variable(tf.random_uniform([hiddenLayer2Size]),
                          name='bias_hidden1')
        # Layer2
        W_hidden2 = tf.Variable(tf.random_uniform([hiddenLayer2Size, hiddenLayer3Size]),
                          name='Weight_hidden2')
```

```
    b_hidden2 = tf.Variable(tf.random_uniform([hiddenLayer3Size]),
                            name='bias_hidden2')
    # Layer3
    W_hidden3 = tf.Variable(tf.random_uniform([hiddenLayer3Size, outputLayerSize]),
                            name='Weight_hidden3')
    b_hidden3 = tf.Variable(tf.random_uniform([outputLayerSize]),
                            name='bias_hidden3')
    # Output Layer
    W_output = tf.Variable(tf.random_uniform([outputLayerSize, outputDataSize]),
                           name='Weight_output')
    b_output = tf.Variable(tf.random_uniform([outputDataSize]),
                           name='bias_output')
```

MNIST 학습 데이터는 별다른 데이터 전처리 과정은 필요 없습니다. 모델 생성을 위하여 변수를 초기화합니다. 이번 단계에서는 데이터 입력 변수를 생성하고 Neural Network을 구성하기 위하여 학습 데이터의 W와 b의 shape을 지정합니다.

학습 데이터를 입력하기 위하여 X, Y 변수를 placeholder 타입으로 선언합니다. X는 손글씨 이미지의 픽셀 데이터가 들어가며 Y는 이미지의 결괏값이 들어갑니다. X변수의 shape은 훈련 데이터, 테스트 데이터의 개수가 다르기 때문에 None으로 하며 픽셀 데이터의 크기는 784개로 구성되어 있기 때문에 shape=[None,inputDataSize]로 선업합니다. Y 변수의 shape은 0~9까지의 손글씨 종류가 결과 데이터로 출력되기 때문에 shape=[None, outputDataSize]로 선업합니다.

환경 설정 단계에서 Neural Network의 크기를 설정하였습니다. 설정한 크기를 이용하여 Input Layer, Hidden Layer, Output Layer의 W와 b 변수의 shape을 지정하여 Neural Network의 구조를 선언합니다. W, b 변수의 초깃값은 렌덤값으로 초깃값을 지정하는데 3가지 타입으로 나눠서 Neural Network를 구성하는데 변수 선언 타입만 다를뿐 구조는 변경되지 않습니다.

Hidden Layer는 총 3단계로 구성합니다 첫 번째 Hidden Layer는 1,024개의 노드(뉴런)로 구성되며 두 번째 Hidden Layer는 512개, 세 번째 Hidden Layer는 256개로 구성합니다.

Input Layer는 784개의 픽셀 데이터가 입력되며 출력값을 첫 번째 Hidden Layer

의 입력값으로 사용합니다. 동일한 방법으로 첫 번째 Hidden Layer의 출력값은 두 번째 Hidden Layer의 입력값으로 사용되고 두 번째 Hidden Layer의 출력값은 세 번째 Hidden Layer의 입력 값으로 사용됩니다.

Output Layer는 세 번째 Hidden Layer의 결괏값을 입력값으로 사용하여 총 0~9 까지 10개의 숫자를 인식하는 결괏값을 출력합니다. [그림 3-81]은 학습을 위한 Neural Network 구조입니다.

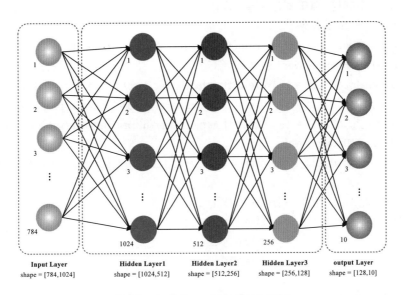

[그림 3-81] Neural Network 구조

W와 b의 초깃값은 randomVariableType에 따라서 초기화되며 3가지 타입을 이용하여 학습을 하면 변수의 초기화가 학습 결과에 영향을 주는지 알 수 있습니다.

```
#############################################################
# [빌드단계]
# Step 3) 학습 모델 그래프 구성
#############################################################
# 3-1) 학습데이터를 대표 하는 가설 그래프 선언
# hypothesis - Input Layer
Layer_input_hypothesis = tf.nn.relu(tf.matmul(X, W_input)+b_input)
# hypothesis - Hidden Layer
Layer_hidden1_hypothesis = tf.nn.relu(tf.matmul(Layer_input_hypothesis, W_hidden1)+b_hidden1)
Layer_hidden2_hypothesis = tf.nn.relu(tf.matmul(Layer_hidden1_hypothesis, W_hidden2)+b_hidden2)
Layer_hidden3_hypothesis = tf.nn.relu(tf.matmul(Layer_hidden2_hypothesis, W_hidden3)+b_hidden3)
# hypothesis - Output Layer
Layer_output_hypothesis_logit = tf.matmul(Layer_hidden3_hypothesis, W_output)+b_output

# 3-2) 비용함수(오차함수,손실함수) 선언
costFunction = tf.reduce_mean(tf.nn.softmax_cross_entropy_with_logits(
                            logits=Layer_output_hypothesis_logit,
                            labels=Y))

# 3-3) 비용함수의 값이 최소가 되도록 하는 최적화함수 선언
optimizer = tf.train.AdamOptimizer(learning_rate=learningRate)
train = optimizer.minimize(costFunction)
```

빌드 단계의 마지막은 학습 모델 그래프를 구성합니다. Input Layer, Hidden Layer, Output Layer마다 가설 수식을 작성합니다. 활성화 함수는 sigmoid 함수 대신 ReLU 함수를 사용합니다. ReLU 함수도 tensorflow에서 tf.nn.relu() 함수로 제공합니다.

Input Layer의 가설 수식은 784개의 이미지 픽셀 데이터를 입력한 X 변수와 W_input, b_input 변수를 이용하여 계산하고 계산 결과를 ReLU 함수를 이용하여 활성화합니다. Hidden Layer의 가설 수식은 각각의 Layer 모두 가설 수식을 작성합니다. 최종 Output Layer에서는 마지막 Hidden Layer의 출력값을 입력으로 사용하여 최종적으로 10개의 숫자를 예측할 수 있도록 10개의 결괏값을 출력합니다. Input Layer, Hidden Layer와 달리 Output Layer는 Softmax Regression을 이용하여 최종적으로 결괏값을 판별합니다.

비용 함수는 tensorflow에서 제공하는 softmax_cross_entropy_with_logits함수를 이용하여 계산합니다. 이 함수의 입력값은 logit는 마지막 Output Layer의 가설 수식을 입력하고 labels는 실제 데이터 결괏값인 Y를 지정하면 합니다.

Softmax Regrssion의 비용 함수는 Cross Entropy를 직접 수식을 만들어서 다음과 같이 costFunction=tf.reduce_mean(-tf.reduce_sum(Y * tf.log(hypothesis), axis=1)) 선언하여 Y 값과 가설 수식을 계산하여 나온 값의 전체 평균으로 비용을 구했지만 softmax_cross_entropy_with_logits는 복잡한 수식을 간단하게 2개의 파라미터를 입력받아 계산합니다.

최적화 함수는 Gradient decent 알고리즘 대신 Adam Optimizer를 사용합니다. 이 알고리즘 또한 tensorflow에서 tf.train.AdamOptimizer(learning_rate) 형태로 제공합니다.

Gradient decent 알고리즘 이외의 최적화 함수에는 Stochastic Gradient Decent(SGD), Momentum, AdaGrad, Adam 등이 있습니다. 우리가 사용하는 Adam 알고리즘은 Momentum과 AdaGrd 알고리즘을 섞은 기법입니다. 이 알고리즘은 학습률을 줄여나가고 속도를 계산하여 학습의 갱신 강도를 적응적으로 조정해 나가는 방법입니다.

Momentum 알고리즘은 운동량 알고리즘이라고 하는데 비용 함수를 미분한 기울기값에서 속도의 개념이 추가된 것으로 기울기가 크게 업데이트되어 SGD가 가지는 기울기 방향으로 이동하는 비효율적인 방법을 개선한 알고리즘입니다.

AdaGrad(Adaptive Gradient) 알고리즘은 W와 b의 값을 업데이트하면서 각각의 변수마다 학습률을 다르게 설정하여 최적화는 알고리즘으로, 즉 학습을 하면서 변하지 않는 W, b 변수의 학습률을 크게 하고 많이 변한 W, b 변수의 학습률을 작게 하는 방법입니다.

여기까지 MNIST 학습 데이터를 이용하여 손글씨 분류 모델 생성을 위한 빌드 단계를 완료했습니다. 생성한 모델을 학습을 위하여 실행 단계로 넘어갑니다.

```
###############################################################
# [실행단계]
# 학습 모델 그래프를 실행
###############################################################
# 실행을 위한 세션 선언
sess = tf.Session()
# 최적화 과정을 통하여 구해질 변수 W,b 초기화
sess.run(tf.global_variables_initializer())

# 예측값, 정확도 수식 선언
predicted = tf.equal(tf.argmax(Layer_output_hypothesis_logit, 1), tf.argmax(Y, 1))
accuracy = tf.reduce_mean(tf.cast(predicted, tf.float32))

# 학습 정확도를 저장할 리스트 선언
train_accuracy = list()

print("---------------------------------------------------------------------")
print("Train(Optimization) Start ")
for epoch in range(totalEpochs):
    average_costFunction = 0
    # 전체 batch 사이즈 구하기 (55000 / 200 = 275)
    totalBatch = int(mnist.train.num_examples / batch_size)

    for step in range(totalBatch):
        batchX, batchY = mnist.train.next_batch(batch_size)
        cost_val, acc_val, _ = sess.run([costFunction, accuracy, train],
                                        feed_dict={X: batchX, Y: batchY})
        train_accuracy.append(acc_val)
        average_costFunction = cost_val / totalBatch

    print("epoch : {}, cost = {}".format(epoch, average_costFunction))

# 정확도 결과 확인 그래프
plt.plot(range(len(train_accuracy)),
```

```python
        train_accuracy,
        linewidth=2,
        label='Training')
plt.legend()
plt.title("Accuracy Result")
plt.show()

print("Train Finished")
print("---------------------------------------------------------------------")
print("[Test Result]")
# 최적화가 끝난 학습 모델 테스트
h_val, p_val, a_val = sess.run([Layer_output_hypothesis_logit, predicted, accuracy],
                        feed_dict={X: mnist.test.images,
                                   Y: mnist.test.labels})
print("\nHypothesis : {} \nPrediction : {} \nAccuracy : {}".format(h_val,
                                                                   p_val,
                                                                   a_val))


# matplotlib 를 이용하여 학습 결과를 시각화
# 라벨 0 / 4 는 앞자리는 예측값 / 실제값 을 나타냄
fig = plt.figure(figsize=(8, 15))
for i in range(10):
    c = 1
    for (image, label, h) in zip(mnist.test.images, mnist.test.labels, h_val):
        prediction, actual = np.argmax(h), np.argmax(label)
        if prediction != i:
            continue
        if (c < 4 and i == actual) or (c >= 4 and i != actual):
            subplot = fig.add_subplot(10,6,i*6+c)
            subplot.set_xticks([])
            subplot.set_yticks([])
            subplot.set_title('%d / %d' % (prediction, actual))
            subplot.imshow(image.reshape((28,28)),
                        vmin=0,
                        vmax=1,
                        cmap=plt.cm.gray_r,
                        interpolation="nearest")
            c += 1
```

```
        if c > 6:
            break
plt.show()
print("-------------------------------------------------------------")

#세션종료
sess.close()
```

모델 그래프를 실행하기 위해서 tensorflow에서는 Session을 이용하여 실행을 합니다. sess 변수에 tf.Session()을 선언하고 최적화 과정을 통하여 구해질 변수를 초기화하기 위하여 sess.run(tf.global_variables_initializer())를 실행합니다

학습 결과를 계산하기 위하여 예측값 정확도 수식을 선언합니다. tf.argmax() 함수를 이용하여 예측값 수식을 선언하고 예측값의 정확도의 평균을 구합니다. 학습 모델의 정확도를 알아보기 위하여 train_accuracy 리스트에 학습 진행 단계마다 정확도를 저장하여 정확도 그래프를 출력하는 데 사용하도록 합니다.

환경 설정 단계에서 설명한 배치 트레이닝 방법으로 학습을 합니다. totalEpochs 만큼 for을 이용하여 학습을 하며 각 epoch마다 bach_size만큼의 학습 데이터를 학습합니다. totalBatch 변수에 한 번에 학습할 학습 사이즈를 계산하여 저장하고 학습 사이즈만큼 반복하여 학습을 합니다. X, Y 변수에 입력할 학습 데이터는 mnist.train.next_batch 함수를 이용하여 batch_size만큼 훈련 데이터를 가져와 batchX, batchY 변수에 할당합니다. costFunction, accuracy, train을 실행시켜 계산하고 학습의 정확도를 train_accuracy 리스트에 저장합니다. 그리고 한 번의 epoch에 비용 함수의 평균을 계산하여 average_costFunction 변수에 저장하여 콘솔에 결과를 출력하고 학습이 완료되면 train_accuracy에 저장된 학습 정확도를 그래프로 출력합니다.

다음 단계는 테스트 데이터를 이용하여 훈련 데이터로 학습된 모델을 테스트한 결과를 출력하고 테스트 결과를 이미지 그래프로 출력하여 결과를 시각화합니다.

여기까지 MNIST 학습 데이터를 이용하여 손글씨 판별 모델을 완성하였습니다. 실행 결과를 확인하도록 하겠습니다.

다음과 같은 조건으로 모델을 학습하였습니다.

1. 최적화 함수 : Adam Optimizer
2. 학습률 : 0.001
3. 학습 횟수 : 20회
4. 배치 사이즈 : 200
5. 변수 생성 타입 : random_normal
6. Hidden Layer 크기
   - Hidden Layer 1 : 1024
   - Hidden Layer 2 : 512
   - Hidden Layer 3 : 256

훈련 데이터로 학습한 결과는 [그림 3-82]와 같이 출력되었습니다. 총 20회의 학습을 진행하였으며 첫 번째 학습의 비용 함수의 평균은 61.05으로 시작하여 마지막 학습에서는 2.06의 결과를 보였습니다.

```
Train(Optimization) Start
epoch : 0, cost = 61.05854403409091
epoch : 1, cost = 12.440392400568182
epoch : 2, cost = 7.903037109375
epoch : 3, cost = 3.335279873934659
epoch : 4, cost = 8.026814630681818
epoch : 5, cost = 2.8777567915482956
epoch : 6, cost = 3.7888805042613636
epoch : 7, cost = 3.588871848366477
epoch : 8, cost = 0.24910000887784092
epoch : 9, cost = 1.380424471768466
epoch : 10, cost = 0.5915650523792614
epoch : 11, cost = 0.0
epoch : 12, cost = 0.0
epoch : 13, cost = 0.43730654629794036
epoch : 14, cost = 1.5675537109375
epoch : 15, cost = 0.9786494584517046
epoch : 16, cost = 0.7234701815518466
epoch : 17, cost = 0.016692045385187322
epoch : 18, cost = 1.3333852317116477
epoch : 19, cost = 2.0624465110085226
Train Finished
```

[그림 3-82] 훈련 데이터 학습 결과

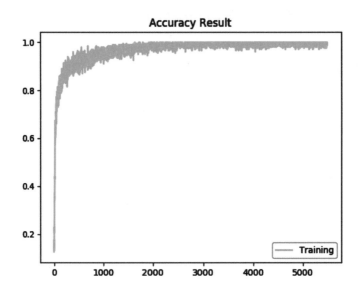

[그림 3-83] 훈련 데이터 정확도 그래프

[그림 3-83]은 훈련의 정확도 그래프입니다. 훈련이 진행되면서 정확도의 변화를 볼 수 있습니다.

테스트 데이터를 학습된 모델에 입력하여 재학습을 하지 않고 학습 모델의 정확도를 테스트한 결과(비용 함수, 예측값, 정확도)는 [그림 3-84]로 출력되었습니다.

```
[Test Result]

Hypothesis : [[  67801.62  -197245.86      72231.18  ...   469097.38    -58134.07
    246778.2  ]
 [ 102994.56       9881.387  267938.75  ...  -157908.66    -59262.727
    17939.893]
 [ -51131.695  166566.02   -21273.182 ...   56397.824    43496.273
    24324.928]
 ...
 [ -80804.1       12043.096   50751.56  ...  216402.33   245847.47
    216147.55 ]
 [ 119363.234   72998.87    22246.812 ...   35118.47    235694.78
      5454.885]
 [  26286.031   18148.828  164208.       ...  -82760.37    31768.498
    -78076.73 ]]
Prediction : [ True  True  True ...  True  True  True]
Accuracy : 0.9503999948501587
```

[그림 3-84] 테스트 데이터 결과

훈련 데이터로 학습된 모델을 이용하여 손글씨를 판별하였을 때 95.03%의 정확도를 보여 주고 있습니다. 이 결과를 이미지 그래프로 시각화하면 [그림 3-85]처럼 출력됩니다.

[그림 3-85] 테스트 데이터 이미지 그래프 결과

각각의 손글씨 이미지의 위에 라벨의 앞자리 숫자는 학습 모델로 예측한 예측값이며 뒷자리 숫자는 실제 손글씨 이미지의 결괏값입니다.

CHAPTER **4**

실전 프로젝트

CHAPTER 04

Tensorflow Practice

실전 프로젝트

SECTION 1 개요

이번 장에서는 앞서 설명된 머신러닝의 원리와 기본 사용법을 기반으로 대
표적인 딥러닝(Deep Learning) 알고리즘인 합성곱 신경망(Convolution Neural
Network)과 순환 신경망(Recurrent Neural Network)을 구성하는 구조 중 장단기 기
억 네트워크(Long-Short Term Memory Network) 알고리즘을 활용하여 한국어 영
화 리뷰를 감정 분석하는 예제를 Tensorflow를 통해 작성하고, 학습된 모델을 통해
사용자가 입력한 영화 리뷰에 대한 문장의 감정 분석을 실험해 볼 수 있는 웹 애플
리케이션을 작성하는 단계까지 순서대로 설명하겠습니다. 문장에 대한 감정 분석
은 [그림 4-1]의 단계로 진행됩니다.

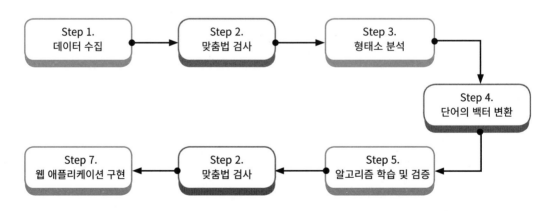

[그림 4-1] 영화 리뷰 감성 분석 프로세스

1. 데이터 수집

1) Naver Sentimental Movie Corpus 소개

머신러닝을 위해서는 기본적으로 데이터가 필요합니다. 데이터의 다양하고 방대한 데이터를 가지고 있는지에 따라 성공 여부가 갈린다고 할 수 있습니다. 데이터를 수집하는 방법은 웹 사이트에서 자료들을 가져오기 위한 웹 크롤링(Web Crawling)을 하거나, 서비스에서 사용되고 있는 로그를 저장하거나 이미 저장되어 있는 데이터베이스에서 불러와서 수집할 수 있습니다.

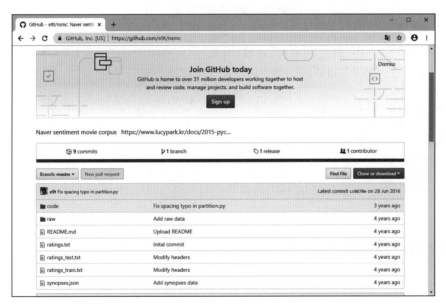

[그림 4-2] Naver Sentimental Movie Corpus GitHub 화면

Naver Sentimental Movie Corpus V1.0 (https://github.com/e9t/nsmc)는 한국어로 된 네이버 영화 리뷰를 웹 스크래핑(Web Scraping)한 데이터입니다. 이 말뭉치는 20만 개의 리뷰를 15만 개의 트레이닝 데이터와 5만 개의 테스트 데이터로 구성되어 있습니다.

📋 알아두기

■ **데이터 특성**

• 모든 리뷰는 140자 미만으로 구성
• 긍정/부정은 동일한 비율로 샘플링
• 긍정 리뷰는 평점이 9점 이상으로 구성
• 부정 리뷰는 평점이 4점 이하로 구성

■ **데이터 샘플**

```
$ cat ratings_train.txt | head -n 6
id	document		label
9976970		아 더빙.. 진짜 짜증나네요 목소리		0
3819312		흠...포스터보고 초딩영화줄....오버연기조차 가볍지 않구나 1
10265843		너무재밓었다그래서보는것을추천한다 0
9045019		교도소 이야기구먼 ..솔직히 재미는 없다..평점 조정		0
6483659		사이몬페그의 익살스런 연기가 돋보였던 영화!스파이더맨에서 늙어보이기만
했던 커스틴 던스트가 너무나도 이뻐보였다	1
```

• id : 네이버에서 제공하는 리뷰 ID값
• document : 실제 리뷰 내용
• label : 리뷰의 감정 분류(0 : 부정, 1 : 긍정)
• 각 컬럼 탭으로 구분

2) Naver Sentimental Movie Corpus 데이터 수집 구현

영화 리뷰 감정 분석을 위해 사용할 GitHub에 존재하는 ratings_train.txt와 ratings_test.txt 두 파일을 다운로드하는 예제입니다.

```
#######################
# file_name : preprocessing.py
#######################
import requests, os

def nsmc_data_download(file_list) :
    # 데이터 다운로드 주소
    nsmc_url = 'https://raw.githubusercontent.com/e9t/nsmc/master/'
    source_dir ='./data/'

    # 데이터 다운로드 폴더 생성
    if not(os.path.isdir(source_dir)) :
        os.makedirs(os.path.join(source_dir))

    # 바이너리 데이터를 파일로 쓰기
    for file in file_list :
        response = requests.get(nsmc_url + file)
        print('file name : ' + file)
        print('status code : ' + str(response.status_code))
        with open(source_dir + file,'wb') as f:
            # 바이너리 형태로 데이터 추출
            f.write(response.content)
        f.close()

if __name__ == '__main__':
    file_list = ['ratings_train.txt', 'ratings_test.txt']
    nsmc_data_download(file_list)
```

학습에 필요한 패키지를 import합니다. os 패키지는 데이터를 저장할 폴더를 생성하는 부분에, requests 패키지는 python에서 HTTP 요청을 보내는 부분에 사용합니다. 데이터를 저장할 폴더는 폴더가 존재하는지의 여부를 확인 후 없는 경우에 폴더를 생성합니다. 데이터 다운로드 주소는 GitHub에서 파일의 이름을 클릭하여 이동한 페이지의 "View Raw"링크를 클릭하면 확인할 수 있고, 해당 주소를 HTTP Method 중 특정 리소스를 가져오도록 요청하는 GET Method(request.get)을 사용하여 파일 데이터를 가져올 수 있습니다. GET 요청을 통한 응답의 상태 코드 (response.status_code) 값이 200으로 출력이 된다면 정상적으로 처리하여 응답을 보내줬음을 확인할 수 있습니다. 응답 온 바이너리 데이터(response.content)를 파일에 쓰는 것으로 생성된 폴더에 데이터를 저장할 수 있습니다.

알아두기

■ HTTP(Hyper Text Transfer Protocol) 통신

HTTP는 클라이언트와 서버 사이에 이루어지는 요청/응답(request/response) 프로토콜입니다. 예를 들면 클라이언트인 웹 브라우저가 HTTP를 통하여 서버로부터 웹 페이지(https://www.google.com)나 그림 정보(http://examples.com/image/test.png)를 요청하면, 서버는 이 요청에 응답하여 필요한 정보를 해당 사용자에게 전달하게 됩니다. 이 정보가 모니터와 같은 출력 장치를 통해 사용자에게 나타나는 것입니다.

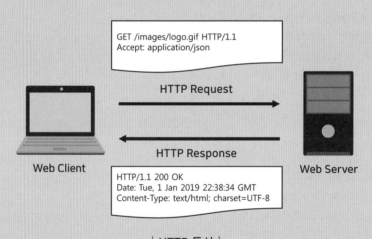

GET /images/logo.gif HTTP/1.1
Accept: application/json

HTTP Request

HTTP Response

HTTP/1.1 200 OK
Date: Tue, 1 Jan 2019 22:38:34 GMT
Content-Type: text/html; charset=UTF-8

Web Client · Web Server

| HTTP 통신 |

요청에서는 클라이언트가 수행하고자 하는 동작을 정의한 GET, POST, DELETE, PUT, OPTIONS, HEAD 등과 같은 HTTP Method와 리소스의 경로, HTTP 프로토콜의 버전, 추가 정보가 전달되는 헤더 등으로 구성되고, 응답에서는 HTTP 프로토콜의 버전, 요청의 상태를 나타내는 상태 코드와 메시지, 요청 헤더와 유사한 헤더 등으로 구성됩니다. 추가적인 내용과 상태 코드를 확인하려면 위키피디아를 참고하시기 바랍니다.

(참고 : https://ko.wikipedia.org/wiki/HTTP)

■ **requests 패키지의 간단 사용법**

• Get 요청
```
req_params = {'Param1': 'Value1', 'Param2': 'Value2' }
response = requests.get('http://examples.com', params=req_params)
```

• POST 요청
```
data = {'Param1': 'Value1', 'Param2': 'Value2' }
response = requests.post('http://examples.com', data=data)
```

• DELETE, HEAD, OPTIONS 요청
```
response = requests.delete('http://examples.com/delete')
response = requests.head('http://examples.com/get')
response = requests.options('http://examples.com/get')
```

2. 데이터 맞춤법 및 띄어쓰기 수정

1) 네이버 맞춤법 검사기 소개

　뉴스 기사와 같이 문법을 맞춰 작성되는 문서와는 달리 불특정 다수의 작성자가 자유로운 형식으로 작성하는 영화 리뷰는 정제되지 않은 비격식(Informal) 문장으로 일관된 규칙이나 패턴을 찾기 힘듭니다. 네이버에서 제공하는 맞춤법 검사기를 통해 영화 리뷰의 맞춤법과 띄어쓰기를 교정함으로써 가독성을 높이고 문장의 의미를 명확하게 할 수 있습니다.

　네이버 포털(https://www.naver.com) 화면에서 "네이버 맞춤법 검사기"로 검색하면 웹 화면에서 500자 이내의 문장을 "맞춤법, 표준어 의심, 띄어쓰기, 통계적 교정"에 대한 교정이 가능합니다. 영화 리뷰의 트레이닝 데이터 중 샘플로 맞춤법 검사기를 통한 교정된 결과는 [그림 4-3]과 같습니다. 맞춤법과 띄어쓰기가 교정된 결과를 확인할 수 있습니다.

[그림 4-3] 네이버 맞춤법 검사기 화면

2) 네이버 맞춤법 검사기 코드 구현

아래 코드는 저장된 영화 리뷰에 대해서 네이버 맞춤법 검사기를 통해 교정된 문장들을 새로운 파일로 다시 저장하는 예제입니다.

```
#####################
# file_name : preprocessing.py
#####################
import requests, json, html

def naver_spell_cheker(input) :
    source_dir ='./data/'
    # 네이버 맞춤법 검사기 주소

    spell_checker_url = 'https://m.search.naver.com/p/csearch/ocontent/util/SpellerProxy'
```

```python
def spell_cheker(object) :
    # request parameter 세팅
    req_params = {'_callback': 'SpellChecker', 'q': object, 'color_blindness': 0}
    while True :
        response = requests.get(spell_checker_url, params=req_params)
        status  = response.status_code

        # 응답 코드가 200일 때까지 반복
        if status == 200 :
            # 텍스트 형태로 데이터 추출
            response = response.text
            break

    # json 포맷으로 변경하기 위한 불필요 문자 제거
    response = response.replace(req_params.get('_callback')+'(', '')
    response = response.replace(');', '')

    data = json.loads(response)
    # json 포맷에서 필요 결괏값만 가져오기
    object = data['message']['result']['notag_html']
    object = html.unescape(object)

    return object

if type(input) is str :
    return spell_cheker(input)

elif type(input) is list :
    for file in input:

        spell_check_data = ''
        with open(source_dir+file,'r', encoding='UTF-8') as f1:
            # 파일에서의 header 부분 삭제
            load_data = [line.split('\t') for line in f1.read().splitlines()][1:]
        f1.close()

        # 맞춤법 검사 진행 결과를 파일 내 문서 포맷으로 변환
        for data in load_data:
```

```
        data[1] = spell_cheker(data[1])
        spell_check_data += data[1] + '\t' + data[2] + '\n'


        # 새로운 파일로 맞춤법 검사 결과를 파일로 저장
        with open(source_dir + '1_' + file , mode='w') as f2:
            spell_check_data = spell_check_data.encode(encoding='utf-8')
            f2.write(spell_check_data.strip())
        f2.close()

if __name__ == '__main__':
    file_list = ['ratings_train.txt', 'ratings_test.txt']
    naver_spell_cheker(file_list)
```

네이버 맞춤법 검사기의 주소와 요청 파라미터, 응답 결과를 가져오는 방법은 웹 브라우저의 개발자 도구를 이용하여 가져올 수 있습니다. 크롬 브라우저(Chome Browser)를 통해 확인하는 방법에 대해서 설명해 드리겠습니다.

1. 크롬 브라우저를 열어 [그림 4-3] 네이버 맞춤법 검사기 화면으로 이동
2. F12 버튼을 클릭하여 개발자 도구를 생성
3. 네이버 맞춤법 검사기 화면에서 테스트를 위한 텍스트 입력/검사하기 버튼 클릭
4. 개발자 도구의 Network 탭을 열어 가장 마지막에 있는 Name 부분 클릭
5. 오른쪽 Headers 탭에서 General 〉 Request URL(물음표 앞까지의 주소를 사용), Request Mehtod 확인

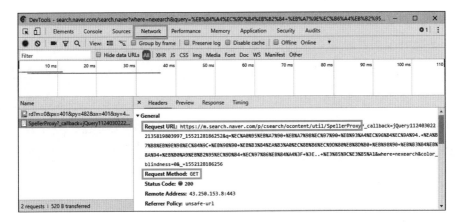

[그림 4-4] 네이버 맞춤법 검사기 요청 주소

6. Headers 탭 하위의 Query String Parameters를 확인하여 요청 파라미터 확인

[그림 4-5] 네이버 맞춤법 검사기 요청 파라미터

7. Response 탭을 클릭하여 요청에 대한 응답값 확인

[그림 4-6] 네이버 맞춤법 검사기 응답 결과

네이버 맞춤법 검사기를 코드에서 사용하기 위하여 요청 파라미터는 크롬 브라우저의 개발자 도구에서 확인되는 모든 파라미터의 값을 필수값으로 사용하지 않을 수 있기 때문에 파라미터를 조합하여 확인이 필요합니다. 위의 코드에서는 "q, _

callback, color_blindness" 값만 사용하였습니다. "q"값은 실제 맞춤법을 교정하기
위한 문장이 들어가는 값이고, _callback값은 응답으로 오는 json 포맷을 감싸주는
String값을 지정하는 것입니다. request 패키지의 get 함수를 통해 주소 값과 요청 파
라미터를 넘겨주면 응답이 리턴됩니다. 문장이 20,000건이 맞춤법 교정을 해야 되
기 때문에 일시적인 네트워크 문제 등으로 인해 200 응답이 오지 않는 경우를 대비
하여 정상 응답이 올 때까지 반복하였습니다. 정상 응답으로 오는 값은 아래와 같습
니다.

```
SpellChecker({
  "message":{
    "result":{
      "errata_count":2,
      "origin_html":"정말 맘에 들어요. 그래서 또 <span class='result_underline'>보고싶은데</
span> 또 보는 방법이 없네? &gt;.. <span class='result_underline'>ㅜㅡ</span>",
      "html":"정말 맘에 들어요. 그래서 또 <em class='green_text'>보고 싶은데</
em> 또 보는 방법이 없네? &gt;.. <em class='violet_text'>ㅜㅡ</em>",
      "notag_html":"정말 맘에 들어요. 그래서 또 보고 싶은데 또 보는 방법이 없네? &gt;.. ㅜㅡ"
    }
  }
});
```

응답 값에서 notag_html의 내용을 가져오기 위해서 앞, 뒤의 불필요한 값을 삭
제하고, json 포맷으로 변경하여 [message][result][notag_html] 값을 가져오면 네이
버 맞춤법 검사기에서 교정된 결과를 얻을 수 있습니다. 교정된 결과에서 "〈" 값
과 같은 문자는 HTML로 escape되어 ">"와 같이 변경되어 있는데 html 패키지의
unescape 함수를 통해 원래의 문자 값으로 변경이 가능합니다. 변경된 값에 대해서
는 원래 파일 내 포맷으로 변경하여 "1_" 값을 붙여 새로운 파일로 저장하였습니다.
네이버 맞춤법 검사기에 각각의 문장을 모두 HTTP 요청을 통해 수행되기 때문에
전체 문장 20,000건을 수행하는 데는 시간이 오래 걸리는 부분에 대해서는 참고해
주시기 바랍니다.

3. 형태소 분석(Morphological Analysis)

1) KoNLPy 소개

자연어 처리(Neural Language Processing, NLP)는 사람들이 사용하는 언어에서 의미 있는 정보를 분석하고 추출하여 컴퓨터가 처리할 수 있도록 프로그래밍하는 하는 방법으로 음성 인식, 정보 검색, Q&A 시스템, 문서 분류, ChatBot 등 많은 분야에서 응용되고 있습니다. 자연어 처리를 위해 영어에 대해서는 python의 오픈 소스 라이브러리인 NLTK(Neural Language Toolkit)를 사용할 수 있고, OS에 관련 없이 설치가 가능하지만 한국어에 대한 지원이 지원되지 않습니다. 관련 정보에 대해서는 해당 주소(https://www.nltk.org/index.html)를 통해 확인하시면 됩니다.

한국어 자연어 처리를 위해 만들어진 파이썬 오픈 소스 패키지로 KoNLPy(코엔엘파이)를 사용할 수 있습니다. KoNLPy에서는 어떤 대상 어절을 최소 단위인 "형태소"(단어 자체 또는 단어보다 작은 단위)로 분석하고, 분석된 결과에 대해 품사를 부착하는 기능을 사용할 수 있습니다(https://ko.wikipedia.org/wiki/자연어_처리).

KoNLPy(v0.5.1기준)에서 제공해 주는 형태소 분석기로는 Hannanum, Kkma, Komoran, Mecab, Okt가 제공(Okt는 v0.5.0 이전에는 Twitter 클래스로 제공)됩니다. 윈도우 환경에서는 Mecab을 지원하지 않음을 참고하시기 바랍니다. 각 형태소 분석기별 비교에 대해서는 해당 주소(http://konlpy.org/ko/latest/morph/)에서 확인이 가능하므로 성능 및 분석 방법에 따라 용도에 맞게 사용하는 것을 추천합니다.

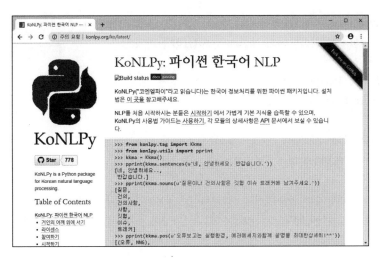

[그림 4-7] KoNLPy 홈페이지

2) 형태소 분석 구현

아래 코드는 konply 패키지 중 Okt(Open Korean Text)을 사용하여 영화 리뷰에 대해 맞춤법 검사기를 통해 교정된 문장을 형태소 분석 및 품사를 부착하고 자주 사용되는 단어를 시각화하는 예제입니다.

```
######################
# file_name : preprocessing.py
######################
from konlpy.tag import Okt
from wordcloud import WordCloud
import matplotlib.pyplot as plt
from collections import Counter

def konlpy_pos_tag(input) :
    source_dir ='./data/'
    fig_file = '2_wordcloud.png'

    def pos_tagging(object) :
        # 형태소 분석 및 품사 태깅(정규화, 어간 추출, 품사 합치기)
        pos = Okt().pos(object, norm=True, stem=True, join=True)
        # 명사 추출
        noun = Okt().nouns(object)

        return pos, noun

    if type(input) is str :
        return ' '.join(pos_tagging(input)[0])

    elif type(input) is list :
        word_cloud_data = list()

        for file in input:
            pos_tag_data = ''

            with open(source_dir + file,'r', encoding='UTF-8') as f1:
                load_data = [line.split('\t') for line in f1.read().splitlines()]
```

```
            f1.close()

            # 품사 추출 결과를 파일 내 문서 포맷으로 변환
            # wordcloud 생성을 위한 텍스트 배열 생성
            for data in load_data:
                result_pos, result_noun = pos_tagging(data[0])
                pos_tag_data += ' '.join(result_pos) + '\t' + data[1] + '\n'
                word_cloud_data += result_noun

            # 텍스트 배열 내 단어들에 대한 빈도 계산
            counter = Counter(word_cloud_data)
            print(counter.most_common(20))

            with open(source_dir + file.replace('1_', '2_'), mode='wb') as f2:
                pos_tag_data = pos_tag_data.encode(encoding='utf-8')
                f2.write(pos_tag_data.strip())
            f2.close()

            # 명사만 추출된 리스트를 통해 wordcloud 생성
            wc = WordCloud(width=800, height=800, background_color="white")
            plt.imshow(wc.generate_from_text(word_cloud_data))
            plt.axis("off")
            plt.savefig(source_dir + fig_file)

if __name__ == '__main__':
    file_list = ['ratings_train.txt', 'ratings_test.txt']
    konlpy_pos_tag(['1_' + file for file in file_list])
```

출력 >
[('영화', 54418), ('이', 11734), ('정말', 10927), ('것', 10211), ('거', 9284), ('안', 8966), ('진짜', 8483), ('점', 8343), ('보고', 6865), ('연기', 6823), ('최고', 6341), ('평점', 6332), ('수', 6190), ('내', 5644), ('왜', 5602), ('말', 5447), ('스토리', 5377), ('생각', 5304), ('드라마', 5112), ('사람', 4969)]
[('영화', 72955), ('이', 15685), ('정말', 14515), ('것', 13672), ('거', 12405), ('안', 12021), ('진짜', 11473), ('점', 11136), ('연기', 9166), ('보고', 9156), ('평점', 8559), ('최고', 8464), ('수', 8245), ('내', 7539), ('왜', 7497), ('말', 7213), ('생각', 7124), ('스토리', 7092), ('드라마', 6783), ('때', 6670)]

Okt를 사용하기 위해서는 konlpy 패키지를 설치해야 합니다. 각 OS별 설치에 관련된 내용에 대해서는 해당 주소(http://konlpy.org/ko/latest/install/)에서 확인할 수 있습니다. Okt()를 사용하여 객체를 생성, pos() 함수를 사용하여 문장을 넣어 주면 형태소 분석 및 품사를 부착할 수 있습니다. pos 함수의 파라미터로 사용되는 norm 값은 정규화, stem 값은 어간 추출, join 값은 norm, stem을 거쳐 나온 값과 품사를 '/' 를 기준으로 합쳐서 결과를 도출하게 됩니다. join 파라미터를 사용하는 부분은 필수로 진행할 필요는 없지만 동음이의어(ex : 이/Josa, 이/Noun, 이/Determiner)를 구분할 수 있다는 장점이 존재합니다.

알아두기

■ Okt 제공 함수 및 실행 결과

• 테스트 문장
항상 대단한 감독... 다큐멘터리인데 재미있었어욯ㅋㅋㅋㅋㅋ

• Okt().morphs(phrase, norm=False, stem=False)
텍스트를 형태소 단위로 분리합니다. 파라미터 norm은 정규화를 의미하고 stem은 어간 추출을 의미합니다.

모든 파라미터 값이 False 인 경우 실행 결과
['항상', '대단한', '감독', '...', '다큐멘터리', '인데', **'재미있었어', '욯'**, 'ㅋㅋㅋㅋㅋㅋ']

norm=True 인 경우 실행 결과
['항상', **'대단한'**, '감독', '...', '다큐멘터리', '인데', **'재미있었어요'**, 'ㅋㅋㅋ']

norm=True, stem=True 인 경우 실행 결과
['항상', **'대단하다'**, '감독', '...', '다큐멘터리', '인데', **'재미있다'**, 'ㅋㅋㅋ']

• Okt().phrase(phrase)
텍스트에서 어절을 추출합니다.
실행 결과
['항상', '항상 대단한 감독', '다큐멘터리', '감독']

- Okt().nouns(phrase)
  텍스트에서 명사를 추출합니다.
  실행 결과
  ['항상', '감독', '다큐멘터리', '욕']

- Okt().pos(phrase, norm=False, stem=False, join=False)
  morphs 함수에서 제공하는 텍스트를 형태소 단위로 분리하고, 분리된 형태소에 대한 품사를 같이 제공합니다. 파라미터는 morphs 함수에서 사용 가능한 norm, stem 이외에 join을 True로 설정하면 '형태소/품사' 형태로 합쳐집니다.

  모든 파라미터 값이 False 인 경우 실행 결과
  [('항상', 'Noun'), ('대단한', 'Adjective'), ('감독', 'Noun'), ('...', 'Punctuation'), ('다큐멘터리', 'Noun'), ('인데', 'Josa'), **('재미있었어', 'Adjective'), ('욕', 'Noun')**, ('ㅋㅋㅋㅋㅋㅋ', 'KoreanParticle')]

  norm=True 인 경우 실행 결과
  [('항상', 'Noun'), **('대단한', 'Adjective')**, ('감독', 'Noun'), ('...', 'Punctuation'), ('다큐멘터리', 'Noun'), ('인데', 'Josa'), **('재미있었어요', 'Adjective')**, ('ㅋㅋㅋ', 'KoreanParticle')]

  norm=True, stem=True 인 경우 실행 결과
  [('항상', 'Noun'), **('대단하다', 'Adjective')**, ('감독', 'Noun'), ('...', 'Punctuation'), ('다큐멘터리', 'Noun'), ('인데', 'Josa'), **('재미있다', 'Adjective')**, ('ㅋㅋㅋ', 'KoreanParticle')]

  norm=True, stem=True, join=True 인 경우 실행 결과
  ['항상/Noun', '대단하다/Adjective', '감독/Noun', '.../Punctuation', '다큐멘터리/Noun', '인데/Josa', **'재미있다/Adjective'**, 'ㅋㅋㅋ/KoreanParticle']

단어의 빈도수에 대한 중요한 단어, 키워드를 시각화하기 위해서는 WordCloud 패키지를 설치해야 합니다. matplotlib는 그래프를 그리는데 사용하고, collections는 배열 내 단어의 빈도를 계산하기 위해 사용합니다. 우선 Okt 패키지의 nouns 함수를 통해 training, test 데이터의 명사들을 추출하여 리스트로 만들고 Counter 객체를 통해 단어들의 빈도를 파악합니다. WordCloud 객체에 너비, 높이, 백그라운드 색상을 지정하고 generate_from_frequecies 함수를 사용하여 빈도를 생성한 데이터를 파라미터로 넘겨 생성된 WordCloud 이미지를 data 폴더 하위에 파일(2_wordcloud.png)로 저장하였습니다. [그림 4-8] 확인해 보면 가장 빈도수가 많은 "영화"라는 단어가 가장 큰 글씨로 표현되고 그 뒤로 빈도수가 낮아짐에 따라 글씨도 작게 표현됨을 확인할 수 있습니다.

[그림 4-8] WordCloud로 생성된 이미지

📝 **알아두기**

■ **WordCloud 제공 함수**

· fit_words(frequencies)
  generate_from_frequencies 대한 alias로 단어와 빈도를 통해 wordcloud를 생성합니다.

· generate(text)
  generate_from_text의 alias로 텍스트를 통해 wordcloud를 생성합니다. process_text 함수와 generate_from_frequencies 함수를 호출합니다.

· generate_from_frequencies(frequencies[, …])
  단어와 빈도를 통해 wordcloud를 생성합니다.

- generate_from_text(text)
  텍스트를 통해 wordcloud를 생성합니다. process_text 함수와 generate_from_ frequencies 함수를 호출합니다.

- process_text(text)
  텍스트를 단어로 분리하고 불용어를 제거합니다.

  파라미터는 아래와 같은 형식으로 사용하면 됩니다.
  text = '텍스트 예제입니다 해당 형태로 작성이 필요합니다'
  frequencies = {'단어':5, '빈도수':3, '표시':1}

  추가적인 API 사용 및 파라미터 설명, 샘플 예제에 대해서는 해당 URL을 통해 확인하시기 바랍니다. (https://amueller.github.io/word_cloud/index.html)

4. 단어 임베딩

1) Word2Vec 소개

단어 임베딩(Word Embedding)은 자연어 처리에서 어휘의 단어를 컴퓨터가 처리할 수 있는 실수의 벡터로 변경하는 작업으로 구문 분석이나 감정 분석에 성능을 향상시켜 줍니다. 기존의 one-hot vector 방식의 단어 표현은 단어 간 유사도를 표현할 수 없다는 단점을 해결하기 위해 Word2Vec는 2013년 Tomas Mikolov라는 사람을 포함하여 여러 구글 엔지니어에 의해 개발한 Neural Network 기반 알고리즘 (https://code.google.com/archive/p/Word2Vec/)입니다. "비슷한 위치에 등장하는 단어들은 비슷한 의미를 가진다"는 분포 가설(Distributional Hypothesis)을 가정하여 만들어 [그림 4-9]와 같이 독일과 베를린이 프랑스와 파리의 같은 방식으로 관련이 있음을 확인할 수 있습니다. 이런 연관성의 규칙은 예를 들면 '파리' - '프랑스' + '이탈리아'는 '로마'에 가까우며, '왕' - '남자' + '여자'는 '여왕'에 가까운 결과를 보여 줍니다.

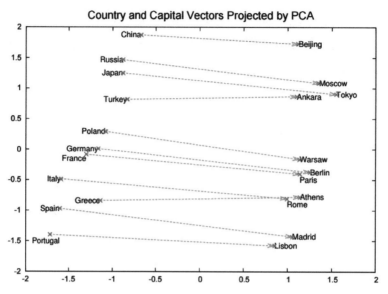

"Distributed Representations of Words and Phrases and their Compositionality", Mikolov, et al. 2013

[그림 4-9] 국가 및 수도 관계의 벡터

Word2Vec는 주변에 있는 단어들을 가지고, 중간에 있는 단어들을 예측하는 CBOW(continuous bag-of-words)와 반대로, 중간에 있는 단어로 주변 단어들을 예측하는 Skip-gram의 2가지 모델 구조를 제공합니다.

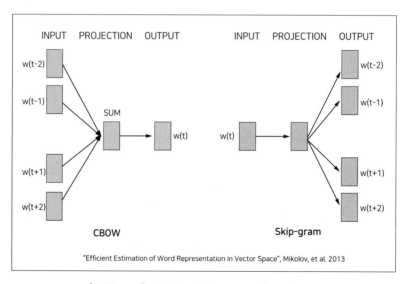

"Efficient Estimation of Word Representation in Vector Space", Mikolov, et al. 2013

[그림 4-10] CBOW와 Skip-gram의 모델 구조

CBOW는 예를 들어 "a barking dog never bites"의 문장을 있을 때 {"a", "barking", "never", "bites"}를 통해 "dog"를 예측하는 것입니다. 이때 "dog"로 예측되는 단어는 타겟 단어(Target Word)라고 하고, 예측에 사용되는 단어들은 주변 단어(Context Word)라고 합니다. 주변 단어를 앞뒤로 몇 개까지 볼 수 있는지 지정할 수 있는데 이는 윈도우(Window)라 하고, 윈도우를 옆으로 이동하면서 타겟 단어를 바꾸는 것을 슬라이딩 윈도우(Sliding window)라고 합니다. 윈도우가 2인 경우 [그림 4-11]과 같이 슬라이딩 윈도우를 진행하며 데이터셋을 생성하여 학습을 진행합니다.

타겟 단어   윈도우

A barking dog never bites
A barking dog never bites
A barking dog never bites
A barking dog never bites
A barking dog never bites

[그림 4-11] 슬라이딩 윈도우의 예시

Skip-gram은 "a barking dog never bites" 문장에서 윈도우 크기가 2일 때 타겟 단어가 "dog"라면 그 주변 {"a", "barking", "never", "bites"} 단어를 예측하는 것입니다. [그림 4-12]는 Skip-gram에서 데이터셋을 구성하면서 학습을 하게 됩니다.

타겟 단어 윈도우   데이터 셋

A barking dog never bites   (a, barking), (a, dog)
A barking dog never bites   (baking, a), (barking, dog), (barking, never)
A barking dog never bites   (dog, a), (dog, barking), (dog, never), (dog. bites)
A barking dog never bites   (never, barking), (never, dog), (never, bites)
A barking dog never bites   (bites, dog), (bites, never)

[그림 4-12] Skip-gram의 데이터셋

CBOW는 크기가 작은 데이터셋에 적합하며, 속도가 빠른 장점이 있습니다. 주변 단어를 통해 타겟 단어를 예측하는 것이 성능이 좋아 보일 수 있으나 타겟 단어가 한 번 학습이 되는 반면 Skip-gram은 타겟 단어의 주변 단어의 배수만큼 학습이 진행되므로 속도는 느리지만 성능이 더 좋은 결과를 도출하는 것으로 알려져 있어 이후의 예시에서도 Skip-gram을 사용할 것입니다.

단어 임베딩을 하는 Word2Vec가 아닌 다른 알고리즘은 2014년 미국 스텐포드대학 연구팀에서 개발한 GloVe와 2016년 페이스북에서 개발한 Fasttext가 있으므로 관심 있으신 분들은 학습해 보시기 바랍니다. 파이썬에서의 Word2Vec 알고리즘은 토픽 모델링과 자연어 처리가 가능한 오픈 소스인 gensim 패키지에서 사용할 수 있습니다.

[그림 4-13] gensim의 Word2vec 홈페이지

2) Word2Vec 구현 및 결과 분석

아래 코드는 KoNLPy의 Okt 패키지를 통해 품사를 부착한 문장을 Word2Vec로 각 단어들에 대해 벡터값으로 변환하는 코드의 예제입니다.

```python
#######################
# file_name : word2vec.py
#######################
from gensim import models

def apply_word2vec(file_list) :
    source_dir ='./data/'
    # 전체 문장을 담는 리스트 선언
    total_sentences = list()

    for file in file_list:
        with open(source_dir + file, 'r', encoding='UTF-8') as f:
            load_data = [line.split('\t') for line in f.read().splitlines()]
            for data in load_data :
                total_sentences.append(data[0].split())

    # word2vec로 단어 벡터로 변경 및 모델 저장
    model = models.Word2Vec(min_count=3, window=5, sg=1, size=100, workers=4,
                            iter=50)
    model.save(source_dir + '3_word2vec_nsmc.w2v')
    model.wv.save_word2vec_format(source_dir + '3_word2vec_nsmc_format.w2v',
                            binary=False)

if __name__ == '__main__':
    # Konlpy 사용하여 품사 부착된 파일 리스트
    file_list = ['2_ratings_train.txt', '2_ratings_test.txt']
    apply_word2vec(file_list)
```

Word2Vec로 단어들을 벡터로 변경하기 위해서는 gensim 패키지를 설치해야 합니다. 해당 패키지에서 models 클래스를 사용합니다. 파일 이름이 2_ratings_train. txt, 2_ratings_test.txt인 훈련, 테스트 데이터셋 파일을 읽어 탭으로 구분되어 있는 내용을 문장과 결괏값으로 분리하고, 문장을 space 단위로 나눠서 리스트에 저장합니다. Word2Vec에 넘기는 파라미터값에 대한 설명은 [표 4-1]와 같습니다.

[표 4-1] Word2Vec 파라미터

파라미터값	설명
size	단어를 벡터값으로 변환하기 위한 차원 수, 단어의 전체 개수에 따라 유동적으로 변경 필요
window	문장 내 현재 단어와 예측 단어와의 최대 거리
min_count	해당 값보다 낮은 빈도수 단어는 무시
sg	CBOW or Skip-gram 선택(CBOW=0, Skip-gram=1)
iter	반복 학습 횟수
workers	모델을 학습하기 위한 병렬 처리 쓰레드 개수

코드로 되어 있는 부분을 풀어서 설명하면 단어를 100차원의 벡터 크기로 변환하는데 주변 단어는 5개까지 사용하고 3번 이하로 사용된 단어를 무시합니다. 아키텍처는 Skip-gram을 사용하고 4개의 멀티 쓰레드로 50번 반복 학습한다는 의미입니다. 자세한 model 클래스의 API 사용에 대해서는 해당 주소(https://radimrehurek.com/gensim/models/word2vec.html)를 통해 확인이 가능합니다. 학습된 Word2Vec 모델을 save 함수로 파일로 저장하고, save_word2vec_format 함수를 통해 단어가 벡터로 변경된 내용에 대해 확인 가능한 파일도 저장하였습니다. save_word2vec_format 함수를 통해 저장된 샘플은 아래와 같습니다. 첫 라인의 두 개의 숫자는 단어의 전체 개수와 단어의 벡터 차원 수입니다. 두 번째 라인부터는 단어에 대한 벡터값을 확인할 수 있습니다.

```
22615 100
영화/Noun -0.32818502 0.27860388 0.1523643 0.06831967 0.19623944 -0.07209147
-0.18959798 -0.14979233 0.4294706 -0.38620764 -0.36520967 -0.005111015
-0.16903515 -0.39880487 0.19440751 -0.21463037 -0.0055839033 0.0191054
-0.13867551 -0.36297414 0.21187727 -0.12709628 -0.03174775 -0.041058134 0.14193992
-0.4235093 0.20149146 0.031723544 -0.09822699 0.19908044 -0.08718104 -0.046228327
0.09436537 0.13143788 -0.033787344 -0.21516575 0.11618206 0.27091342 0.05722208
-0.46929833 -0.074162 -0.1251334 0.15102917 -0.3119958 -0.02536161 -0.31003794
0.101542465 0.29173 -0.15800369 0.0266653 -0.08451466 0.07947255 -0.12946346
0.077833004 -0.18809474 0.022096505 0.23722965 0.019673629 -0.053121354 0.06628938
0.39790154 -0.09154809 0.12526228 0.043942593 0.044673588 -0.053425804 -0.19043422
-0.23354073 -0.10796099 0.0073634735 -0.03450726 -0.1547735 0.018151522
0.12849031 0.14142074 -0.035073057 0.1864296 -0.013786265 -0.012113529 0.1456221
0.14398699 0.007237442 -0.14576714 0.2148848 -0.14209701 -0.05231018 0.37293425
-0.17719227 0.1659823 -0.20670338 -0.055142637 0.28754327 -0.039052166 0.09570236
-0.019277623 -0.010606243 -0.008252069 -0.46804836 -0.051652126 0.36547804
```

다음으로는 저장된 Word2Vec 모델을 불러와서 결과를 확인해 보고 벡터의 차원을 축소하여 시각적으로 보여 주는 예제입니다.

```python
#######################
# file_name : word2vec.py
#######################
from gensim import models
import preprocessing as pre
from sklearn.manifold import TSNE
import matplotlib
matplotlib.use('Agg')
from matplotlib import font_manager, rc, pyplot
from collections import Counter

def word2vec_test(file_list, w2v_name) :
    # 단어를 담을 리스트 선언
    total_word_list = list()
```

```python
source_dir ='./data/'
fig_file = '3_word2vec_tsne.png'
font_name = '/usr/share/fonts/truetype/nanum/NanumBarunGothic.ttf'

# word2vec 모델 로드
model = models.Word2Vec.load(source_dir + w2v_name)

# 품사 태깅된 데이터 추출 및 리스트 저장
data_list = list()
data1 = pre.konlpy_pos_tag('배우')
data_list.append(data1)
data2 = pre.konlpy_pos_tag('엄마')
data_list.append(data2)
data3 = pre.konlpy_pos_tag('여자')
data_list.append(data3)
data4 = pre.konlpy_pos_tag('남자')
data_list.append(data4)


# 모델에 적용하여 결과 출력
# model.doesnt_match, model.most_similar의 method는 4.0.0 버전에서 deprecated
print(model[data1])
print(model.wv.doesnt_match(data_list))
print(model.wv.most_similar(positive=[data1], topn=10))

print(model.wv.most_similar(positive=[data2, data4], negative=[data3], topn=1))
print(model.wv.similarity(data1, data2))
print(model.wv.similarity(data1, data3))


for file in file_list:
    with open(source_dir + file,'r', encoding='UTF-8') as f:
        load_data = [line.split('\t') for line in f.read().splitlines()]
        for data in load_data :
            total_word_list += data[0].split()

# 단어 리스트 중 가장 많이 사용된 100개 단어 추출
counter = Counter(total_word_list).most_common(100)
word_list = [word[0] for word in counter]
print(word_list)
```

```python
# 설정 가능한 폰트 리스트 출력
font_list = font_manager.get_fontconfig_fonts()
print([font for font in font_list if 'nanum' in font])

# 폰트 설정
rc('font', family=font_manager.FontProperties(fname=font_name).get_name())

# 단어에 대한 벡터 리스트
vector_list = model[word_list]

# 2차원으로 차원 축소
transformed = TSNE(n_components=2).fit_transform(vector_list)
print(transformed)

# 2차원의 데이터를 x, y축으로 저장
x_plot = transformed[:, 0]
y_plot = transformed[:, 1]

# 이미지의 사이즈 세팅
pyplot.figure(figsize=(10, 10))

# x, y축을 점 및 텍스트 표시
pyplot.scatter(x_plot, y_plot)

for i in range(len(x_plot)):
    pyplot.annotate(word_list[i], xy=(x_plot[i], y_plot[i]))

# 이미지로 저장
pyplot.savefig(source_dir + fig_file)

if __name__ == '__main__':
    # Konlpy 사용하여 품사 부착된 파일 리스트
    file_list = ['2_ratings_train.txt', '2_ratings_test.txt']
    word2vec_test(file_list, '3_word2vec_nsmc.w2v')
```

이전 예제에서도 사용되었던 Word2Vec를 사용하기 위한 gensim, 단어의 빈도를 파악하기 위한 collection, 그래프를 그리기 위한 matplotlib 패키지들을 import하고, 100차원의 단어를 축소하여 시각화를 하기 위하여 sklearn 패키지를 설치하여 import를 진행합니다. 파일의 상위에 사용한 matplotlib.use('Agg')는 그래프의 결과를 확인할 때 서버 환경과 같은 경우에는 에러가 발생할 수 있어 창(Window)을 표시하지 않고 이미지를 생성하기 위해서 선언합니다.

Word2Vec로 생성된 모델 결과를 탐색 시 "배우, 엄마, 여자, 남자"의 단어를 사용하였습니다. model['배우/Noun'] 과 같이 단어를 사용하게 되면 [그림 4-14]와 같이 100차원의 벡터로 표현됩니다. doesnt_match 함수는 단어의 리스트 중 유사도가 없는 단어의 결과를 출력해 주는데 "배우/Noun, 엄마/Noun, 여자/Noun, 남자/Noun"의 리스트를 넣으면 "배우/Noun"의 값이 출력됩니다.

```
[ 2.68366575e-01 -7.35498369e-01  1.97725534e-01 -1.86308473e-01
 -1.86724231e-01 -2.42336422e-01  1.28982186e-01  5.47485352e-01
  4.95954975e-02 -5.34832478e-01 -1.76563859e-01 -8.38188976e-02
 -1.14413425e-01 -1.80344060e-01 -4.03246582e-02  4.39316072e-02
 -4.37711060e-01 -7.48211369e-02  8.75396952e-02  2.15763777e-01
  4.36595708e-01 -3.41313988e-01 -1.67970881e-01 -1.66704610e-01
  3.22960645e-01  1.15327775e-01  1.62288591e-01 -3.57648544e-02
 -6.14859946e-02  6.12055184e-03 -5.68836808e-01  2.84537822e-01
  3.72452825e-01 -2.40060180e-01  3.01478684e-01 -1.02499694e-01
 -2.25483030e-01 -8.93776417e-02  1.47072718e-01  4.11796689e-01
  3.63362551e-01  1.09391227e-01  3.38112742e-01 -6.05131015e-02
 -1.50022954e-01  4.83718067e-02  8.09674919e-02  8.27535191e-02
  3.32221299e-01  6.33648336e-01  3.50084186e-01  4.11270499e-01
  1.61144063e-01 -5.52613020e-01  3.51314366e-01  4.14824098e-01
 -2.70884037e-01  1.04531556e-01  4.24869090e-01  2.24411398e-01
 -1.76445842e-01 -7.52321631e-01  4.38679717e-02  2.93400764e-01
 -1.15792878e-01  2.00744003e-01 -1.50953919e-01  4.42028232e-02
 -8.05738270e-02  9.80848074e-03 -2.58002996e-01 -1.02176122e-01
 -1.18712842e-01 -3.90135825e-01 -1.27659529e-01  2.30719103e-04
  2.57639110e-01  8.66943672e-02 -1.75395757e-01 -1.86948568e-01
 -6.62192032e-02 -3.86131823e-01 -2.60274410e-01 -3.32017928e-01
 -5.33945799e-01  1.80928349e-01 -2.02410251e-01 -2.88951486e-01
  3.17790300e-01  1.33661097e-01  2.68634826e-01 -1.75238565e-01
 -2.83211237e-03 -7.74180889e-02 -2.72717267e-01  4.23063755e-01
  1.18081190e-01 -6.31839275e-01 -2.06963107e-01 -5.93643546e-01]
```

[그림 4-14] "배우/Noun"을 벡터로의 변환 결과

most_similar 함수는 유사도가 높은 상위 N개의 단어를 찾아줍니다. 파라미터로 사용되는 positive 함수는 단어와 긍정적인 단어의 리스트를, negative 함수는 부정적인 단어 리스트를 넣을 수 있고 topn 함수는 유사도가 높은 상위 n개의 단어를 반환해 줍니다. "배우/Noun"과 유사도가 높은 10개의 단어를 출력하면 아래와 같습니다. "배우/Noun"라는 단어와 연관된 결과들이 도출되는 것을 확인할 수 있습니다.

```
[('연기자/Noun', 0.7866206169128418), ('여배우/Noun', 0.7009295225143433),
('조연/Noun', 0.6413561701774597), ('영화배우/Noun', 0.6213721632957458),
('열연/Noun', 0.6110374927520752), ('주연/Noun', 0.6085503697395325), ('연기/
Noun', 0.6084882616996765), ('연기력/Noun', 0.6032233238220215), ('유다인/Noun',
0.5976980328559875), ('배우다/Verb', 0.5903565287590027)]
```

이어 "엄마/Noun"와 "남자/Noun"에 긍정적이고, "여자/Noun"에 부정적인 최
상위 단어를 출력하면 [('아빠/Noun', 0.7548638582229614)]의 결과가 출력됩니다.

similarity 함수는 두 단어 사이의 유사도를 계산해 줍니다. "배우/Noun"와 "엄
마/Noun"의 유사도는 0.13749236로 "배우/Noun"와 "여자/Noun"의 유사도
0.39090595보다 낮음을 확인할 수 있습니다.

고차원 벡터 차원을 축소하기 위해서는 벡터 시각화에 많이 사용되는 t-SNE(t-
Stochastic Neighbor Embedding)를 사용하였습니다. 영화 리뷰의 단어를 리스트
로 저장하고 그중 많은 빈도를 가진 상위 100개 단어를 추출하였습니다. Word2Vec
모델을 통해 단어를 벡터로 변환하고 100차원으로 된 벡터를 2차원으로 줄입니다.
TSNE 클래스의 n_components 값은 축소할 차원의 수이고, fit_transform 함수를 통
해 2차원의 데이터로 변환됩니다. t-SNE로 차원 축소 시 계산할 때마다 축의 위치
가 변경되어 다른 모양으로 변환되지만 단어들에 대한 군집성은 유지됩니다. 매번
값이 변경되는 특성에 대해서 참고하시기 바랍니다.

```
[[ 6.31403446e+00   8.35856438e+00]
 [ 2.70845776e+01  -2.22882614e+01]
 [ 1.89087658e+01   1.30499344e+01]
 [ 8.24922621e-01   2.79177494e+01]
 [ 4.10271950e+01  -1.84930687e+01]
 [ 4.55638885e+01   4.14523048e+01]
 [ 8.61922073e+00  -1.42574584e+00]
 [ 3.87169533e+01   1.83448219e+01]
 [-1.55372725e+01   7.73028231e+00]
 [ 1.43320961e+01   3.11010475e+01]
 [-6.81525469e-02  -2.61807144e-01]
 [-1.12474527e+01   2.20275440e+01]
 [-2.42159824e+01  -4.34575195e+01]
 [ 7.29881144e+00   2.11457577e+01]
 [-3.39849591e+01   1.35533266e+01]
 [-2.44190216e+01   4.94448709e+00]
 [-4.31851006e+01   2.67027073e+01]
 [-2.72804260e+01   1.59823551e+01]
 [-4.66817131e+01   1.79992466e+01]
 [-2.58916645e+01  -2.30172272e+01]
 [ 1.97823582e+01  -1.95935285e+00]
 [-3.86793175e+01   4.52552795e+01]
```

[그림 4-15] t-SNE를 통한 차원 축소 결과

차원 축소된 결과를 이미지로 저장하기 위해 figure 함수를 통해 이미지 사이즈를 10,10으로 설정하였고 이는 실제 이미지로 저장 시 1000×1000픽셀의 이미지가 생성됩니다. x축, y축을 scatter 함수를 통해 점을 표현하고, annotation 함수를 통해 텍스트를 표시하여 이미지로 저장하였습니다. 텍스트를 표시할 때 한글의 경우에는 정상적으로 표시가 되지 않을 수 있습니다. matplotlib 패키지에서 사용 가능한 폰트를 검색하기 위해서는 font_manager.get_fontconfig_fonts() 함수를 사용하며 한글 폰트인 나눔 폰트만 검색한 리스트는 아래와 같습니다. 한글 폰트 중 하나를 선택하여 matplotlib 패키지의 rc 함수를 통해 폰트를 설정할 수 있습니다.

```
['/usr/share/fonts/truetype/nanum/NanumGothicBold.ttf', '/usr/share/fonts/truetype/
nanum/NanumMyeongjo.ttf', '/usr/share/fonts/truetype/nanum/NanumMyeongjoBold.ttf',
'/usr/share/fonts/truetype/nanum/NanumBarunGothic.ttf', '/usr/share/fonts/
truetype/nanum/NanumGothic_Coding.ttf', '/usr/share/fonts/truetype/nanum/
NanumBarunGothicBold.ttf', '/usr/share/fonts/truetype/nanum/NanumGothic.ttf', '/usr/
share/fonts/truetype/nanum/NanumGothic_Coding_Bold.ttf']
```

[그림 4-16]의 예시는 시각화의 효과로 의미가 유사한 단어들이 거리가 가깝게 표시되는 것을 확인할 수 있습니다. 예를 들어 가운데 상위 부분에 "재미있다, 재밌다", "감동, 재미"의 단어가 거리가 가깝게 표현되는 것을 확인할 수 있고, 오른쪽 하위 부분의 "재미없다, 아깝다, 지루하다"의 단어들도 가깝게 표시되는 패턴을 확인할 수 있습니다. 예제에서 t-SNE에 대한 sklearn.manifold.TSNE의 API는 간단하게 사용할 수 있는 방식으로 구현하였기 때문에, 상세한 API 사용 가이드는 해당 주소(https://scikit-learn.org/stable/modules/generated/sklearn.manifold.TSNE.html)를 통해 확인하시면 됩니다.

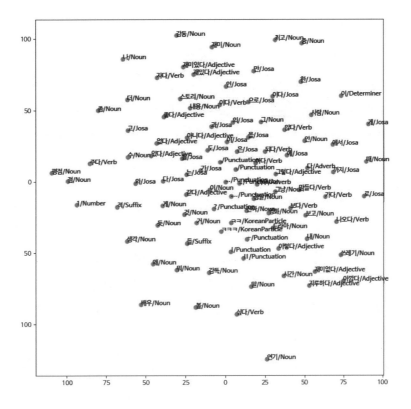

[그림 4-16] t-SNE를 통한 단어의 시각적 표현

1. 합성곱 신경망 소개

합성곱 신경망(Convolution Neural Network)은 1998년 Yann Lecun이 처음 제안한 알고리즘으로 오늘날까지 이미지 인식과 자연어 처리, 자율 주행 자동차 등 다양한 분야에서 두각을 나타내고 있는 딥러닝의 한 기법입니다. 페이스북의 자동 사진 태그, Google과 네이버의 이미지 검색, 아마존의 제품 추천, 카카오의 형태소 분석기 등에서 적용되고 있습니다.

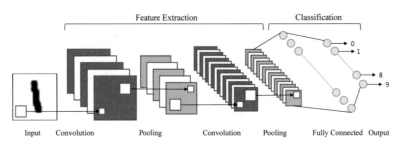

[그림 4-17] 합성곱 신경망 구조

[그림 4-17]에서 볼 수 있듯이 합성곱 신경망은 크게 합성곱 계층과 풀링 계층으로 구분됩니다. 합성곱 계층과 풀링 계층을 반복 후 완전 결합 계층을 구성하여 최종 출력을 구성하게 됩니다. 분류를 위해서는 각 레이블을 합친 값이 1인 Softmax 함수를 사용하여 이미지에 대한 결과를 예측할 수 있게 됩니다.

합성곱 계층에서는 우선 [그림 4-18]에서 특징을 추출하기 위한 필터(filter) 또는 커널(kernel)과 이미지의 행렬을 합성곱 하여 특성 맵(feature map)을 구성할 수 있습니다. 이미지의 크기가 6×6, 필터가 3×3으로 구성되어 있을 때 필터와 이미지의 각 위치에 있는 값들을 곱하고 모든 행렬의 값을 더하여 구성하게 됩니다.

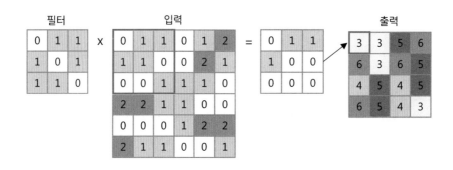

[그림 4-18] 이미지와 필터의 합성곱 계산

$[0×0+1×1+1×1+1×1+0×0+1×0+1×0+1×0+1×0]=3$의 값을 출력의 특성 맵에 설정합니다. 그 이후 한 칸씩 옆으로 이동하며 동일한 연산을 계속 진행하게 됩니다. 이때 한 칸씩 이동하는 것을 스트라이드(stride)라고 하는데, 스트라이드의 크기에 따라 출력값의 크기가 변경되게 됩니다. 이미지의 크기가 6×6, 필터가 3×3으로 구성되어 있을 때 스트라이드 값이 1이면 4×4의 행렬로 출력이 구성되

며, 스트라이드 값이 2면 2×2의 행렬의 출력이 구성됩니다. 합성곱 계층의 활성화 함수로는 ReLU를 주로 사용하게 됩니다.

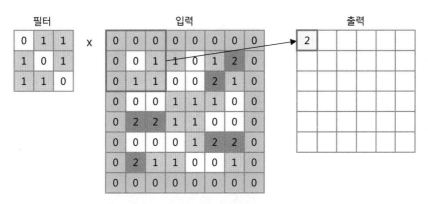

[그림 4-19] 제로 패딩 구조

필터의 크기와 스트라이드 값에 따라 출력 이미지 크기가 줄어들게 되는데 이를 방지하기 위한 방법이 제로 패딩(zero padding)입니다. 입력 이미지의 행렬의 상, 하, 좌, 우에 0을 채워 출력 이미지의 크기를 원래의 입력 이미지의 크기와 동일하게 생성하여 기존 정보에 대한 정보 손실을 줄일 수 있습니다. [그림 4-19]에서 입력 이미지 6×6 크기에 제로 패딩을 사용하여 8×8 크기로 늘리고, 3×3 크기의 필터를 한 칸씩 스트라이드 하여 이동하게 되면 출력 이미지의 크기는 6×6으로 입력 이미지와 크기와 동일하게 구성되게 됩니다.

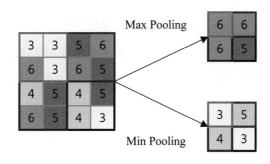

[그림 4-20] 풀링 계층 구조

풀링 계층에서는 선택된 영역에서의 최솟값(Min Pooling), 최댓값(Max Pooling),

평균값(Average Pooling)을 풀링하여 이미지를 축소 처리합니다. 차원을 축소함에 따라 연산량이 줄어들고, 과적합(Overfitting)을 방지하며, 영역 내에서의 특징을 가진 부분을 추출할 수 있는 장점이 있습니다. [그림 4-20]는 4×4 크기의 입력 이미지를 2×2 크기의 필터와 스트라이드 값을 2로 설정한 최댓값 풀링 및 최솟값 풀링을 수행 후 2×2 크기로 이미지 크기가 줄어든 것을 확인할 수 있습니다. 합성곱 신경망에서는 주로 최댓값 풀링을 사용합니다.

이미지에 대해 합성곱 계층과 풀링 계층을 통해 실행되는 내용은 [그림 4-21]에서 통하여 확인할 수 있습니다.

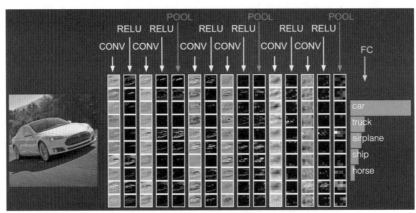

http://cs231n.github.io/convolutional-networks/

[그림 4-21] 일반적인 합성곱 신경망 구조

풀링 계층 이후 완전 결합 계층에서의 과적합(Overfitting)을 방지하기 위해서 드롭아웃(Dropout)을 사용하게 됩니다. 신경망에서의 뉴런들을 임의적으로 선택하여 버린 후 나머지 뉴런들에 대해서만 학습을 하는 방식입니다. 학습 시에는 드롭아웃을 사용하고, 학습 이후 검증 시에는 모든 뉴런들을 사용하도록 드롭아웃을 사용하지 않는 것이 일반적인 방식입니다.

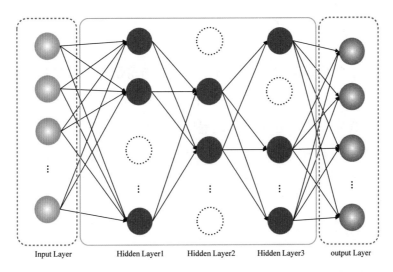

[그림 4-22] 드롭아웃 기법

  2014년 김윤 박사님의 논문을 통해 자연어의 분류 처리에서도 합성곱 신경망이 좋은 성능을 보여 주는 결과를 나타냈습니다. [그림 4-23]에서 단어들을 벡터화하고 여러 필터 크기를 사용하여 합성곱 및 특성 맵을 구성한 후 이에 대한 최댓값 풀링을 진행합니다. 그다음 드롭아웃과 Softmax를 통해 결괏값을 분류하게 됩니다. 다음 장에서의 모델 구현에서는 해당 구조를 기반으로 합성곱 신경망을 통해 영화 리뷰에 대한 감정 분석을 진행하겠습니다.

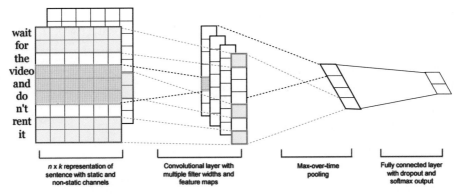

"Convolutional Neural Network for Sentence Classification", Yoon Kim, 2014

[그림 4-23] 문장 분류를 위한 합성곱 신경망 구조

2. 합성곱 신경망 모델 구현

이번 예제는 영화 리뷰 문서 데이터를 가지고 합성곱 신경망 모델을 구현 및 학습을 수행하고, 학습된 모델을 저장하는 부분에 대한 코드를 구성하겠습니다.

첫 번째로 품사 부착이 된 각 문서를 불러와 각 단어들을 Word2Vec을 통해 벡터화를 시킨 후 문장을 구성하고, 문장에 대한 긍정/부정의 감정 결괏값을 one-hot encoding 방식으로 데이터를 구조화하는 부분을 설명을 드리겠습니다.

```
#######################
# file_name : nsmc_classification_cnn.py
#######################
import numpy as np
import preprocessing as pre
import sys
from gensim.models import Word2Vec

source_dir ='./data/'
file_list = ['2_ratings_train.txt', '2_ratings_test.txt']
w2v_file_name = '3_word2vec_nsmc.w2v'

# 파일을 읽어 각 문장을 탭으로 구분
def load_data(txtFilePath):
    with open(txtFilePath,'r') as data_file:
        return [line.split('\t') for line in data_file.read().splitlines()]

# 긍/부정에 대한 one-hot encoding
def label_value(code, size):
    code_arrays = np.zeros((size))
    # 부정인 경우 [1, 0]
    if code == 0:
        code_arrays[0] = 1
    # 긍정인 경우 [0, 1]
    elif code == 1:
        code_arrays[1] = 1
```

```python
    return code_arrays


def data_setting(w2v_model, embedding_dim, class_sizes, max_word_length):
    # 데이터 불러와서 문장의 총 개수 세팅
    train_data = load_data(source_dir + file_list[0])
    train_size = len(train_data)

    test_data = load_data(source_dir + file_list[1])
    test_size = len(test_data)

    # 데이터 구조 : 전체 문장 x 문장 내 단어 제한 수 x 벡터의 차원
    train_arrays = np.zeros((train_size, max_word_length, embedding_dim))
    test_arrays = np.zeros((test_size, max_word_length, embedding_dim))
    # 정답의 구조 : 전체 문장 x 구분 수(긍정/부정)
    train_labels = np.zeros((train_size, class_sizes))
    test_labels = np.zeros((test_size, class_sizes))

    for train in range(len(train_data)) :
        # 각 문장의 단어를 벡터화하고 문장 구성
        train_arrays[train] = pre.max_word_length_Word2Vec(w2v_model, embedding_dim,
                                                           max_word_length,
                                                           train_data[train][0])
        # 각 문장이 정답을 one-hot encoding으로 변경
        train_labels[train] = label_value(int(train_data[train][1]), class_sizes)

    for dev in range(len(test_data)) :
        test_arrays[dev] = pre.max_word_length_Word2Vec(w2v_model, embedding_dim,
                                                        max_word_length,
                                                        test_data[dev][0])
        test_labels[dev] = label_value(int(test_data[dev][1]), class_sizes)

    return train_arrays, train_labels, test_arrays, test_labels

def run_cnn(params) :
    class_sizes = 2
    max_sentence_length = int(params[1])

    model = Word2Vec.load(source_dir + w2v_file_name)
    # word2vec 파일에서의 벡터 차원 수 계산
```

```python
    embedding_dim = model.vector_size

    x_train, y_train, x_dev, y_dev = data_setting(model, embedding_dim, class_sizes,
                                                  max_sentence_length)

if __name__ == "__main__":
    default_param = [sys.argv[0], 50, '2,3,4', 50, 0.5, 10, 1000, 150, 0.001]

    if len(sys.argv)==1:
        run_cnn(default_param)
    else :
        print(sys.argv)
        run_cnn(sys.argv)
```

```python
#######################
# file_name : preprocessing.py
#######################
import numpy as np

def max_word_length_word2vec(w2v_model, embedding_dim , max_word_length, word_list):
    # 문장 내 단어 제한 x 벡터 차원 수
    data_arrays = np.zeros((max_word_length, embedding_dim))

    # string 문장으로 들어오는 경우 split 처리
    if type(word_list) is str :
        word_list = word_list.split()

    # 단어를 벡터로 변경
    if len(word_list) > 0 :
        word_length = max_word_length if max_word_length < len(word_list) else len(word_list)

        for i in range(word_length):
            try :
                data_arrays[i] = w2v_model[word_list[i]]
            except KeyError :
                pass
    return data_arrays
```

영화 리뷰에서의 각 문장들은 길이가 다르고 합성곱 신경망에서의 입력값으로 들어가는 데이터는 동일한 크기로 입력되기 때문에 문장 내 사용할 단어의 데이터의 길이를 우선 지정해야 합니다. 해당 값을 max_sentence_length 변수에 지정하는데 max_word_length_word2vec 함수를 통해 max_sentence_length보다 문장 내 단어가 적은 경우에는 제로 패딩을 하여 값을 채우고, 단어가 많은 경우 뒤의 단어들을 버리게 됩니다. 여기에서 각 단어들은 학습되어 있던 Word2Vec 모델을 사용하여 벡터값으로 변경해 주게 되는데 Word2Vec 학습 시 3번 이하로 사용된 단어들은 무시하도록 하였기 때문에 해당 단어들은 벡터값이 존재하지 않아 KeyError가 발생합니다. except 때문에 pass를 수행하여 에러 발생을 회피하도록 코드를 작성하였습니다.

리뷰의 길이가 140자 이하로 구성되어 있어 max_sentence_length 변수를 그 이하의 값으로 지정해 주면 되는데, 값을 140으로 지정하게 되면 짧은 문장의 경우 제로 패딩 되어 있는 값들이 많아져 전체적으로 성능이 떨어지는 결과가 발생하기 때문에 해당 값을 변경하고 학습을 진행하여 성능이 최적화 가능한 적절한 값을 찾아보시기 바랍니다. 이번 예제에서는 max_sentence_length 값을 50으로 제한하여 진행합니다.

각 문장에서의 레이블(긍정/부정)에 대해서는 one-hot encoding을 하여 진행합니다. label_value 함수를 통해 부정인 경우에는 [1, 0]으로 긍정인 경우에는 [1, 0]으로 데이터를 구성합니다.

```
######################
# file_name : cnn_model.py
######################
import tensorflow as tf

class cnn_model(object):
    def __init__(self, sequence_length, num_classes, embedding_size, filter_sizes,
                 num_filters):
        # 학습 데이터가 들어갈 플레이스 홀더 선언
        self.input_x = tf.placeholder(tf.float32, [None, sequence_length,
                                                   embedding_size],
                              name="input_x")
```

```
        self.input_y = tf.placeholder(tf.float32, [None, num_classes],
                                      name="input_y")
        self.dropout_keep_prob = tf.placeholder(tf.float32,
                                                name="dropout_keep_prob")
        self.expanded_input_x = tf.expand_dims(self.input_x, -1)
```

합성곱 신경망의 코드는 dennybritz의 GitHub(https://github.com/dennybritz/cnn-text-classification-tf)의 내용을 참고하여 작성하였습니다. 학습 데이터를 입력하기 위한 input_x, input_y, dropout_keep_prob 변수를 placeholder 타입으로 선언합니다. input_x 값은 Word2Vec를 통해 문장에서의 각 단어별 벡터 데이터가 들어가고, input_y 값은 긍정/부정 값에 대한 one-hot encoding된 데이터가 들어갑니다. Input_x 변수는 3D 텐서로 구성되지만 합성곱 계층에 들어가는 데이터는 4D 텐서로 표현되기 때문에 expand_dims을 통해 차원을 확장하여 [batch_size, sequence_length, embedding_size, 1]과 같은 형태로 합성곱 계층에 들어가게 됩니다.

```
        # 각 필터별 합성곱 레이어 + 풀링 레이어 생성
        pooled_outputs = list()
        for i, filter_size in enumerate(filter_sizes):
            with tf.name_scope("conv-maxpool-%s" % filter_size):
                # 합성곱 레이어
                filter_shape = [filter_size, embedding_size, 1, num_filters]
                W = tf.Variable(tf.truncated_normal(filter_shape, stddev=0.1),
                                name="W")
                b = tf.Variable(tf.constant(0.1, shape=[num_filters]), name="b")
                conv = tf.nn.conv2d(self.expanded_input_x, W, strides=[1, 1, 1, 1],
                                    padding="VALID", name="conv")
                h = tf.nn.relu(tf.nn.bias_add(conv, b), name="relu")

                # 맥스 풀링 레이어
                pooled = tf.nn.max_pool(h, ksize=[1, sequence_length - filter_size +
                                                  1, 1, 1], strides=[1, 1, 1, 1],
                                        padding='VALID', name="pool")
                pooled_outputs.append(pooled)
```

```
# 풀링된 데이터 통합 및 차원 변경
num_filters_total = num_filters * len(filter_sizes)
self.h_pool = tf.concat(pooled_outputs, 3)
self.h_pool_flat = tf.reshape(self.h_pool, [-1, num_filters_total])
```

합성곱 계층에서는 [filter_size, embedding_size, 1, num_filters] 형태의 필터와 expanded_input_x 변수인 입력값의 합성곱 연산이 가로, 세로 1칸씩 이동하는 스트라이드 설정을 통해 수행됩니다. 이 결과로 특성 맵의 크기(feature map)는 sentence_length – filter_size + 1이 되고, 특성 맵의 개수인 num_filters 변숫값을 통해 [batch_size, sentence_length – filter_size + 1, 1, num_filters] 형태의 합성곱 텐서가 생성됩니다. 예제에서는 num_filters 값을 50으로 사용하였습니다. ReLU 활성화 함수를 통해 리턴된 결과는 풀링 계층의 입력값으로 사용합니다.

풀링 계층에서는 크기가 합성곱 계층에서의 특성 맵의 크기와 동일한 [1, sequence_length – filter_size + 1, 1, 1]인 커널과 가로, 세로 1칸씩 이동하는 스트라이드 설정을 통해 최댓값 풀링을 적용하여 [batch_size, 1, 1, num_filters] 형태의 결과가 출력됩니다.

합성곱 계층과 풀링 계층에서 스트라이드 시 padding 옵션이 존재하는데 해당 값은 "VALID", "SAME" 두 개의 값으로 선택이 가능합니다. "VALID"로 지정 시 제로 패딩을 하지 않고 스트라이드에 따라 오른쪽의 행, 열 값이 무시될 수 있습니다. "SAME"으로 설정하는 경우 제로 패딩을 사용하여 똑같은 크기의 차원이 리턴되도록 합니다.

예제에서 filter_size를 (2, 3, 4)의 배열로 설정하여 filter_size에 따른 합성곱 계층과 풀링 계층의 동일한 연산을 3번 수행하며 pooled_outputs 변수에 리스트로 추가합니다. 해당 리스트의 3개의 풀링 데이터를 합쳐 [batch_size, num_filters_total] 형태의 Fully–Connected Layer로 만들어 줍니다.

```
# 드롭아웃 적용
with tf.name_scope("dropout"):
    self.h_drop = tf.nn.dropout(self.h_pool_flat, self.dropout_keep_prob)


# Output Layer
with tf.name_scope("output"):
    W = tf.get_variable("W", shape=[num_filters_total, num_classes],
                        initializer=tf.contrib.layers.xavier_initializer())
    b = tf.Variable(tf.constant(0.1, shape=[num_classes]), name="b")
    self.scores = tf.nn.xw_plus_b(self.h_drop, W, b, name="scores")
    self.predictions = tf.argmax(self.scores, 1, name="predictions")
    self.result =  tf.nn.softmax(logits=self.scores, name="result")


# 비용 함수(오차, 손실함수) 선언
with tf.name_scope("loss"):
    # v2 아닌 method는 deprecated 예정
    self.cost = tf.reduce_mean(tf.nn.softmax_cross_entropy_with_logits_v2
                        (logits=self.scores, labels=self.input_y))


# 정확도 계산
with tf.name_scope("accuracy"):
    correct_predictions = tf.equal(self.predictions, tf.argmax(self.input_y,
                                                               axis=1))
    self.accuracy = tf.reduce_mean(tf.cast(correct_predictions, tf.float32),
                                   name="accuracy")
```

이후 드롭아웃(Dropout)을 통해 뉴런의 일부를 확률적으로 비활성화하여 합성
곱 신경망의 오버피팅을 방지할 수 있습니다. 학습 중에는 0.5로 절반을 랜덤으로
비활성화하고, 검증에서는 1.0으로 비활성화하지 않도록 설정합니다.

출력 계층에서 행렬에 대한 곱셈을 수행하고 Softmax를 통해 최종 분류를 수행
합니다. 여기에서 가중치의 초기화는 2010년 Glorot과 Bengio가 발표한 tf.contrib.
layers.xavier_initializer 함수를 사용하였습니다. Xavier는 입력값과 출력값의 난수

를 선택하여 입력값의 제곱근으로 나누는 것으로 공식은 아래와 같습니다.

W = np.random.randn(fan_in, fan_out) / np.sqrt(fan_in)

비용 함수는 softmax_cross_entropy_with_logits_v2를 사용하고 예측값과 정확도를 계산합니다. 최신 Tensorflow 버전에서는 tf.nn.softmax_cross_entropy_with_logits가 deprecated될 예정으로 파라미터는 그대로 작성하고 _v2를 사용하도록 해주시는 것을 추천합니다.

[그림 4-24]는 위의 합성곱 신경망 모델의 전반적인 구조입니다.

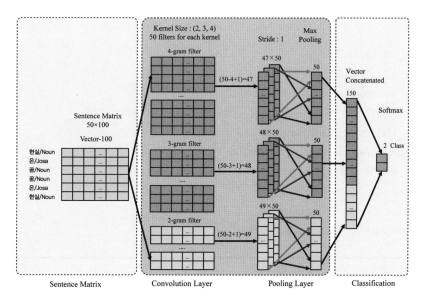

[그림 4-24] 합성곱 신경망 모델 구조

아래 예제는 학습 데이터를 이용하여 합성곱 신경망을 통한 학습 실행 단계입니다.

```
#####################
# file_name : nsmc_classification_cnn.py
#####################
import tensorflow as tf
import numpy as np
import sys, os
from cnn_model import cnn_model
```

```python
def make_batch(list_data, batch_size):
    num_batches = int(len(list_data)/batch_size)
    batches = list()

    for i in range(num_batches):
        start = int(i * batch_size)
        end = int(start + batch_size)
        batches.append(list_data[start:end])

    return batches

def run_cnn(params) :
    class_sizes = 2
    max_sentence_length = int(params[1])
    filter_sizes = np.array(params[2].split(','), dtype=int)
    num_filters = int(params[3])
    dropout_keep_prob = float(params[4])
    num_epochs = int(params[5])
    batch_size = int(params[6])
    evaluate_every = int(params[7])
    learn_rate = float(params[8])

    model = Word2Vec.load(source_dir + w2v_file_name)
    # Word2Vec 파일에서의 벡터 차원 수 계산
    embedding_dim = model.vector_size

    print('------------------------------------')
    print(' ** parameter ** ')
    print('embedding_dim :',embedding_dim)
    print('class_sizes :',class_sizes)
    print('max_sentence_length :',max_sentence_length)
    print('filter_sizes :',filter_sizes)
    print('num_filters :',num_filters)
    print('dropout_keep_prob :',dropout_keep_prob)
    print('num_epochs :',num_epochs)
    print('batch_size :',batch_size)
    print('evaluate_every :',evaluate_every)
```

```
print('learn_rate :',learn_rate)
print('----------------------------------')


x_train, y_train, x_dev, y_dev = data_setting(model, embedding_dim, class_sizes,
                                              max_sentence_length)


# 학습/검증 정확도, 비용값 저장 리스트 선언
train_x_plot = list()
train_y_accracy = list()
train_y_cost = list()
valid_x_plot = list()
valid_y_accuracy = list()
valid_y_cost = list()


# 모델 저장할 폴더 생성
if not(os.path.isdir('./cnn_model')) :
    os.makedirs(os.path.join('./cnn_model'))


with tf.Graph().as_default():
    # GPU 사용 시 설정 기능
    sess_config = tf.ConfigProto()
    sess_config.gpu_options.allow_growth = True
    sess = tf.Session(config=sess_config)

    with sess.as_default():
        cnn = cnn_model(
            sequence_length=x_train.shape[1],
            num_classes=y_train.shape[1],
            embedding_size=embedding_dim,
            filter_sizes=filter_sizes,
            num_filters=num_filters)

        global_step = tf.Variable(0, name="global_step", trainable=False)
        # 비용 함수의 값이 최소가 되도록 하는 최적화 함수 선언
        optimizer = tf.train.AdamOptimizer(learn_rate)
        train_op = optimizer.minimize(cnn.cost, global_step=global_step)
        #grads_and_vars = optimizer.compute_gradients(cnn.cost)
        #train_op = optimizer.apply_gradients(grads_and_vars, global_step=global_step)
```

```python
saver = tf.train.Saver()
sess.run(tf.global_variables_initializer())

def train_step(x_batch, y_batch):
    feed_dict = {
      cnn.input_x: x_batch,
      cnn.input_y: y_batch,
      cnn.dropout_keep_prob: dropout_keep_prob
    }
    _, step, cost, accuracy = sess.run([train_op, global_step, cnn.cost,
                                .          cnn.accuracy], feed_dict)
    train_x_plot.append(step)
    train_y_accracy.append(accuracy * 100)
    train_y_cost.append(cost)
    #print("Train step {}, cost {:g}, accuracy {:g}".format(step, cost,
                                                            accuracy))

def dev_step(x_batch, y_batch, epoch):
    feed_dict = {
      cnn.input_x: x_batch,
      cnn.input_y: y_batch,
      cnn.dropout_keep_prob: 1.0
    }
    step, cost, accuracy, dev_pred = sess.run([global_step, cnn.cost,
                                               cnn.accuracy,
                                               cnn.predictions],
                                              feed_dict)
    valid_x_plot.append(step)
    valid_y_accuracy.append(accuracy * 100)
    valid_y_cost.append(cost)
    print("Valid step, epoch {}, step {}, cost {:g},"
          "accuracy {:g}".format((epoch+1), step, cost, accuracy))

# 배치 데이터 생성
train_x_batches = make_batch(x_train, batch_size)
train_y_batches = make_batch(y_train, batch_size)

# 배치별 트레이닝, 검증
```

```python
        for epoch in range(num_epochs):
            for len_batch in range(len(train_x_batches)):
                train_step(train_x_batches[len_batch],
                            train_y_batches[len_batch])
                current_step = tf.train.global_step(sess, global_step)
                if current_step % evaluate_every == 0:
                    dev_step(x_dev, y_dev, epoch)
        # 모델 저장
        saver.save(sess, "./cnn_model/model.ckpt")


    # 학습/검증에서의 정확도와 비용 시각화
    plt.subplot(2,1,1)
    plt.plot(train_x_plot, train_y_accracy, linewidth = 2, label = 'Training')
    plt.plot(valid_x_plot, valid_y_accuracy, linewidth = 2, label = 'Validation')
    plt.title("Train and Validation Accuracy / Cost Result")
    plt.ylabel('accuracy')
    plt.legend()

    plt.subplot(2,1,2)
    plt.plot(train_x_plot, train_y_cost, linewidth = 2, label = 'Training')
    plt.plot(valid_x_plot, valid_y_cost, linewidth = 2, label = 'Validation')
    plt.xlabel('step')
    plt.ylabel('cost')
    plt.legend()

    # 이미지로 저장
    plt.savefig(source_dir + fig_file_name)

if __name__ == "__main__":
    default_param = [sys.argv[0], 50, '2,3,4', 50, 0.5, 20, 1000, 150, 0.001]

    if len(sys.argv)==1:
        run_cnn(default_param)
    else :
        print(sys.argv)
        run_cnn(sys.argv)
```

합성곱 신경망을 통한 학습에도 최적화 함수는 Adam 알고리즘을 사용하였습니다. optimizer.minimize는 그 바로 하위에 주석 처리가 되어 있는 optimizer. compute_gradients와 optimizer.apply_gradients를 동시에 수행해 주는 함수이므로 참고하시면 됩니다.

tf.Graph().as_default()를 통해 명시적으로 그래프를 생성하고, 세션도 sess.as_default()를 사용하여 범위를 지정하였으며, 변수들을 초기화하기 위해 tf.global_variables_initializer()를 수행하였습니다. tf.ConfigProto()를 통해서는 gpu_options. allow_growth와 같은 GPU를 사용하는 만큼만 증가시키는 옵션들을 설정할 수 있습니다. 해당 옵션들은 tf.Session(config=sess_config)에 파라미터로 넘겨 사용하실 수 있습니다.

학습을 위해 배치 트레이닝 방식을 사용하며, 해당 코드에서는 make_batch 함수를 직접 구현하여 배치 사이즈만큼 학습할 수 있도록 리스트를 생성합니다. train_step과 dev_step 함수는 드롭아웃을 위한 값을 넘기는 부분만 다르다고 보시면 됩니다. 1,000건 단위로 배치를 만들었고, 학습 step 값이 150으로 나눠떨어질 때마다 테스트 데이터를 통해 학습된 모델에 대한 검증을 진행합니다. 학습과 검증 시 결과로 도출되는 비용 값과 정확도 값에 대해서는 각각의 리스트로 저장하여 그래프로 출력하여 시각화를 진행하고 이미지를 저장합니다.

마지막으로 학습이 완료된 모델은 saver.save(sess, "./cnn_model/model.ckpt")를 통해 모델을 저장하였습니다. 모델 저장 시 생성되는 파일은 아래와 같습니다.

```
checkpoint : 이름으로 저장된 체크 포인트 파일 기록
 〉 model_checkpoint_path: "model.ckpt"
 〉 alll_model_checkpoint_paths: "model.ckpt"
model.ckpt.data-00000-of-00001 / model.ckpt.index : 학습된 파라미터 저장
model.ckpt.meta : 모델의 그래프 구조 저장(variable, operations, collections 등)
```

모델에 사용된 파라미터값에 대한 설명입니다.

```
단어의 벡터 차원 수 -> embedding_dim : 100
레이블 차원 수 -> class_sizes : 2
문장 내 최대 단어 개수 -> max_sentence_length : 50
합성곱 필터 사이즈 -> filter_sizes : [2 3 4]
합성곱 특성 맵 개수 -> num_filters : 50
학습 시 드롭아웃 변수 -> dropout_keep_prob : 0.5
학습 횟수 -> num_epochs : 20
패치 사이즈 -> batch_size : 1000
검증을 위한 조건 -> evaluate_every : 150
최적화 알고리즘 학습률 -> learn_rate : 0.001
```

총 20회의 학습을 진행한 결과 비용 값은 0.385에서 0.314로 감소하였고, 정확도는 83.1%에서 86.7%로 증가함을 확인할 수 있습니다. [그림 4-25]는 훈련 및 검증에서의 정확도 및 비용 값의 변화를 시각화하여 확인할 수 있습니다.

```
Valid step, epoch 1, step 150, cost 0.385855, accuracy 0.831
Valid step, epoch 2, step 300, cost 0.363395, accuracy 0.8421
Valid step, epoch 3, step 450, cost 0.352491, accuracy 0.84708
Valid step, epoch 4, step 600, cost 0.34444, accuracy 0.85036
Valid step, epoch 5, step 750, cost 0.338631, accuracy 0.8534
Valid step, epoch 6, step 900, cost 0.333688, accuracy 0.85654
Valid step, epoch 7, step 1050, cost 0.329878, accuracy 0.85786
Valid step, epoch 8, step 1200, cost 0.326193, accuracy 0.8592
Valid step, epoch 9, step 1350, cost 0.323767, accuracy 0.8615
Valid step, epoch 10, step 1500, cost 0.321368, accuracy 0.86206
Valid step, epoch 11, step 1650, cost 0.319484, accuracy 0.86324
Valid step, epoch 12, step 1800, cost 0.318918, accuracy 0.86354
Valid step, epoch 13, step 1950, cost 0.317415, accuracy 0.86512
Valid step, epoch 14, step 2100, cost 0.316487, accuracy 0.86558
Valid step, epoch 15, step 2250, cost 0.315681, accuracy 0.86588
Valid step, epoch 16, step 2400, cost 0.314773, accuracy 0.86626
Valid step, epoch 17, step 2550, cost 0.315609, accuracy 0.86716
Valid step, epoch 18, step 2700, cost 0.314568, accuracy 0.8672
Valid step, epoch 19, step 2850, cost 0.314432, accuracy 0.8676
Valid step, epoch 20, step 3000, cost 0.314687, accuracy 0.8672
```

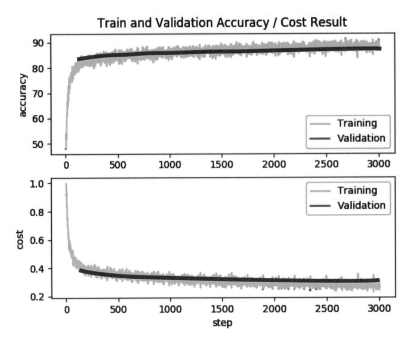

[그림 4-25] 학습, 검증에서의 정확도, 비용 그래프

1. 순환 신경망(Recurrent Neural Network, RNN) 소개

순환 신경망은 문서 감정 분류, 필기체 인식, 음성 인식과 같은 자연어 처리와 주가 등 시간을 중심으로 앞, 뒤의 내용이 연관 관계가 있는 시계열 데이터를 처리하기에 좋은 성능을 나타내는 딥러닝 알고리즘 중 하나입니다.

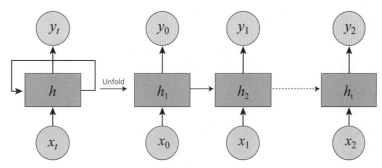

http://colah.github.io/posts/2015-08-Understanding-LSTMs/

[그림 4-26] 순환 신경망 기본 구조

순환 신경망은 [그림 4-26]에서 확인할 수 있듯이 시간 스탭 t에서의 입력값 x_t, 출력값 y_t와 h인 은닉층이 존재할 때 은닉층의 출력이 다음 시간 스탭에서의 은닉층으로 입력되는 구조가 반복되는 형태로 하나의 네트워크 구조가 여러 개가 연결되어 다음 단계로의 정보를 전달하게 됩니다. 이러한 구조를 통해 이전 정보를 은닉층에서 일시적으로 메모리(memory) 형태로 기억하고 그에 따라 동적으로 변화를 시킬 수 있습니다. 이런 뉴런의 형태를 메모리 셀(memory cell)이라 부르고, 메모리 셀의 상태를 은닉 상태(hidden state)라고 합니다. 은닉 상태값은 현재 입력값과 이전의 은닉 상태의 값을 가중치를 곱하고 편향을 더하는데 이때, 활성화 함수로는 하이퍼볼릭 탄젠트(tanh) 함수를 사용합니다.

순환 신경망의 학습에는 경사 하강법을 이용하며 출력에서의 경사가 현재 시간에만 의존하는 게 아니라 이전 시간 스탭에도 의존해야 되기 때문에 시간 기반 역전파(BackPropagation Through Time, BPTT)라는 변형된 알고리즘으로 가중치를 업데이트합니다. 시간의 흐름에서 과거의 시간으로의 갭(Gap)이 크지 않다면 문제가 되지 않지만 많이 거슬러 올라가게 되면 신경망이 곱하기 연산으로 되어 있기 때문에 역전파에서의 경사가 점점 줄어들어 학습 능력이 저하되는 경사도 사라짐 문제(Gradient Vanishing Problem)가 발생하는 단점이 있습니다. 이로 인해 문장에서의 단어를 예측할 때 오래전 데이터를 고려하여 예측을 해야 되는 경우에는 순환 신경망에서의 성능이 감소하는 결과가 도출됩니다.

2. 장단기 기억 네트워크 소개

장단기 기억 네트워크(Long-Short Term Memory Network, LSTM)은 순환 신경망에서의 장기 의존성(Long-Term Dependencies) 문제를 해결하기 위해 1997년 Hocheiter & Schmidhuber이 제안한 알고리즘으로 현재까지 많이 사용되고 있습니다. 이를 위해 순차적으로 입력되는 데이터의 시간 흐름이 길더라도 잊어야 할 정보들은 잊고 유지해야 될 정보들은 유지하면서 성능을 최적화할 수 있도록 합니다.

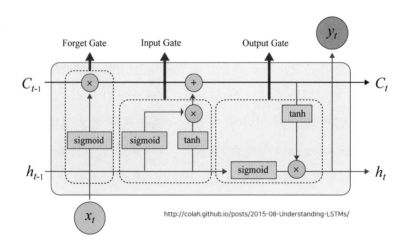

[그림 4-27] 장단기 기억 네트워크 구조

[그림 4-27]에서 장단기 기억 네트워크의 구조를 확인해 보면 순환 신경망에서

존재하지 않던 c_t인 셀 스테이트(Cell State)가 추가되었고, 망각, 입력, 출력의 정도를 조절하는 3개의 게이트(Gate)가 추가되었습니다. 4개의 각 레이어에서의 역할은 아래와 같습니다.

- 셀 스테이트 : 각 게이트의 정보들이 다음 단계로 진행될 수 있도록 역할을 합니다.
- 망각 게이트 : 셀 스테이트에서 버릴 정보를 정하는 단계로 입력값과 이전 은닉층에서 입력된 값과 함께 시그모이드 출력값을 만들어 냅니다. 시그모이드 출력값이 1인 경우 과거의 값을 그대로 유지하고, 0인 경우에는 완전히 값을 버리게 됩니다.
- 입력 게이트 : 새로운 정보에 대해 셀 스테이트에 저장할지를 결정하는 단계입니다. 시그모이드를 통해 업데이트할 정보를 정하고, tanh 레이어를 통해 셀 스테이트에 더할 새로운 후보 값을 만들고 두 값을 합쳐 새로운 셀 스테이트로 정보를 업데이트합니다.
- 출력 게이트 : 어떤 값을 출력할지 시그모이드 레이어를 통해 결정하고, 셀 스테이트를 tanh 레이어를 통한 결괏값을 곱하여 원하는 결괏값만 반영하게 됩니다.

장단기 기억 네트워크는 위에 설명된 망각, 입력, 출력 게이트를 열고 닫으면서 오랜 시간이 지나더라도 기억을 오랫동안 보존하는 것이 가능합니다. [그림 4-28]는 시간의 흐름에 따라 각 게이트들이 동작하는 것을 표시해 줍니다. 직선은 닫힌 게이트, 동그라미는 열린 게이트입니다. 은닉층의 위, 왼쪽, 아래는 게이트가 출력, 망각, 입력 게이트를 표현합니다. 입력층에서는 2~6번째의 시간에서 입력 게이트를 닫고, 출력에서는 4, 6번째 시간에서만 출력 게이트를 열어 경사도 사라짐을 방지할 수 있습니다.

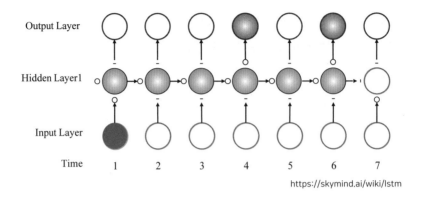

https://skymind.ai/wiki/lstm

[그림 4-28] 장기 의존성 문제 해결 과정

3. 장단기 기억 네트워크 구현

앞서 합성곱 신경망을 통해 영화 리뷰에 대한 감성 분석을 학습을 구현한 것과 동일하게 딥러닝 알고리즘인 장단기 네트워크를 통해 코드를 작성하겠습니다. 데이터 구성과 같은 합성곱 신경망에서 구현된 내용을 제외하고 다른 부분을 위주로 설명하겠습니다.

```python
#######################
# file_name : lstm_model.py
#######################
import tensorflow as tf

class lstm_model(object):
    def __init__(self, sequence_length, num_classes, embedding_size, hidden_unit,
                num_layer):
        # 학습 데이터가 들어갈 플레이스 홀더 선언
        self.input_x = tf.placeholder(tf.float32, shape=[None, sequence_length,
                                                        embedding_size],
                                    name='input_x')
        self.input_y = tf.placeholder(tf.float32, shape=[None, num_classes],
                                    name='input_y')
```

```python
        self.dropout_keep_prob = tf.placeholder(tf.float32,
                                                name='dropout_keep_prob')
        self.batch_size = tf.placeholder(tf.int32, [], name="batch_size")


        # LSTM Layer
        with tf.name_scope("lstm"):
            def lstm_cell():
                # tf.nn.rnn_cell.(Basic)LSTMCell / tf.nn.rnn_cell.(Basic)RNNCell /
                # tf.nn.rnn_cell.GRUCell
                # LSTM Cell 및 DropOut 설정
                lstm = tf.nn.rnn_cell.LSTMCell(num_units=hidden_unit,
                                               forget_bias=1.0, state_is_tuple=True)
                return tf.nn.rnn_cell.DropoutWrapper(cell=lstm,
                                        output_keep_prob=self.dropout_keep_prob)


            # RNN Cell을 여러 층 쌓기
            lstm_cell = tf.nn.rnn_cell.MultiRNNCell([lstm_cell() for _ in
                                                    range(num_layer)])
            # 초기 state 값을 0으로 초기화
            self.initial_state = lstm_cell.zero_state(self.batch_size, tf.float32)
            # outputs : [batch_size, sequence_length, hidden_unit]
            outputs, state = tf.nn.dynamic_rnn(lstm_cell, self.input_x,
                                               initial_state=self.initial_state ,
                                               dtype=tf.float32)
            # output : [sequence_length, batch_size, hidden_unit)
            output = tf.transpose(outputs, [1, 0, 2])
            # 마지막 출력만 사용
            output = tf.gather(output, int(output.get_shape()[0]) - 1)
```

학습 데이터가 들어갈 input_x, input_y, dropout_keep_prob, batch_size 변수 placeholder로 선언합니다. batch_size 변수는 dynamic_rnn에서의 초기 상태를 0으로 초기화하는 데 사용됩니다. Tensorflow에서 LSTMCell 함수를 이용하여 LSTM 셀을 구현할 수 있는데 이 API는 간단한 LSTM의 구현만 나타내는 BasicLSTMCell 함수보다 옵션(peephole 연결 등)이 추가된 고급 모델입니다. LSTMCell 함수에서의 옵

선인 num_units는 LSTM 셀의 유닛 개수로 출력값의 크기를 의미하고, forget_bias
는 망각 게이트(forget gate)의 편향(bias)으로 1인 경우 학습 시 망각의 규모를 줄여
줍니다. state_is_tuple은 튜플의 상태를 true인 경우에는 c_state, m_state를 반환하
고 false의 경우에는 c_state, m_state를 합쳐서 하나로 연결됨을 의미합니다.

　　LSTM 셀에 드롭아웃을 적용하여 뉴런들에 대한 비활성화를 추가해 줍니다. 이
렇게 드롭아웃을 통해 나온 LSTM 셀은 MultiRNNCell 함수에서 사용자가 설정한
layer 개수에 따라 LSTM 레이어를 쌓게 됩니다. 설정된 LSTM 셀은 dynamic_rnn
함수를 통해 모델의 결과와 마지막 상태 값이 반환됩니다. 출력값은 [batch_size,
sequence_length, hidden_unit]의 형태를 가지게 되지만 최종 결과는 가장 마지막
결괏값인 [batch_size, hidden_unit]을 사용해야 되기 때문에 transpose를 사용하
여 행렬의 순서를 [sequence_length, batch_size, hidden_unit]의 형태로 변경하고,
gather로 출력의 마지막 결괏값만 사용하여 [batch_size, hidden_unit] 형태의 값을
저장합니다.

　　[그림 4-29]는 위의 장단기 기억 네트워크 모델의 전반적인 구조입니다.

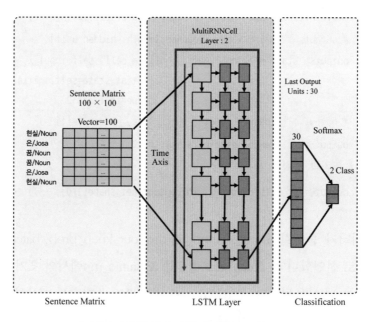

[그림 4-29] 장단기 기억 네트워크 모델 구조

```
#######################
# file_name : nsmc_classification_lstm.py
#######################
def run_lstm(params) :
    class_sizes = 2
    max_sentence_length = int(params[1])
    hidden_size = int(params[2])
    dropout_keep_prob = float(params[3])
    num_epochs = int(params[4])
    batch_size = int(params[5])
    evaluate_every = int(params[6])
    learn_rate = float(params[7])
    num_layers = int(params[8])

    print('----------------------------------')
    print(' ** parameter ** ')
    print('embedding_dim :', embedding_dim)
    print('class_sizes :', class_sizes)
    print('max_sentence_length :', max_sentence_length)
    print('hidden_size :', hidden_size)
    print('dropout_keep_prob :', dropout_keep_prob)
    print('num_epochs :', num_epochs)
    print('batch_size :', batch_size)
    print('evaluate_every :', evaluate_every)
    print('learn_rate :', learn_rate)
    print('num_layers :', num_layers)
    print('----------------------------------')
```

장단기 기억 네트워크 알고리즘에서의 추가된 파라미터값은 hidden_size와 num_layers입니다. hidden_size는 LSTMCell에서의 unit 의 개수로 출력에서의 결과 사이즈를 의미하고, num_layers 값은 MultiRNNCell을 통해 추가할 LSTM 셀의 Layer 개수를 의미합니다.

```
with tf.Graph().as_default():
    sess_config = tf.ConfigProto()
    sess_config.gpu_options.allow_growth = True
    sess = tf.Session(config=sess_config)
    with sess.as_default():
        lstm = lstm_model(
            hidden_unit = hidden_size,
            sequence_length=x_train.shape[1],
            num_classes=y_train.shape[1],
            num_layer=num_layers,
            embedding_size=embedding_dim)
```

사용되는 파라미터값이 변경됨에 따라 lstm_model 클래스에 hidden_unit 값과 number_layer 값을 넘겨주게 되며, 학습에 사용되는 batch_size는 make_batch 함수를 통해 나온 결괏값의 길이를 사용하였습니다.

```
def train_step(x_batch, y_batch):
    feed_dict = {
        lstm.input_x: x_batch,
        lstm.input_y: y_batch,
        lstm.batch_size: len(x_batch),
        lstm.dropout_keep_prob: dropout_keep_prob
    }

def dev_step(x_batch, y_batch, epoch):
    feed_dict = {
        lstm.input_x: x_batch,
        lstm.input_y: y_batch,
        lstm.batch_size: len(x_batch),
        lstm.dropout_keep_prob: 1.0
    }
```

모델에 사용된 파라미터값에 대한 설명입니다.

```
단어의 벡터 차원 수 -> embedding_dim : 100
레이블 차원 수 -> class_sizes : 2
문장 내 최대 단어 개수 -> max_sentence_length : 100
LSTM 셀 결과 크기 -> hidden_size : 30
학습 시 드롭아웃 변수 -> dropout_keep_prob : 0.5
학습 횟수 -> num_epochs : 20
패치 사이즈 -> batch_size : 1000
검증을 위한 조건 -> evaluate_every : 150
최적화 알고리즘 학습률 -> learn_rate : 0.001
LSTM 셀 레이어 개수 -> num_layers : 2
```

총 20회의 학습을 진행한 결과 비용 값은 0.395에서 0.316로 감소하였고, 정확도는 82.3%에서 86.3%로 증가함을 확인할 수 있습니다. [그림 4-30]은 훈련 및 검증에서의 정확도 및 비용 값의 변화를 시각화하여 확인할 수 있습니다.

```
Valid step, epoch 1, step 150, cost 0.395076, accuracy 0.82348
Valid step, epoch 2, step 300, cost 0.369741, accuracy 0.83534
Valid step, epoch 3, step 450, cost 0.358111, accuracy 0.8405
Valid step, epoch 4, step 600, cost 0.347185, accuracy 0.8461
Valid step, epoch 5, step 750, cost 0.339586, accuracy 0.8507
Valid step, epoch 6, step 900, cost 0.335703, accuracy 0.8534
Valid step, epoch 7, step 1050, cost 0.33116, accuracy 0.8556
Valid step, epoch 8, step 1200, cost 0.330084, accuracy 0.8557
Valid step, epoch 9, step 1350, cost 0.32696, accuracy 0.85754
Valid step, epoch 10, step 1500, cost 0.325872, accuracy 0.85766
Valid step, epoch 11, step 1650, cost 0.324001, accuracy 0.8595
Valid step, epoch 12, step 1800, cost 0.320399, accuracy 0.86082
Valid step, epoch 13, step 1950, cost 0.319598, accuracy 0.86134
Valid step, epoch 14, step 2100, cost 0.320321, accuracy 0.86078
Valid step, epoch 15, step 2250, cost 0.31987, accuracy 0.86186
Valid step, epoch 16, step 2400, cost 0.317565, accuracy 0.8624
Valid step, epoch 17, step 2550, cost 0.316398, accuracy 0.8626
Valid step, epoch 18, step 2700, cost 0.319062, accuracy 0.8624
Valid step, epoch 19, step 2850, cost 0.316494, accuracy 0.86298
Valid step, epoch 20, step 3000, cost 0.316266, accuracy 0.86336
```

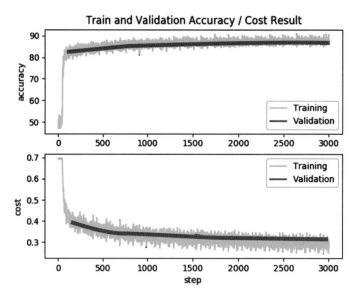

[그림 4-30] 학습, 검증에서의 정확도, 비용 그래프

웹 애플리케이션 실행 환경 구축

이번 장에서는 앞서 합성곱 신경망, 장단기 기억 네트워크를 통해 학습된 모델을 통해 사용자가 입력한 영화 리뷰의 감정에 대해 분석하려 합니다. 웹 페이지를 통해 검증을 위한 문장을 입력받아 학습된 모델에 대한 검증 파일을 실행하여 알고리즘에 따른 결과를 도출할 수 있도록 합니다. 웹 애플리케이션은 HTML과 JSP로 이클립스를 통해 개발하고 웹 애플리케이션 서버인 Tomcat을 통해서 페이지가 실행되도록 하는 과정을 설명드리겠습니다. 아래 과정들은 Windows 운영 체제를 기반으로 환경을 구성하는 과정으로 진행됩니다.

1. 자바 설치하기

웹 애플리케이션을 개발하기 위한 이클립스는 자바를 기반으로 동작하기 때문에 우선 Oracle 홈페이지(https://www.oracle.com/technetwork/java/index.html)에서 자바를 다운받아 설치해야 합니다. 웹 브라우저를 통해 Oracle 홈페이지로 접속합니다.

[그림 4-31] Oracle 자바 다운로드 사이트 화면

우측 홈페이지의 [New Download-Java SE 8 Update 201 / Java SE 8 Update 202]를 클릭하여 Java SE 8 다운로드 홈페이지로 이동합니다.

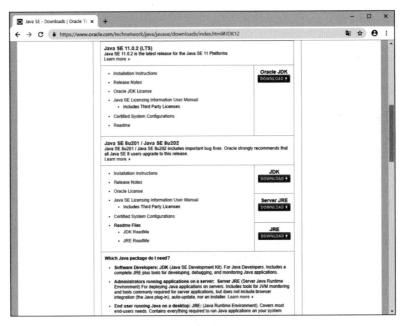

[그림 4-32] Java SE 8 Update 201/202 버전 다운로드 화면

[Java SE 8u201 / Java SE 8u202-JDK Download] 버튼을 클릭하여 다운로드 화면으로 이동합니다. Java SE Develop Kit 8u201 부분에서 "Accept License Agreement"를 클릭하고 컴퓨터의 운영 체제에 맞는 자바 파일을 다운로드받습니다. 여기서는 Windows 운영 체제의 64비트 파일인 jdk-8u201-windows-x64.exe 파일을 다운로드하면 됩니다.

[그림 4-33] 운영체제 별 자바 다운로드 화면

파일을 다운로드한 위치에서 jdk-8u201-windows-x64.exe 파일을 실행하여 JDK 설치를 진행합니다.

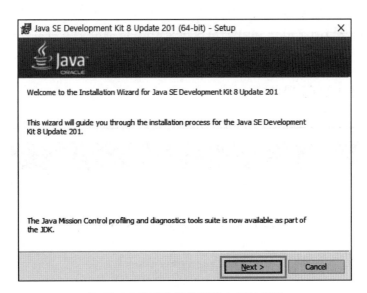

[그림 4-34] 자바 설치 화면 1, 기본 화면

[Next] 버튼을 클릭하면 JDK를 설치할 폴더를 설정합니다. 기본 설치 위치는 "C:\Program Files\Java\jdk1.8.0_201\"에 설치가 됩니다. 폴더를 변경하기 위해서는 [Change...] 버튼을 클릭한 후 설정하면 변경 가능합니다.

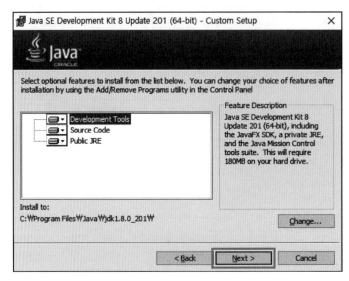

[그림 4-35] 자바 설치 화면 2, JDK 설치 위치 설정

라이선스 조항의 변경 사항 화면이 나오는데 해당 부분은 Oracle에서 자바의 구독형 라이선스 구매에 따른 변경 사항으로 보입니다. 개인 사용자의 경우에는 사용이 무료이고 2020년 말까지 업데이트 사용이 가능하기 때문에 확인 버튼을 클릭하여 다음 페이지로 이동합니다.

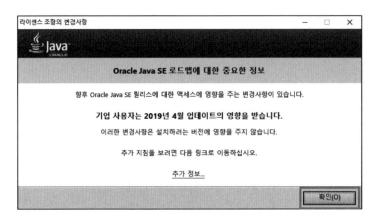

[그림 4-36] 자바 설치 화면 3, 라이선스 조항 변경 사항

JRE(Java Runtime Environment)에 대한 설치 폴더 변경 확인 후 [다음] 버튼을 클릭하면 JDK 설치가 진행됩니다.

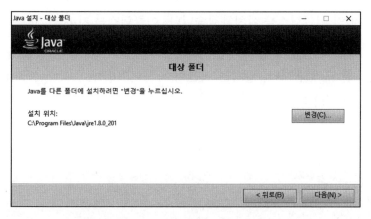

[그림 4-37] 자바 설치 화면 4, JRE 설치 위치 설정

자바 설치가 완료된 화면으로 [Close] 버튼을 클릭하여 설치를 마무리합니다.

[그림 4-38] 자바 설치 화면 5, 자바 설치 완료 화면

2. Eclipse 설치

HTML과 JSP를 개발하는데 필요한 통합 개발 환경(Integrated Development Environment)인 이클립스를 설치하겠습니다. 이클립스는 자바를 기반으로 한 통합 개발 환경으로 이클립스 재단에서 만들어졌고 Windows뿐 아니라 리눅스, macOS 에서도 사용할 수 있습니다. 설치는 이클립스 사이트(https://www.eclipse.org/)에 접속하여 파일을 다운로드 받아 진행할 수 있습니다.

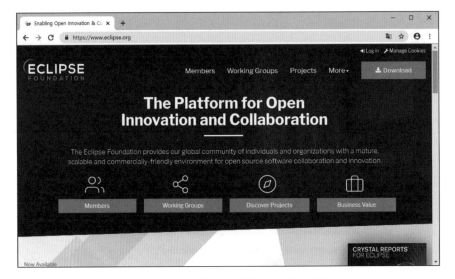

[그림 4-39] 이클립스 다운로드 사이트 화면

[그림 4-39]의 오른쪽 상위에 있는 [Download] 버튼을 클릭하여 이동한 [그림 4-40] 화면에서 [Download 64bit] 버튼을 클릭합니다.

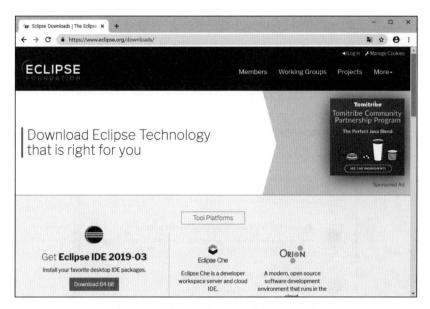

[그림 4-40] 이클립스 IDE 다운로드 화면

다운로드받을 미러 사이트를 확인 및 소프트웨어 사용자 계약 내용 확인 후 [Download] 버튼을 클릭하면 파일을 다운로드합니다.

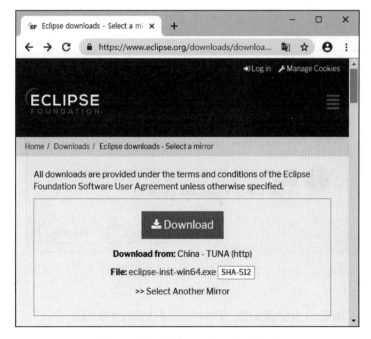

[그림 4-41] 이클립스 파일 다운로드 화면

다운로드한 eclipse-inst-win64.exe 파일을 실행하여 이클립스를 설치합니다. 설치 시 JSP 웹 애플리케이션 개발을 위하여 "Eclipse IDE for Enterprise Java Developers"를 클릭합니다.

[그림 4-42] 이클립스 설치 화면 1, IDE 선택

만약 이클립스 설치를 진행하는 시점에 Java가 설치되지 않은 경우 [그림 4-43] 같은 팝업이 뜨는데, 우리는 위에서 Java를 설치했기 때문에 뜨지 않을 것입니다.

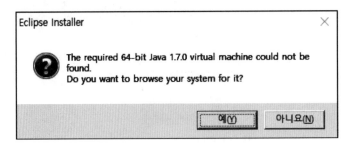

[그림 4-43] Java 설치 확인 화면

이클립스 IDE를 설치할 폴더를 선택하고 "윈도우 시작 메뉴 추가", "바탕화면 바로 가기 생성" 등을 선택하여 [INSTALL] 버튼을 클릭하여 설치를 진행합니다.

[그림 4-44] 이클립스 설치 화면 2, 설치 폴더 선택

설치가 진행되는 도중 증명서 신뢰 확인을 위한 화면이 나오며 증명서 부분의 네모 부분을 클릭 후 [Accepted select] 버튼을 클릭하면 설치가 완료됩니다.

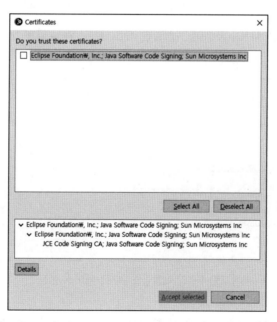

[그림 4-45] 이클립스 설치 화면 3, 증명서 신뢰 확인 화면

이후 [Launcher] 버튼을 클릭하면 이클립스가 실행합니다. 바탕화면에는 바로 가

기 아이콘과 윈도우 시작 메뉴에 "Eclipse"가 생성되었음을 확인할 수 있습니다.

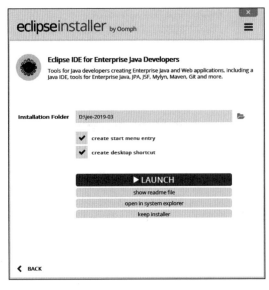

[그림 4-46] 이클립스 설치 화면 4, 설치 완료

이클립스를 실행하면 작업할 공간인 워크스페이스를 선택하는 창이 나타납니다. 워크스페이스 변경 시 [Browse]를 누르면 되고 설정 완료되면 [Launcher] 버튼을 클릭하면 초기 화면으로 이동합니다.

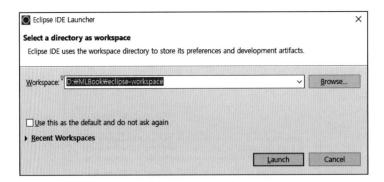

[그림 4-47] 이클립스 워크스페이스 설정

[그림 4-48]은 이클립스 IDE 초기 화면으로 "Welcome" 탭의 "x"를 클릭하여 창을 닫아 작업 공간이 나타나면 프로그래밍 할 준비가 완료된 것입니다.

[그림 4-48] 이클립스 IDE 초기 화면

3. Apache Tomcat 설치

웹 애플리케이션 구동을 위해 아파치 소프트웨어 재단에서 개발한 오픈 소스 소프트웨어인 Apache Tomcat에 대한 설치를 진행하겠습니다. 홈페이지(http://tomcat.apache.org/)를 통해 다운로드하여 설치를 진행할 수도 있지만 간단하게 설치하기 위해 이클립스 내부에서 설치하는 방법을 이용하려 합니다. 이클립스를 실행하여 초기 화면의 하위 "Server" 탭을 확인해 보면 설정된 서버가 없는 것을 확인할 수 있습니다. "No servers are available, Click the link to create a new server" 링크를 클릭하여 Server 설정을 진행합니다.

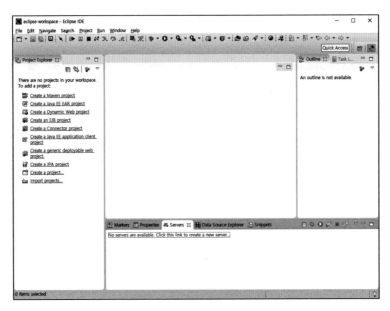

[그림 4-49] 이클립스 IDE 내부 서버 설정 화면

[그림 4-49]의 새로운 서버 정의 화면에서 "Apache 폴더 - Tomcat v8.0 Server"
를 선택하고 [Next] 버튼을 클릭합니다.

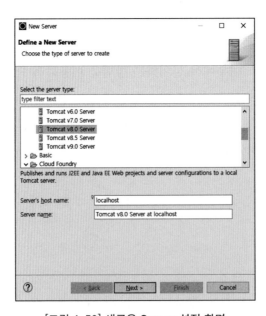

[그림 4-50] 새로운 Server 설정 화면

JRE 설정에는 이전에 설치한 jre1.8.0_201을 선택하고 [Download and Install...]
버튼을 클릭하여 Tomcat 설치를 진행합니다.

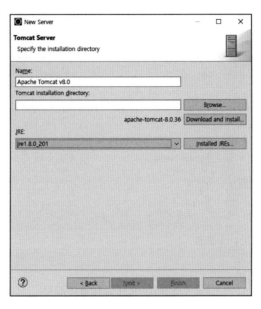

[그림 4-51] Tomcat 서버 설치 창

[그림 4-52]는 라이선스 관련 창으로 "I accept the term of the license agreement"를
선택하여 [Finish] 버튼을 클릭하면 Tomcat을 설치할 폴더를 설정하는 창이 뜹니다.

[그림 4-52] Tomcat 라이선스 확인

이후 [그림 4-53]과 같이 폴더 생성 또는 선택 후 [폴더 선택] 버튼을 클릭하면
Tomcat 다운로드 작업이 수행됩니다.

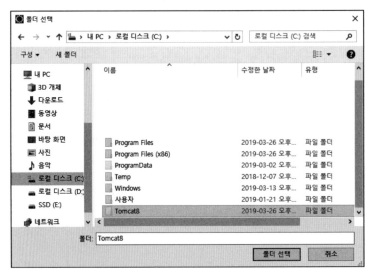

[그림 4-53] Tomcat 설치 폴더 설정

다운로드가 완료되면 [Finish] 버튼이 활성화되며 버튼을 클릭하면 설치가 완료되
게 됩니다.

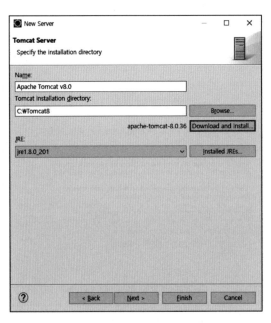

[그림 4-54] Tomcat 서버 설치 완료 확인

이클립스 IDE의 Project Explorer의 Servers와 하위의 Servers 탭을 확인해 보면 Tomcat v8.0 버전이 설치되었음을 확인할 수 있습니다.

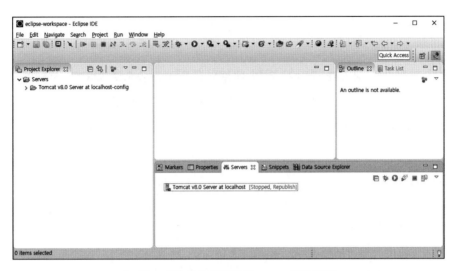

[그림 4-55] 설치 완료된 Tomcat 서버 확인

Tomcat 서버 설치 시 8.5 버전 이상의 경우에는 [Download and Install…] 버튼이 활성화되지 않아 다운로드가 불가능합니다. 해당 버전을 사용할 경우에는 앞서 설명해 드린 Apache Tomcat 홈페이지에서 직접 바이너리를 다운로드해 PC 환경에 설치하고 폴더를 선택하면 사용하실 수 있습니다.

1. 학습된 알고리즘 모델에 대한 검증 구현

앞서 합성곱 신경망과 장단기 기억 네트워크 알고리즘으로 학습된 모델에 대해서 저장하였습니다. 학습된 모델을 불러와서 사용자가 선택한 알고리즘 및 테스트 문장을 입력받아 긍정/부정의 감정 결과를 도출할 수 있도록 합니다.

```python
########################
# file_name : nsmc_evaluation.py
########################
from gensim.models import Word2Vec
import tensorflow as tf
import numpy as np
import preprocessing as pre
import sys, os


# py 파일이 실행되는 폴더 위치
base_dir = os.path.dirname(os.path.realpath(__file__)) + '/'
source_dir ='./data/'
# word2vec 파일 이름
w2v_file_name = '3_word2vec_nsmc.w2v'
# 알고리즘 학습 모델 저장 경로
cnn_model_dir = './cnn_model'
lstm_model_dir = './lstm_model'


# 사용자 입력 문장에 대해 단어 벡터 변환
def data_setting(w2v_model, embedding_dim, max_word_length, evaluation_text):
    eval_arrays = np.zeros((1, max_word_length, embedding_dim))
    # 네이버 맞춤법 검사 적용
    eval_spell_chcker = pre.naver_spell_cheker(evaluation_text)
```

```
    # 품사 부착 진행
    eval_pos_tag = pre.konlpy_pos_tag(eval_spell_chcker)
    # 문장 내 단어 벡터 변환
    eval_arrays[0] = pre.max_word_length_Word2Vec(w2v_model, embedding_dim,
                                          max_word_length, eval_pos_tag)


    return eval_arrays
```

　　검증을 위한 예제는 이전의 전처리 및 알고리즘 학습에서 사용했던 genism, tensorflow, numpy, 패키지들을 사용합니다. 검증을 위해서는 추후 개발할 웹 애플리케이션에서 해당 예제를 python 명령을 통해 실행할 것입니다. 이를 위해 os.path.dirname과 os.path.realpath를 사용하여 python 파일의 절대 경로를 기준으로 파일 위치를 설정하도록 합니다. data_setting 함수에서는 사용자가 임의로 입력할 문장에 대해서 앞서 진행했던 데이터 전처리 과정인 네이버 맞춤법 검사, 한글 품사 부착, 단어에 대한 벡터 표현을 합니다.

```
def evaluation(params) :
    # 각 알고리즘별 최대 단어 개수 지정
    # 모델 학습 시 사용했던 값 사용
    cnn_max_sentence_length = 50
    lstm_max_sentence_length = 100
    evaluation_text = params[2]

    w2v_model = Word2Vec.load(base_dir + source_dir + w2v_file_name)
    embedding_dim = w2v_model.vector_size

    # 알고리즘 별 데이터 세팅 및 모델의 마지막 저장된 checkpoint 파일 이름 검색
    if params[1] == 'CNN' :
        x_eval = data_setting(w2v_model, embedding_dim, cnn_max_sentence_length,
                        evaluation_text)
        checkpoint_file = tf.train.latest_checkpoint(base_dir + cnn_model_dir)


    elif params[1] == 'LSTM' :
        x_eval = data_setting(w2v_model, embedding_dim, lstm_max_sentence_length,
                        evaluation_text)
        checkpoint_file = tf.train.latest_checkpoint(base_dir + lstm_model_dir)
```

```python
graph = tf.Graph()
with graph.as_default():
    sess_config = tf.ConfigProto()
    sess_config.gpu_options.allow_growth = True
    sess = tf.Session(config=sess_config)

    with sess.as_default():
        # 저장된 그래프를 재생성하여 모델을 불러옴
        # Tensorflow graph를 저장하게 된다. 즉 all variables, operations,
        # collections 등을 저장한다. .meta로 확장자를 가진다.
        saver = tf.train.import_meta_graph("{}.meta".format(checkpoint_file))
        saver.restore(sess, checkpoint_file)

        # 그래프 내 operation 리스트 확인
        #for op in graph.get_operations():
        #    print(op.name)

        # 그래프에서의 Operation 불러오기
        input_x = graph.get_operation_by_name("input_x").outputs[0]

        dropout_keep_prob = graph.get_operation_by_name("dropout_keep_prob").outputs[0]
        predictions = graph.get_operation_by_name("output/predictions").outputs[0]
        result = graph.get_operation_by_name("output/result").outputs[0]

        if params[1] == 'CNN' :
            feed_dict = {input_x: x_eval, dropout_keep_prob: 1.0}
        elif params[1] == 'LSTM' :
            batch_size = graph.get_operation_by_name("batch_size").outputs[0]
            feed_dict = {input_x: x_eval, batch_size: 1, dropout_keep_prob: 1.0}

        eval_pred, eval_result = sess.run([predictions, result], feed_dict)

        # 예측된 결과에 대해 긍정/부정으로 나누고
        # Softmax를 통해 나온 값을 통해 확률 계산
        result_pred = '긍정' if(eval_pred == 1) else '부정'
        result_score = eval_result[0][1] if(eval_pred == 1) else eval_result[0][0]
```

```
            print('입력된 [' + evaluation_text + ']는 ')
            print('[' + str('{:.2f}'.format(result_score * 100)) +
                  ']%의 확률로 [' + result_pred + ']으로 예측됩니다.')

if __name__ == "__main__":
    default_param = [sys.argv[0], 'CNN', '다시 찾아 보고 싶은 영화입니다.']

    if len(sys.argv) == 1 :
        evaluation(default_param)

    elif len(sys.argv) == 3 :
        evaluation(sys.argv)

    else :
        print("[USAGE] python(3) nsmc_evaluation.py 'CNN|LSTM' '테스트입니다.'")
```

각 알고리즘으로 학습된 모델에서 문장 내 단어를 제한한 max_sentence_length 변수의 값을 그대로 사용하여 cnn_max_sentence_length, lstm_max_sence_length 변수에 설정이 필요합니다. 값이 다를 경우에는 텐서의 형태가 다르다는 에러가 발생합니다. 모델이 저장된 폴더에서 마지막 저장된 checkpoint 파일의 이름을 tf.train.latest_checkprint 함수를 통해 검색해 온 후 checkpoint 파일 이름을 사용하여 tf.train.import_meta_graph 함수를 통해 저장된 그래프를 재생성하여 saver. restore 함수를 통해 복원시킵니다.

검증에 사용할 데이터를 넣어 주기 위해 feed_dict 변수를 통해 실제값들을 입력해야 되는데 모델에서 사용한 placeholder의 이름을 가져오기 위해서 그래프에서 get_operation_by_name 함수를 사용합니다. 실제 그래프 내 operation을 확인하기 위해서는 graph.get_operations 함수를 사용하면 값을 확인할 수 있습니다.

```
[그래프 내 operation 리스트 출력]
input_x
input_y
dropout_keep_prob
ExpandDims/dim
ExpandDims
conv-maxpool-2/truncated_normal/shape
conv-maxpool-2/truncated_normal/mean
conv-maxpool-2/truncated_normal/stddev
conv-maxpool-2/truncated_normal/TruncatedNormal
conv-maxpool-2/truncated_normal/mul
conv-maxpool-2/truncated_normal
conv-maxpool-2/W
conv-maxpool-2/W/Assign
conv-maxpool-2/W/read
conv-maxpool-2/Const
conv-maxpool-2/b
conv-maxpool-2/b/Assign
… 이하 생략
```

세션을 실행하여 prediction과 result 값을 가져오게 되는데 prediction이 1인 경우에는 긍정, 0인 경우에는 부정인 감정으로 예측되고, Softmax를 통해 분류된 결괏값을 사용하여 예측 확률을 출력해 주게 됩니다.

합성곱 신경망과 장단기 기억 네트워크 알고리즘을 통해 학습된 모델에 "다시 찾아 보고 싶은 영화입니다."의 문장을 검증한 결과는 아래와 같습니다.

```
[합성곱 신경망 예측 결과]
입력된 [다시 찾아 보고 싶은 영화입니다.]는
[94.78]%의 확률로 [긍정]으로 예측됩니다.

[장단기 기억 네트워크 예측 결과]
입력된 [다시 찾아 보고 싶은 영화입니다.]는
[96.44]%의 확률로 [긍정]으로 예측됩니다.
```

2. 웹 애플리케이션 구현 및 실행

설치된 이클립스와 Apache Tomcat을 통해 Tensorflow로 학습된 영화 리뷰 감성 분석 모델에 대한 검증 파일을 실행하여 웹 페이지에 보여 주기 위해 HTML, JSP를 포함한 웹 애플리케이션 코드를 구현하겠습니다. 여기에서 HTML은 HyperText Markup Language의 약자로 웹 페이지를 위한 지배적인 마크업 언어입니다. HTML은 제목, 단락, 목록 등과 같은 본문을 위한 구조적 의미를 나타내는 것뿐만 아니라 링크, 인용과 그 밖의 항목으로 구조적 문서를 만들 수 있는 방법을 제공합니다. 웹 페이지 안의 꺾쇠 괄호에 둘러싸인 "태그"로 되어 있는 HTML 요소로 작성된다고 위키백과(https://ko.wikipedia.org/wiki/HTML)에서 설명하고 있습니다.

[그림 4-56] HTML 요소

JSP는 Java Server Pages의 약자로 HTML 내에 자바 코드를 삽입하여 동적으로 웹 페이지를 생성한 후 웹 브라우저에 돌려주는 언어입니다. Java EE(Java Platform, Enterprise Edition)의 중 일부로 Apache Tomcat, Jetty, JEUS와 같은 웹 애플리케이션 서버에서 동작합니다. JSP는 실행 시에는 자바 서블릿(Servlet)으로 변환된 후 실행됩니다. (https://ko.wikipedia.org/wiki/자바서버_페이지)

[그림 4-57]은 JSP가 수행되는 동작 방식을 설명하고 있습니다.

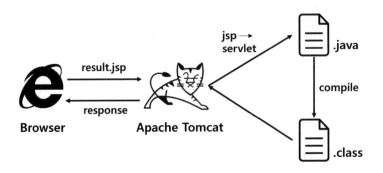

[그림 4-57] JSP 동작 방식

지금부터 웹 애플리케이션의 구현부터 실행까지의 과정에 대해서 설명하겠습니다. 이클립스를 실행하여 [Project Explorer]에서 마우스 오른쪽 버튼을 클릭하고 [New-Dynamic Web Project]를 클릭하여 프로젝트를 생성합니다.

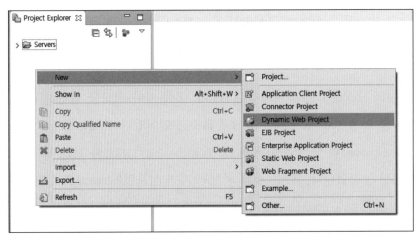

[그림 4-58] Dynamic Web Project 생성 매뉴

New Dynamic Web Project 창에서 Project Name을 "SampleApplication"으로 입력하고 [FINISH] 버튼을 클릭하면 [Project Explorer]에 SampleApplication 폴더가 생성됩니다.

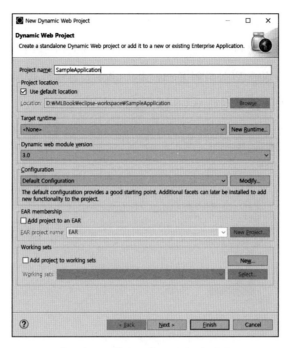

[그림 4-59] 프로젝트 설정 및 생성

프로젝트 이름인 SampleApplication에서 마우스 오른쪽 버튼을 클릭하여 [New – HTML File] 메뉴를 선택합니다.

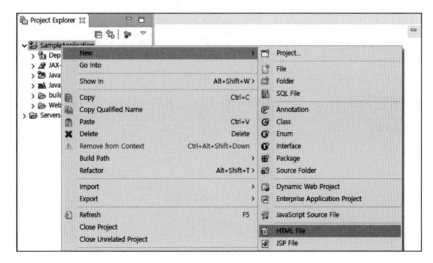

[그림 4-60] 프로젝트 내 파일 생성 메뉴

새로 떠어진 New HTML File 창의 file_name을 입력하는 Textbox에 "index. html"을 작성하고 [FINISH] 버튼을 클릭하여 WebContent 폴더 내에 파일을 생성합니다. 위와 같은 과정을 반복하여 [New-JSP File]을 선택하고 file_name을 "result. jsp"로 입력하여 파일을 생성해 줍니다.

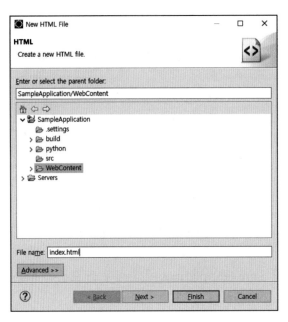

[그림 4-61] 프로젝트 내 파일 생성

JSP 파일을 사용하기 위해서는 Apache Tomcat에 포함되어 있는 라이브러리인 servlet-api.jar 파일을 프로젝트에서 classpath로 설정해줘야 합니다. 이를 위해 프로젝트 이름인 SampleApplication에서 마우스 오른쪽 버튼을 클릭하여 [Properties]을 선택합니다.

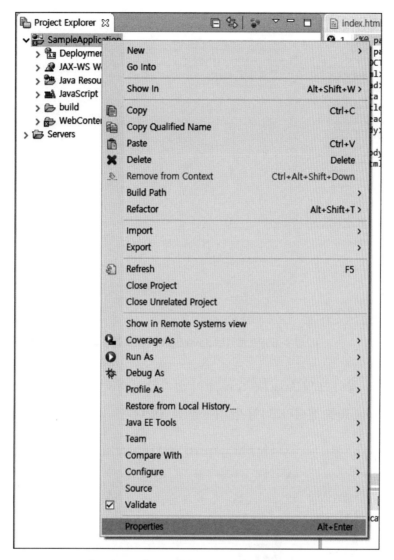

[그림 4-62] 프로젝트 Properties 설정 메뉴

Properties for SampleApplication 창에서 왼쪽 창의 [Java Build Path]를 클릭하고 오른쪽 창의 [Library] 탭을 클릭하여 [Add External JARs] 버튼을 클릭합니다.

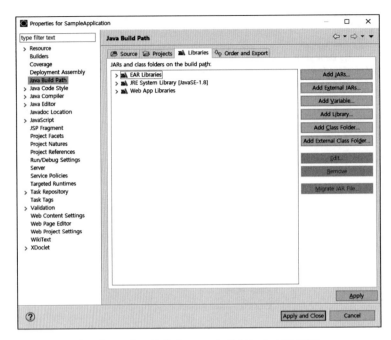

[그림 4-63] 프로젝트 Java Build Path 설정 화면

폴더 선택 창이 뜨면 Apache Tomcat이 설치된 폴더(C:\Tomcat8\lib)로 이동하여 servlet-api.jar를 선택하고 [열기] 버튼을 클릭합니다.

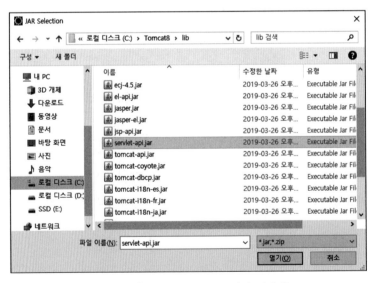

[그림 4-64] servlet-api.jar 파일 선택 창

Properties for SampleApplication 창의 오른쪽 [Library] 탭에 "servlet-api.jar-C:\Tomcat8\lib"가 보이고 [Apply and Close] 버튼을 클릭하면 웹 애플리케이션을 작성할 준비가 진행된 것입니다.

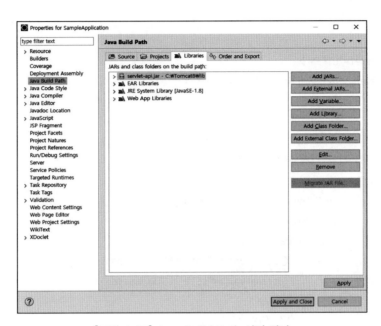

[그림 4-65] Java Build Path 설정 결과

이번 예제는 index.html 파일에 사용자가 설정할 알고리즘 선택 및 테스트 문장을 작성할 수 있는 코드를 구현하겠습니다.

```
<!--
   file_name : index.html
 -->
<!DOCTYPE html>
<html>
<head>
<meta charset="UTF-8">
<title>Naver Sentiment Movie Corpus Test</title>
</head>

<body>
      [영화 리뷰 감정 분석 테스트]
      <br/>
      <form method="post" action="result.jsp">
            알고리즘 선택 :
            <select name="algorithm">
                  <option value="CNN">CNN</option>
                  <option value="LSTM">LSTM</option>
            </select><br/>
            테스트 문장 입력 :
            <input type="text" name="text" size=40 value="" />
            <input type="submit" value="클릭" /><br/>
      </form>
</body>
</html>
```

웹 페이지는 합성곱 신경망 또는 장단기 기억 네트워크 알고리즘을 선택할 수 있는 selectbox, 테스트를 위한 문장을 작성할 textbox, POST 요청을 보내기 위한 submit 버튼으로 구성이 됩니다. submit 버튼을 클릭 또는 키보드의 엔터를 클릭하면 ⟨form⟩ 요소의 action 속성에 따라 정의된 웹 페이지인 result.jsp 파일로 페이지를 이동하고 파라미터가 전송됩니다.

result.jsp 파일에서는 index.html에서 전달된 파라미터를 통해 python 모델 검증 파일을 실행하여 결과를 웹 페이지에 보여 주는 코드를 구현합니다.

```
<!--
  file_name : result.jsp
-->
<%@ page language="java" contentType="text/html; charset=UTF-8"
       pageEncoding="UTF-8"%>
<%@ page import="java.io.*" %>

<!DOCTYPE html>
<html>
<head>
<meta charset="UTF-8">
<title>Naver Sentiment Movie Corpus Result</title>
</head>
<body>
        [영화 리뷰 감정 분석 결과]<br/>
        <%
        /* request 처리된 파라미터들의 인코딩 설정 */
        request.setCharacterEncoding("UTF-8");

        /* request 파라미터로 넘어온 값 확인 */
        String text = request.getParameter("text");
        String algorithm = request.getParameter("algorithm");
        System.out.println("입력 문장 : " + text);
        System.out.println("선택된 알고리즘 : " + algorithm);
```

request.setCharacterEncoding 함수를 통해 POST 요청으로 들어오는 값들에 대해 한글이 깨지는 현상을 방지하기 위해서 UTF-8로 선언하고 index.html에서 넘어온 각 요소들의 name 값을 request.getParameter 함수의 파라미터로 전달하여 사용자가 입력한 값을 가져올 수 있습니다.

```java
String output = "";

/* Python 설치 바이너리 폴더 설정 */
String pythonHome = "D:/Python36/";
/* 알고리즘 학습 모델 및 python 파일 저장 폴더 설정 */
String rscPath = "D:/MLBook/eclipse-workspace/SampleApplication/python/";
/* 실행할 검증 구현 python 파일 위치 설정 */
String pyFile = rscPath + "nsmc_evaluation.py";


try {
    if (algorithm != null && text != null) {
        /* 외부 프로세스 실행을 위한 command 설정 */
        String[] command = { pythonHome + "/python", pyFile, algorithm,
                             text };
        String line = null;


        /* 외부 프로세스 실행 */
        Process p = Runtime.getRuntime().exec(command);
        p.waitFor();


        /* 자식 프로세스의 입력 / 에러 스트림 저장 */
        BufferedReader br = new BufferedReader(
                    new InputStreamReader(p.getInputStream()));
        BufferedReader stdError = new BufferedReader(
                    new InputStreamReader(p.getErrorStream()));


        /* 입력 스트림을 읽어 내용 확인 및 output변수에 저장 */
        while ((line = br.readLine()) != null) {
                System.out.println(line);
                output += line + "\n";
        }
        br.close();


        /* 에러 스트림을 읽어 내용 확인 및 에러 메시지 저장 */
        while ((line = stdError.readLine()) != null) {
                System.out.println(line);
                output = "실행 시 에러가 발생하였습니다.";
        }
        stdError.close();
        p.destroy();
```

```
        } else {
            /* 파라미터 값이 없는 경우 에러 메시지 저장 */
            output = "알고리즘 또는 테스트 문장이 입력되지 않았습니다.";
        }
    } catch (Exception e) {
        e.printStackTrace();
    }
}
```

영화 감정 분석을 위해 각 알고리즘을 학습하고 저장한 모델을 검증할 수 있도록 구현한 nsmc_evaluation.py 파일을 실행을 위해서는 외부 프로세스를 실행하는 JAVA의 Runtime 클래스를 통해서 구현이 필요합니다. 이를 위해 프로세스 실행 시 예외 처리를 하기 위해 page import="java.io.*" 형태로 상위에 import 설정을 진행합니다.

"python nsmc_evaluation.py 'CNN' '테스트입니다.'"의 명령을 통해 실행이 되어야 하므로 python이 설치되어 있는 폴더, nsmc_evaluation.py 파일이 있는 위치를 변수에 설정합니다. 여기에서는 python으로 구현된 py 파일들과 data 폴더 내 Word2Vec 파일, cnn_model과 lstm_model 폴더를 이클립스 프로젝트 내의 python 폴더 안으로 파일들을 복사하여 진행하였습니다.

외부 프로세스로 실행을 위한 command는 String 배열로 ','로 구분하여 작성하면 되고, command 변수를 Runtime.getRuntime().exec() 함수의 파라미터로 넘겨주면 python 프로세스가 실행되게 됩니다. 실행된 프로세스에서는 Process 클래스의 getInputStream(), getErrorStream() 함수를 통해 출력된 메시지를 출력 및 저장할 수 있습니다.

```
            /* 개행으로 나눠 String 배열에 저장 */
            String[] result = output.split("\\n");
        %>
        <!-- 선택된 알고리즘 및 결괏값 화면 출력 -->
        선택된 알고리즘 : <%=algorithm%><br/>
        <% for (String str : result) { %>
        <%=str%><br/> <% } %>
        <!-- index.html 로 이동 -->
        <input type="button" value="뒤로 가기" onclick="location.href='index.html'" />
    </body>
</html>
```

output 변수를 통해 저장된 String을 '\n'으로 분리하여 String 배열인 result 변수에 저장하고, for 반복문을 통해 값을 화면에 출력해 주면 nsmc_evaluation.py를 실행 시 출력되는 print() 값들에 대해 웹 페이지 화면으로 뿌려 주게 됩니다.

웹 애플리케이션에 대해 작성이 완료되었으므로 Apache Tomcat을 통해 실행하겠습니다. 왼쪽의 [Project Explorer-Sample Application-WebContent-index.html] 파일에 마우스 오른쪽 버튼을 클릭하여 [Run As-Run on Server]를 클릭합니다.

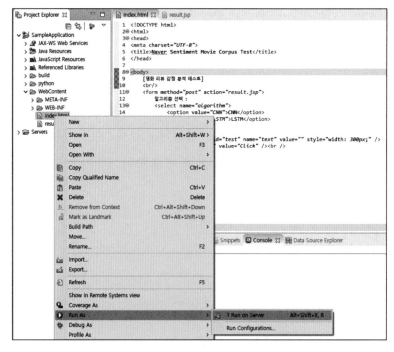

[그림 4-66] index.html을 서버로 실행하기

클릭을 진행하면 Run On Server 창이 뜨게 됩니다. [Tomcat v8.0 Server at localhost]를 클릭하고 [Next] 버튼을 클릭하면 Apache Tomcat Server로 실행할 Application을 설정할 수 있습니다.

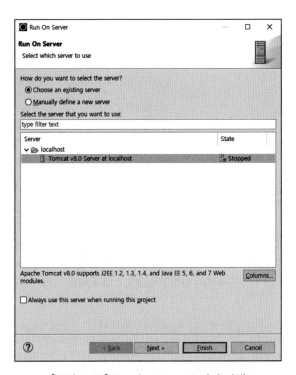

[그림 4-67] Apache Tomcat 서버 선택

Add and Remove 창에서는 Available에 존재하는 SampleApplication 프로젝트를 [Add 〉] 버튼을 클릭하여 Configured로 이동하고 [Finish] 버튼을 클릭하면 Stopped 상태로 되어 있는 Apache Tomcat 서버를 기동 시킴과 동시에 웹 애플리케이션이 실행됩니다.

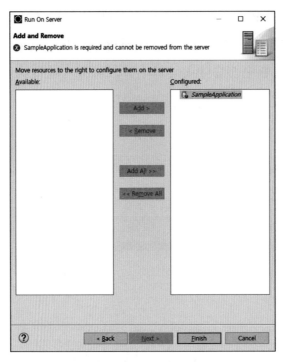

[그림 4-68] 실행할 이클립스 프로젝트 선택

[그림 4-69]와 같이 IDE의 하위 Servers 탭에서 Tomcat v8.0 Server at localhost [Started, Synchronized] 상태로 기동이 완료되며 Naver Sentiment Movie Corpus Test라는 탭이 생성되며 웹 애플리케이션이 실행됩니다.

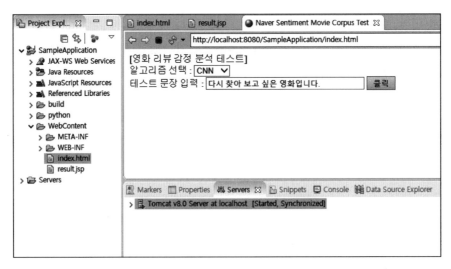

[그림 4-69] Apache Tomcat 서버 기동 및 웹 애플리케이션 실행

테스트 문장에 알고리즘을 선택하고 "다시 찾아보고 싶은 영화입니다."의 텍스트를 입력하여 버튼 클릭 및 키보드의 엔터를 누르면 result.jsp 파일이 실행되고, python 프로세스를 실행하여 출력된 값을 웹 페이지에서 볼 수 있음을 확인할 수 있습니다. 외부 프로세스를 실행하여 결과를 출력해 주기 때문에 예측 결과가 화면에 뿌려지는 데까지 시간이 소요될 수 있음을 참고해 주시기 바랍니다.

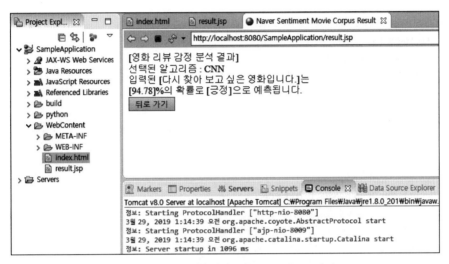

[그림 4-70] 웹 애플리케이션을 통한 예측 결과

알고리즘별로 긍정/부정의 감정과 확률을 판단하는 것이 달라질 수 있으므로 여러 예제를 검증해 봄으로써 어떤 알고리즘이 더 입력하는 문장들에 대해 잘 분류할 수 있는지 경험해 보시기 바랍니다.

[참고문헌]

2017 카카오 모빌리티 리포트, https://brunch.co.kr/@kakaomobility/2
Michael Negnevitsky, Artificial Intelligence – A Guide to Intelligent Systems, Second Edition
- 신강원 외 3, "KNN 알고리즘을 활용한 고속도로 통행시간 예측", 대한토목학회논문집 34(6), 2014.11, 1873-1879 (7 pages)
- 36쪽 : 박찬정 외 2, "KNN을 이용한 융합기술 특허문서의 자동 IPC 분류", 한국정보기술학회논문지 12(3), 2014.3, 175-185 (11 pages)

https://ko.wikipedia.org/wiki/소프트웨어_프레임워크
https://ko.wikipedia.org/wiki/라이브러리_컴퓨팅
https://ko.wikipedia.org/wiki/인공지능
https://www.csee.umbc.edu/courses/471/papers/turing.pdf
https://ko.wikipedia.org/wiki/튜링_기계
https://ko.wikipedia.org/wiki/전문가_시스템
https://www.lua.org/
https://aws.amazon.com/ko/mxnet/
https://www.tensorflow.org/
https://www.tensorflow.org/lite/
https://github.com/hughperkins/tf-coriander
https://ko.wikipedia.org/wiki/OpenMP
https://ko.wikipedia.org/wiki/OpenCL
https://www.tensorflow.org/guide/summaries_and_tensorboard
https://www.oreilly.com/learning/complex-neural-networks-made-easy-by-chainer
https://keras.io/
http://torch.ch/
https://pytorch.org/
http://deeplearning.net/software/theano/
https://mxnet.apache.org/
https://mxnet.apache.org/gluon/index.html
http://caffe.berkeleyvision.org/
https://github.com/BVLC/caffe/wiki/Model-Zoo
https://www.kaggle.com
https://www.kaggle.com/discdiver/deeplearning-framework-power-scores-2018/notebook
https://www.tensorflow.org/hub/tutorials/image_retraining
https://github.com/tensorflow/hub/tree/master/examples/image_retraining
https://github.com/tensorflow/tensorflow/blob/master/tensorflow/examples/label_image
https://js.tensorflow.org/
https://github.com/tensorflow/tfjs
https://www.nvidia.com/
https://matplotlib.org/gallery/index.html
https://pandas.pydata.org/
https://www.data.go.kr/
https://toolbox.google.com/datasetsearch

https://www.kaggle.com/
https://www.kaggle.com/henriqueyamahata/bank-marketing
https://seaborn.pydata.org/
https://archive.ics.uci.edu/ml/index.php
https://archive.ics.uci.edu/ml/machine-learning-databases/iris/iris.data
https://mattmazur.com/2015/03/17/a-step-by-step-backpropagation-example/
https://github.com/e9t/nsmc
https://ko.wikipedia.org/wiki/HTTP
https://ko.wikipedia.org/wiki/자연어_처리
https://ko.wikipedia.org/wiki/HTML
https://ko.wikipedia.org/wiki/자바서버_페이지
http://konlpy.org/ko/latest/morph/
https://konlpy-ko.readthedocs.io/ko/v0.5.1/install/
https://amueller.github.io/word_cloud/index.html
https://code.google.com/archive/p/word2vec/
https://radimrehurek.com/gensim/models/word2vec.html
https://scikit-learn.org/stable/modules/generated/sklearn.manifold.TSNE.html
http://cs231n.github.io/convolutional-networks/
https://github.com/dennybritz/cnn-text-classification-tf
https://colah.github.io/posts/2015-08-Understanding-LSTMs/
https://skymind.ai/wiki/lstm
"Efficient Estimation of Word Representation in Vector Space", Mikolov, et al. 2013
"Convolutional Neural Network for Sentence Classification", Yoon Kim. 2014
http://excelsior-cjh.tistory.com/151
https://blog.naver.com/sw4r/221261544830
http://ikaros0909.tistory.com/4
http://effortmakesme.tistory.com/126
http://daeson.tistory.com/248
http://dsmoon.tistory.com/entry/TensorFlow-Variables
http://yamerong.tistory.com/37?category=690843
http://hellogohn.com/post_one18
https://tensorflowkorea.gitbooks.io/tensorflow-kr/content/g3doc/get_started/basic_usage.html
http://dohk.tistory.com/93
https://gist.github.com/haje01/202ac276bace4b25dd3f
http://gjghks.tistory.com/3
https://dohkstalks.blogspot.com/2017/01/tensorflow-structure-rank-shape-data.html
https://blog.naver.com/PostView.nhn?blogId=mykepzzang&logNo=221354031398
http://hellogohn.com/post_one38
http://pythonkim.tistory.com/29
http://solarisailab.com/archives/384
https://seunguklee.github.io/2018/02/13/what-is-docker/
https://subicura.com/2017/01/19/docker-guide-for-beginners-2.html
https://blog.naver.com/sundooedu/221216970846

인공지능을 위한
텐서플로우
애플리케이션 프로그래밍

| 2019년 | 7월 | 25일 | 1판 | 1쇄 | 인 쇄 |
| 2019년 | 7월 | 30일 | 1판 | 1쇄 | 발 행 |

지 은 이 : 이종서 · 이치욱 · 황현서 · 김유두 · 박현주
펴 낸 이 : 박정태

펴 낸 곳 : **광 문 각**

10881
경기도 파주시 파주출판문화도시 광인사길 161
광문각 B/D 4층
등   록 : 1991. 5. 31 제12-484호
전 화(代) : 031) 955-8787
팩   스 : 031) 955-3730
E - mail : kwangmk7@hanmail.net
홈페이지 : www.kwangmoonkag.co.kr

ISBN : 978-89-7093-951-3 93560

값 : 26,000원

한국과학기술출판협회회원

불법복사는 지적재산을 훔치는 범죄행위입니다.
저작권법 제97조 제5(권리의 침해죄)에 따라 위반자는 5년 이하의
징역 또는 5천만원 이하의 벌금에 처하거나 이를 병과할 수 있습니다.